KUHMINSA

한 발 앞서나가는 출판사, 구민사
독자분들도 구민사와 함께 한 발 앞서나가길 바랍니다.

구민사 출간도서 中 수험서 분야

- 용접
- 자동차
- 조경/산림
- 품질경영
- 산업안전
- 전기
- 건축토목
- 실내건축

- 기술사
- 기계
- 금속
- 환경
- 보일러
- 가스
- 공조냉동
- 위험물

전문가를 위한 첫걸음, 구민사는 그 이상을 봅니다!

전국 도서판매처

- 일산남부서점 · 안산대동서적 · 대전계룡서점 · 대구북앤북스 · 대구하나도서
- 포항학원사 · 울산처용서림 · 창원그랜드문고 · 순천중앙서점 · 광주조은서림

자격증 시험 접수부터 자격증 수령까지!

D-DAY 60 에너지관리기능사 실기 D-60일 합격 플랜

(위의 플랜은 가장 이상적인 것이므로 참고하여 개인의 입장과 일정에 맞춰 준비하시기 바랍니다.)

월요일	화요일	수요일	목요일	금요일	토요일	일요일
D-60	D-59	D-58	D-57	D-56	D-55	D-54
Chapter 01~04 이론 학습						
D-53	D-52	D-51	D-50	D-49	D-48	D-47
Chapter 05~07 이론 학습						
D-46	D-45	D-44	D-43	D-42	D-41	D-40
이론 복습						
D-39	D-38	D-37	D-36	D-35	D-34	D-33
Chapter 08~09 실기도면 학습						
D-32	D-31	D-30	D-29	D-28	D-27	D-26
과년도 문제 풀이						

D-DAY 60 놓친 부분 다시보기

월요일	화요일	수요일	목요일	금요일	토요일	일요일
D-25	D-24	D-23	D-22	D-21	D-20	D-19
		이론복습 (O/X)				문제풀이 (O/X)
D-18	D-17	D-16	D-15	D-14	D-13	D-12
		이론복습 (O/X)				문제풀이 (O/X)
D-11	D-10	D-9	D-8	D-7	D-6	D-5
		이론복습 (O/X)				문제풀이 (O/X)
D-4	D-3	D-2	D-1			
		이론복습 (O/X)				

시험장 가기 전에 Tip

Q 계산기를 따로 가져가야 하나요?
A 시험을 치르는 PC에 설치된 계산기를 이용하실 수 있습니다.(개인 계산기 지참 가능)

Q PC로 시험을 치르면 종이는 못 쓰나요?
A 시험장에서 필요한 사람에 한해 종이를 제공합니다. 시험장마다 상황이 다를 수 있으니 전화로 해당 시험장의 상황을 파악해보시길 권장합니다. 이 때 시험이 끝나고 종이 반납은 필수입니다.

Preface 머리말

최근 국가발전의 주요정책의 일환으로 산업, 상업, 운송 등의 전문분야에 걸친 에너지 절약 및 기술의 개발, 보급, 대체 에너지 개발 등에 관한 고도의 기술을 추진하므로서 에너지관리기능사가 절실하게 요구되고 있는 실정이다.

이에 본서는 시대의 상황에 발맞추어 전문적인 에너지관리기능사의 배출을 위한 정보를 철저히 파악하고 국가기능검정에 기출 되었던 문제를 철저히 분석하여 수험생 여러분이 가장 쉽고 짧은 시간 내에 자격증을 취득할 수 있도록 각 장을 정리하였고, 스스로 독학을 할 수 있게끔 이해식의 방법으로 요점과 문제를 정리하여 수록하였다.

끝으로 내용 중 미비된 점이 있을 시 지적하여 주시면 부분적인 내용을 수정, 보완할 것을 약속드린다.

이 책의 출판을 위해 적극적으로 후원해 주신 도서출판 구민사 조규백 대표님과 직원 여러분께 깊은 감사를 드린다.

저자 **장영오**

Contents 목차

Chapter 01 보일러의 출력 계산

01 ◆ 열의 이동   4
02 ◆ 보일러의 출력계산   6
03 ◆ 열정산   9
Chapter 01 예상문제   11

Chapter 02 온수난방 설비

01 ◆ 온수난방의 특징 및 개요   16
02 ◆ 순환수두의 계산   21
03 ◆ 팽창 탱크 설치 및 특징   22
04 ◆ 팽창 탱크의 용량계산   24
05 ◆ 공기방출기   26
06 ◆ 방열기 쪽수의 계산   26
Chapter 02 예상문제   31

Chapter 03 도면해독 및 작성

01 ◆ 보일러시공 도면 도시법   40
02 ◆ 온수온돌 시공순서   44
03 ◆ 보온재의 구비조건   50
04 ◆ 종류 및 특성   51
05 ◆ 보온시공법   52
Chapter 03 예상문제   54

Chapter 04 공작용 공구 및 접합

01 ◆ 강관용 공구 … 62
02 ◆ 동관용 공구 … 65
03 ◆ 연관용 공구 … 67
04 ◆ 주철관용 공구 … 68
05 ◆ 관의 접합 및 벤딩 … 68
Chapter 04 예상문제 … 72

Chapter 05 배관 재료

01 ◆ 강관 … 78
02 ◆ 동관 … 78
03 ◆ PE 파이프 … 79
04 ◆ PB 파이프 … 79
05 ◆ PP-C관 … 79
06 ◆ 스테인리스관 … 79
07 ◆ 관의 이음쇠 … 80
08 ◆ 신축 이음 … 82
09 ◆ 밸브의 종류 … 84
10 ◆ 여과기, 유수분리기, 화염검출기, 저수위경보장치 … 86
11 ◆ 관 지지기구 … 89
12 ◆ 밀봉 재료 … 92
Chapter 05 예상문제 … 94

Contents 목차

Chapter 06 통풍장치

01	◆ 통풍	100
02	◆ 송풍기	102
03	◆ 댐퍼	102
04	◆ 집진장치	103
05	◆ 매연	104
	Chapter 06 예상문제	105

Chapter 07 보일러 설치·시공기준

01	◆ 보일러 설치·시공 기준	112
02	◆ 보일러 설치검사 기준 및 계속사용검사 기준	125
03	◆ 온수 보일러 설치·시공 기준	131
04	◆ KS 배관 도시기호	139
05	◆ 도면 해독	148

Chapter 08 실기도면 실습 156

Chapter 09 작업형 과년도 도면 168

Chapter 10 과년도 문제 풀이

2012 ◆ 과년도 문제 01회(2012.3.24 시행)	184
과년도 문제 02회(2012.5.26 시행)	187
과년도 문제 04회(2012.9.9 시행)	192
과년도 문제 05회(2012.12.2 시행)	197
2013 ◆ 과년도 문제 01회(2013.3.17 시행)	202
과년도 문제 02회(2013.5.26 시행)	206
과년도 문제 04회(2013.9.1 시행)	210
과년도 문제 05회(2013.11.23 시행)	214
2014 ◆ 과년도 문제 01회(2014.3.22 시행)	218
과년도 문제 02회(2014.5.24 시행)	224
과년도 문제 04회(2014.9.13 시행)	229
과년도 문제 05회(2014.11.22 시행)	234
2015 ◆ 과년도 문제 01회(2015.3.15 시행)	241
과년도 문제 02회(2015.5.25 시행)	245
과년도 문제 04회(2015.9.6 시행)	249
과년도 문제 05회(2015.11.21 시행)	252
2016 ◆ 과년도 문제 01회(2016.3.13 시행)	257
과년도 문제 02회(2016.5.21 시행)	262
과년도 문제 04회(2016.8.27 시행)	266
과년도 문제 05회(2016.11.26 시행)	271
2017 ◆ 과년도 문제 01회(2017.3.11 시행)	276
과년도 문제 02회(2017.5.20 시행)	280
과년도 문제 04회(2017.9.9 시행)	285
과년도 문제 05회(2017.11.25 시행)	290
2018 ◆ 과년도 문제 01회(2018.3.10 시행)	294
과년도 문제 02회(2018.5.26 시행)	299
과년도 문제 04회(2018.8.25 시행)	305
과년도 문제 05회(2018.11.24 시행)	310
2019 ◆ 과년도 문제 01회(2019.3.23 시행)	314
과년도 문제 02회(2019.5.25 시행)	319
과년도 문제 04회(2019.8.24 시행)	324
과년도 문제 05회(2019.12.23 시행)	330

Construct 구성

01. 체계적인 핵심요약

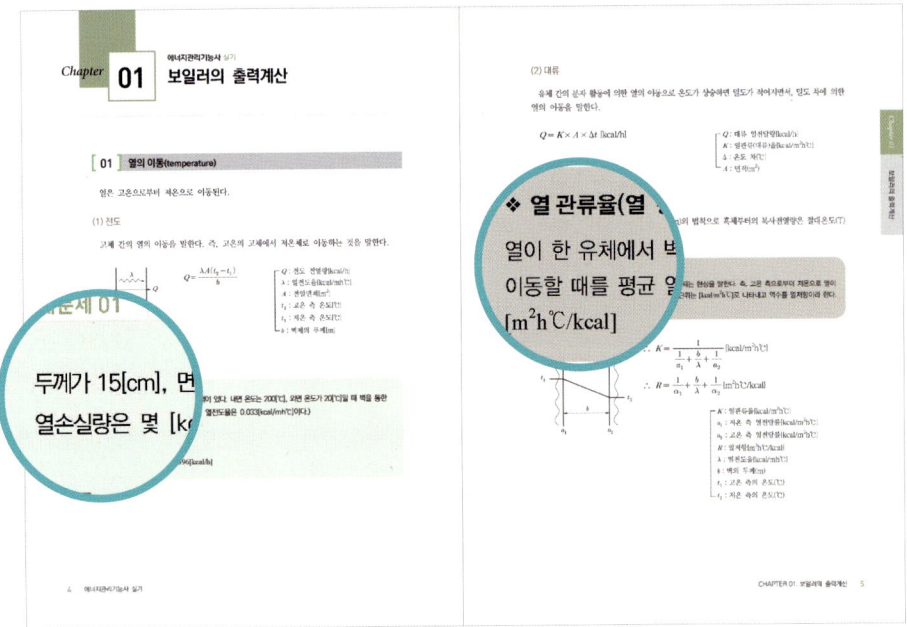

에너지관리기능사 실기 이론의 핵심만을 정리하였습니다.
이론 중간중간의 예제문제로 한 번 더 짚고 넘어갈 수 있게 하였습니다.

02. 단원별 예상문제 수록

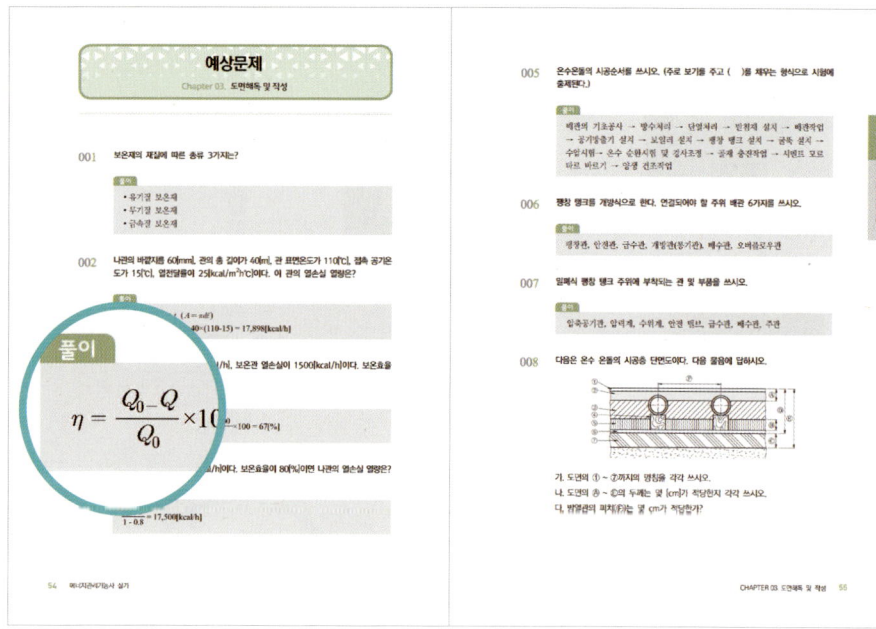

이론 뒤 수록된 예상문제로 개념정리를 도왔습니다.

Construct 구성

03. 실기 도면 실습 & 작업형 과년도 도면 수록

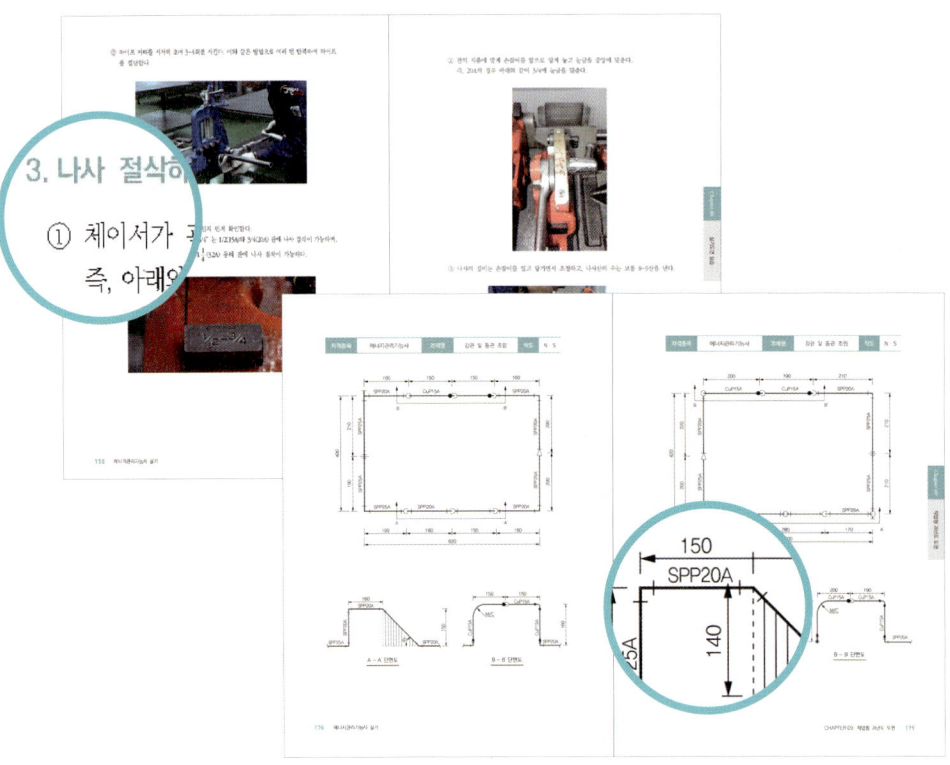

실기 도면 실습과 작업형 과년도 도면을 수록하여 실전시험에 대비하였습니다.

04. 필답형 과년도 문제 수록

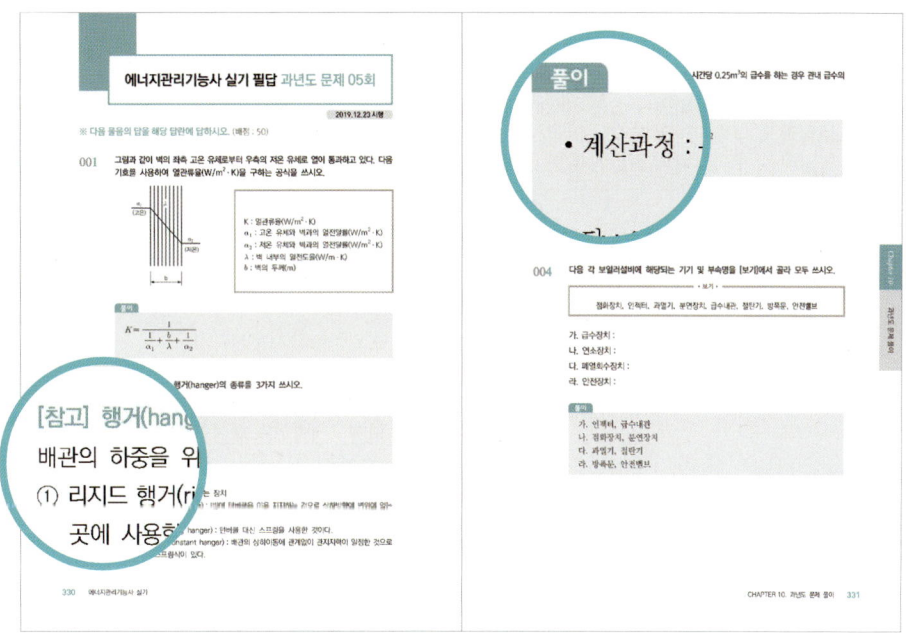

필답형 과년도 문제와 해설을 수록하여 실전시험에 대비하였습니다.

Information 시험정보

직무분야	환경·에너지	중직무분야	에너지·기상	자격종목	에너지관리기능사	적용기간	2018.1.1~2019.12.31
직무내용	건물용 및 산업용 보일러와 부대설비의 운영을 위하여 기기의 설치, 배관, 용접 등의 작업과 보일러 연료와 열을 효율적이고 경제적으로 사용하기 위한 관리, 운전, 정비 등의 업무를 수행						
수행준거	1. 난방 및 급탕부하를 파악·작성할 수 있다. 3. 보일러 및 부대설비 설치 시 공구와 장비를 이용하여 시공할 수 있다. 4. 보일러 부속장치를 설치하고 정비할 수 있다. 5. 보일러 및 부속설비의 구조를 이해하고 운전 및 관리를 할 수 있다. 6. 보일러 및 부속설비의 고장을 파악하고 정비 및 취급할 수 있다. 7. 보일러 및 부속설비의 취급에 따른 안전조치를 취할 수 있다.						

실기검정방법	복합형	시험시간	4시간 (필답형 : 1시간, 작업형 : 3시간 정도)

실기과목명	주요항목	세부항목
보일러 시공 작업	1. 시운전	1. 보일러설비 시운전하기 2. 급·배수설비 시운전하기
	2. 자동제어설비설치	1. 보일러제어설비 설치하기 2. 급배수제어설비 설치하기
	3. 열원설비설치	1. 급수설비 설치하기 2. 연료설비 설치하기 3. 통풍장치 설치하기 4. 송기장치 설치하기 5. 에너지절약장치 설치하기 6. 증기설비 설치하기 7. 난방설비 설치하기 8. 급탕설비 설치하기
	4. 에너지관리	1. 단열성능관리하기 2. 에너지사용량 분석하기
	5. 유지보수공사	1. 보일러설비 유지 보수공사하기 2. 배관설비유지보수공사하기 3. 덕트설비유지보수공사하기 4. 정비·세관작업하기
	6. 유지보수 안전관리	1. 안전작업하기
	7. 보일러설비 운영	1. 보일러 관리하기 2. 부속장치 점검하기 3. 보일러 가동전 점검하기 4. 보일러 가동중 점검하기 5. 보일러 가동후 점검하기 6. 보일러 고장시 조치하기 7. 열펌프(EHP)장치관리하기 8. 수처리 관리하기 9. 연료장치 관리하기

국가자격 검정시행 안내

1. 수험원서 접수

수험원서 접수방법 | http://www.q-net.or.kr (인터넷 접수만 가능)
접수시간 | 원서 접수 첫날 10:00부터 마지막 날 18:00까지

● 지필식 필기시험 및 필답형 실기시험 시간

등급	부	시험시간	비고
기능사	1부	09:30 ~ 10:30	- 입실시간은 시험시작 30분 전임 - 종목별 시험 시작시간은 별도 공고 - 기능장, 기능사 등급은 필답형 실기시험만 해당
	2부	11:30 ~ 12:30	

● CBT 필기시험 부별 시험시간

등급	부	입실시간	시험시간	비고
기능장 기능사	1부	9:10	09:30~10:30	- 입실시간은 시험시작 20분 전임 - 산업기사 등급은 종목별 시험시간이 상이함 - 종목별 시험 시작시간은 별도 공고 - 산업기사 등급은 기사 4회 CBT 도입되는 일부종목만 해당
	2부	9:40	10:00~11:00	
	3부	10:40	11:00~12:00	
	4부	11:10	11:30~12:30	
	5부	12:40	13:00~14:00	
	6부	13:10	13:30~14:30	
	7부	14:10	14:30~15:30	
	8부	14:40	15:00~16:00	
	9부	15:40	16:00~17:00	
	10부	16:10	16:30~17:30	

※ CBT 필기시험은 시험종료 즉시 합격 여부가 확인이 가능하므로, 별도의 ARS 자동응답 전화를 통한 합격자 발표 미운영

2. CBT 필기시험 미리보기

① http://www.q-net.or.kr
큐넷에 접속한 후, 메인화면 하단의
《CBT 체험하기》 버튼을 클릭한다.

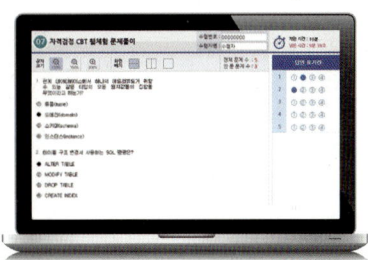

② http://www.q-net.or.kr/cbt/index.html
《CBT 웹 체험 서비스》를 시행한다.

● 정기검정 시행일정

등급	회별	필기시험			응시자격서류제출 (필기시험 합격자 결정)	실기(면접)시험		
		원서접수	시험시행	합격(예정)자 발표		원서접수	시험시행	합격자 발표
기능사	제1회	1.14~1.17	2.9~2.15	2.28	해당없음	3.2~3.5	4.4~4.19	4.29(1차) 5.8(2차)
	제2회	3.24~3.27	4.19~4.25	5.8	해당없음	5.11~5.14	6.13~6.28	7.10(1차) 7.17(2차)
	제3회	6.2~6.5	6.28~7.4	7.17	해당없음	7.20~7.23	8.29~9.13	9.25(1차) 10.8(2차)
	제4회	9.8~9.11	10.11~10.17	10.23	해당없음	10.26~10.29	11.28~12.13	12.24(1차) 12.31(2차)

시험장 가기 전에 Tip!

Q : 계산기를 따로 가져야 하나요?
A : 시험을 치르는 PC에 설치된 계산기를 이용하실 수 있습니다. (개인 계산기 지참 가능)

Q : PC로 시험을 치르면 종이는 못쓰나요?
A : 시험장에서 필요한 사람에 한해 종이를 제공합니다. 시험장마다 상황이 다를 수 있으니 전화로 해당 시험장의 상황을 파악해보시길 권장합니다.
이 때, 시험끝나고 종이 반납은 필수입니다.

Chapter 01

보일러의 출력 계산

01.
열의 이동

02.
보일러의 출력계산

03.
열정산

❖ 예상문제

Chapter 01 보일러의 출력계산

에너지관리기능사 실기

[01] 열의 이동(temperature)

열은 고온으로부터 저온으로 이동된다.

(1) 전도

고체 간의 열의 이동을 말한다. 즉, 고온의 고체에서 저온체로 이동하는 것을 말한다.

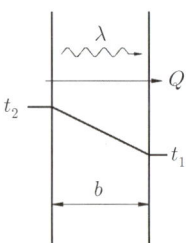

$$Q = \frac{\lambda A(t_2 - t_1)}{b}$$

- Q : 전도 전열량[kcal/h]
- λ : 열전도율[kcal/mh℃]
- A : 전열면적[m²]
- t_2 : 고온 측 온도[℃]
- t_1 : 저온 측 온도[℃]
- b : 벽체의 두께[m]

예제문제 01

두께가 15[cm], 면적이 10[m²]인 벽이 있다. 내면 온도는 200[℃], 외면 온도가 20[℃]일 때 벽을 통한 열손실량은 몇 [kcal/h]인가? (단, 열전도율은 0.033[kcal/mh℃]이다.)

풀이

$$\frac{0.033 \times 10 \times (200 - 20)}{0.15} = 396[kcal/h]$$

(2) 대류

유체 간의 분자 활동에 의한 열의 이동으로 온도가 상승하면 밀도가 적어지면서, 밀도 차에 의한 열의 이동을 말한다.

$$Q = K \times A \times \Delta t \ [\text{kcal/h}]$$

- Q : 대류 열전달량[kcal/h]
- K : 열관류(대류)율[kcal/m²h℃]
- Δ : 온도 차[℃]
- A : 면적(m²)

(3) 복사

복사열은 스테판 볼쯔만(Stefan-Boltzmann)의 법칙으로 흑체부터의 복사전열량은 절대온도(T) 4제곱에 비례한다.

> ❖ **열 관류율(열 통과율) : 기호 K**
>
> 열이 한 유체에서 벽을 통과하여 다른 유체로 전달되는 현상을 말한다. 즉, 고온 측으로부터 저온으로 열이 이동할 때를 평균 열통과율이라 생각할 수 있다. 단위는 [kcal/m²h℃]로 나타내고 역수를 열저항이라 한다. [m²h℃/kcal]

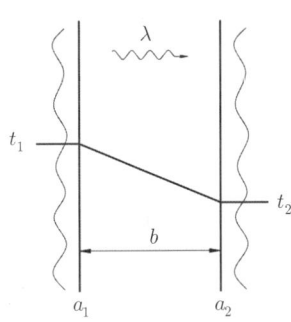

$$\therefore K = \cfrac{1}{\cfrac{1}{a_1} + \cfrac{b}{\lambda} + \cfrac{1}{a_2}} \ [\text{kcal/m}^2\text{h℃}]$$

$$\therefore R = \frac{1}{\alpha_1} + \frac{b}{\lambda} + \frac{1}{\alpha_2} \ [\text{m}^2\text{h℃/kcal}]$$

- K : 열관류율[kcal/m²h℃]
- a_1 : 저온 측 열전달률[kcal/m²h℃]
- a_2 : 고온 측 열전달률[kcal/m²h℃]
- R : 열저항[m²h℃/kcal]
- λ : 열전도율[kcal/mh℃]
- b : 벽의 두께(m)
- t_1 : 고온 측의 온도(℃)
- t_2 : 저온 측의 온도(℃)

[02] 보일러의 출력계산

온수 보일러의 출력은 [kcal/h]로 표시하며, 보일러의 용량은 난방부하, 급탕부하, 배관부하, 예열부하 등의 총부하로 계산되어야 한다.

① 정격출력 = 난방부하 + 급탕부하 + 배관부하 + 시동부하(예열부하)
  $H_m = H_1 + H_2 + H_3 + H_4$
② 상용출력 = $H_1 + H_2 + H_3$
③ 방열기부하 = $H_1 + H_2$

1. 난방부하계산(H_1)

① EDR(상당방열면적)에 의한 계산
② 손실열량에 의한 계산
③ 간이식에 의한 계산

(1) 상당방열면적에 의한 계산

구분	방열기 내 평균온도[℃]	실내온도[℃]	온도차	방열계수	표준방열량[kcal/m²·h]
증기	102	21	81	8	650
온수	80	18	62	7.2	450

① 방열량 계산

  방열기 방열량[kcal/m²h] = ┌ 방열기 방열계수 × 온도 차
                            └ 표준방열량 × 방열량 보정계수

• 온도차 : $\dfrac{방열기입구온도 + 방열기\ 출구온도}{2}$ - 실내온도

② 난방부하

• 난방부하[kcal/h] = EDR[m²] × 방열기 표준방열량[kcal/m²h]
• 난방부하[kcal/h] = 방열기 소요 방열면적[m²] × 방열기 방열량[kcal/m²h]
• 방열기 소요 방열면적[m²] = 난방부하 ÷ 방열기 방열량
• EDR = 난방부하 ÷ 표준방열량
※ 난방부하[kcal/h] = 방열량[kcal/m²h] × 면적[m²]

> **예제문제 02**
>
> 방열기 소요 방열면적이 120[m²], 방열기 방열량이 450[kcal/m²h]일 때 난방부하는?
>
> **풀이**
>
> 450×120=54,000[kcal/h]

> **예제문제 03**
>
> 방열계수 7.2[kcal/m²h℃], 방열면적 120[m²], 방열기 평균온도 80[℃], 실내온도 20[℃]일 때 난방부하는?
>
> **풀이**
>
> 7.2×(80-20)×120=51,840[kcal/h]

(2) 손실열량에 의한 계산

- 난방부하 = 열손실합계-취득열량

취득열량이란 인체로부터 열이나 각 전열기구, 난방기구 등으로부터 얻어지는 각종의 열량을 말하며, 가정용 보일러를 선정하는 경우 적은 열량이므로 대부분 생략한다.

다음 식을 기본으로 하여 계산한다.

$$※ Q = K \cdot A \cdot \Delta t \text{ [kcal/h]}$$

$$K = \frac{1}{R}$$

$$R = \frac{1}{a_1} + \frac{b}{\lambda} + \frac{1}{a_2}$$

$$\therefore K = \frac{1}{\frac{1}{a_1} + \frac{b}{\lambda} + \frac{1}{a_2}}$$

- Q : 벽체, 바닥 등의 열손실열량[kcal/h]
- K : 열관류율[kcal/m²h℃]
- A : 벽체, 바닥 등의 면적[m²]
- Δt : 실내와 외기와의 온도 차[℃]
- R : 열저항[m²h℃/kcal]
- a_1, a_2 : 열전달률[kcal/m²h℃]
- λ : 열전도율[kcal/mh℃]
- b : 두께[m]

① 외벽, 천장, 지붕, 유리창의 손실열 계산

$$Q_1 = K_l \cdot F_l \cdot \Delta t \cdot Z \text{[kcal/h]}$$

- Z : 부가계수 또는 방위계수라고도 하며, 북쪽 벽은 남쪽 벽보다 15~20[%] 정도 더 많은 열손실이 생긴다고 본 것이다.

② 중간벽인 경우(외기와 직접 접하지 않는 벽)의 손실열 계산

$$Q_2 = K_l \cdot F_l \cdot \Delta t_l [\text{kcal/h}] \quad \Delta t_l = \frac{\Delta t}{2}$$

Δt_l : 실내온도와 난방되지 않는 공간과의 온도 차로 실내온도와 외기온도와 차의 1/2로 계산한다.

③ 지면과 접하는 바닥의 경우 손실열 계산

$$Q_3 = K_e \cdot F_e \cdot \Delta t_e [\text{kcal/h}]$$

K_e : 지하 1[m]까지의 열관류율
F_e : 바닥면적
Δt_e : 방열관 내 평균 온수온도-지하 1[m] 온도

- 방열관 내 평균 온수온도는 통상 50[℃]로 계산하며, 지하 1[m] 온도는 서울의 경우 3.8[℃]로 계산한다. 지면에 접하지 않는 경우는 중간 벽과 같이 계산한다.

④ 환기에 의한 열손실

$$Q_4 = 0.3 N \cdot V \cdot \Delta t$$

0.3 : 20[℃]에서 공기 평균비열[kcal/m³℃]
N : 시간당 환기횟수[회]
V : 1회 환기량[m³]
Δt : 실내온도와 외기온도와의 차[℃]

2. 급탕부하계산(H_2)

급탕열량은 냉수를 공급하여 온수로 만들어 사용하는 열량으로 계산할 수가 있다.

$$H_2 = G \cdot C \cdot \Delta t$$

H_2 : 급탕부하[kcal/h]
G : 시간당 온수사용량[kg/h]
C : 물의 평균비열[kcal/kg℃]
Δt : 온도 차(출탕온도-급수온도[℃])

3. 배관부하(H_3)

배관으로부터 생기는 열손실을 말한다.

∴ 배관부하 = $(H_1 + H_2) \times (0.25 \sim 0.35)$

4. 시동부하(예열부하 : H_4)

냉각된 상태의 보일러를 운전온도가 될 때까지 가열하는 데 필요한 열량을 말한다.

H_4 = 철무게 × 철비열 × 온도 차
  + 물무게 × 물비열 × 온도 차

$H_4 = (G \cdot C + V) \times (t_2 - t_1)$

또는 $H_4 = (H_1 + H_2 + H_3) \times (0.25 \sim 0.35)$

- G : 철의 무게[kg]
- C : 철의 비열 0.12[kcal/kg℃]
- V : 물의 무게[kg]
- t_2 : 운전온도[℃]
- t_1 : 시동 전 온도[℃]

5. 하나의 식으로 보일러의 출력계산

$$H_m = \frac{(H_1 + H_2)(1+\alpha)\beta}{K} [\text{kcal/h}]$$

- H_1 : 난방부하[kcal/h]
- H_2 : 급탕 및 취사부하[kcal/h]
- α : 배관부하율(0.25~0.25)
- β : 여력계수(예열부하)
- K : 출력저하계수

출력저하계수가 1인 경우에는 다음 식으로 적용된다.

$H_m = (H_1 + H_2) \cdot (1+\alpha)\beta [\text{kcal/h}]$

[03] 열정산

① $G_e = \dfrac{G_a(h_2 - h_1)}{539} [\text{kg/h}]$

- G_e : 상당증발량[kg/h]
- G_a : 시간당 증발량[kg/h]
- h_2 : 증기엔탈피[kcal/kg]
- h_1 : 급수엔탈피[kcal/kg]

② 증발계수 = $\dfrac{G_e}{G_a} = \dfrac{h_2 - h_1}{539}$ [단위 없음]

③ 증발배수 = 상당증발배수 = $\dfrac{G_e}{G_f}$ [kg/kg]

　　　　　　실제증발배수 = $\dfrac{G_a}{G_f}$

- G_f : 시간당 연료사용량[kg/h]
- A : 전열면적[m²]

④ 전열면 증발률 = $\begin{cases} \text{상당증발률} = \dfrac{G_e}{A} \text{ [kg/m}^2\text{h]} \\ \text{실제증발률} = \dfrac{G_a}{A} \end{cases}$

⑤ 보일러 마력 = $\dfrac{G_e}{15.65}$

⑥ 전열면 열부하 = $\dfrac{G_a(h_2 - h_1)}{A}$ [kcal/m²h]

⑦ 보일러 효율(η) = $\dfrac{G_a(h_2 - h_1)}{G_f \times H} \times 100 [\%]$ 　　H : 연료의 발열량[kcal/kg]

　　　　　　　= $\dfrac{G_e \times 539}{G_f \times H} \times 100 [\%]$

　　　　　　　= $\dfrac{G \cdot C \cdot \Delta t}{G_f \times H} \times 100 [\%]$

(연소효율 = $\dfrac{\text{연소열}}{\text{입열}} \times 100$, 전열효율 = $\dfrac{\text{유효출열}}{\text{연소열}} \times 100$)

예상문제

Chapter 01. 보일러의 출력계산

001 온수난방에서 EDR이 30[m^2]이면 난방부하는?

> **풀이**
> - 난방부하 = 방열면적 × 방열량
> - 온수의 표준방열량[450kcal/m^{2}h] = 30×450 = 13,500[kcal/h]

002 방열기 입구 온수온도 85[℃], 출구온도 60[℃], 실내온도 18[℃], 방열계수가 7.2[kcal/m^{2}h℃]이다. 방열기 방열량은?

> **풀이**
> $$\left(\frac{85+60}{2} - 18\right) \times 7.2 = 392.4[\text{kcal/m}^2\text{h}]$$

003 소요 방열면적이 6[m^2]인 거실에 온수 공급온도 80[℃], 환수온도 40[℃]를 유지한다면 난방부하는 얼마인가? (단, 실내온도 18[℃], 방열계수 7.2[kcal/m^{2}h℃]이다.)

> **풀이**
> 방열량 = 방열계수 × (방열기 내 평균온도-실내온도)이므로
> $$= \left(\frac{80+40}{2} - 18\right) \times 7.2 = 302.40[\text{kcal/m}^2\text{h}]$$
> 난방부하 = 방열면적 × 방열기 방열량이므로
> ∴ 6×302.4=1,814.4[kcal/h]

004 급탕 사용량이 1일 2,500[kg]인 건물에 급탕부하는 얼마인가? (단, 급탕온도 45[℃], 급수온도 10[℃]. 온수비열 1[kcal/kg℃], 1일은 24시간)

> **풀이**
>
> $$H_2 = G \cdot C \cdot \Delta t = \frac{2,500}{24} \times 1 \times (45-10) = 3,645.83 [\text{kcal/h}]$$

005 철의 무게 800[kg], 물의 양이 200[l]이고, 운전온도 80[℃], 최초온도가 15[℃], 철의 비열이 0.12[kcal/kg℃], 물의 비열이 1[kcal/kg℃]이다. 이때의 예열부하는?

> **풀이**
>
> 예열부하 = (철 무게×철 비열 + 물의 양×물 비열)×온도차
> = (800×0.12 + 200×1)×(80-15) = 19,240[kcal]

006 어느 주택에서 1일당 부하를 측정한 결과 난방부하가 216,000[kcal/day], 시동부하가 38,400[kcal/day], 배관부하가 50,400[kcal/day], 급탕부하가 7,200[kcal/day] 일 때 보일러의 용량[kcal/h]을 구하시오.

> **풀이**
>
> $$\frac{216,000+38,400+50,400+7,200}{24} = 13,000[\text{kcal/h}]$$

007 증기 보일러의 시간당 증발량이 2,500[kg], 증기엔탈피 640[kcal/kg], 급수온도가 20[℃]일 때 상당증발량은?

> **풀이**
>
> $$G = \frac{Ga \times (h_2 - h_1)}{539} = \frac{2,500 \times (640-20)}{539} = 2,875.7[\text{kg/h}]$$

008 보일러의 압력이 5[kg/cm²]이고, 증발량이 3,000[kg/h], 급수온도 25[℃], 증기엔탈피 640[kcal/kg], 시간당 연료 사용량이 250[kg/h]일 때 보일러 효율은 몇 [%]인가? (단, 연료의 저위 발열량은 9,700[kcal/kg]이다.)

풀이

$$\eta = \frac{Ga \times (h_2 - h_1)}{Gf \times H} \times 100 = \frac{3,000 \times (640-25)}{250 \times 9,700} \times 100 = 76[\%]$$

009 온수 방열기의 전 방열면적을 400[m²]이고, 급탕량 60[l/h]에 사용해야 할 주철제 보일러의 용량은? (단, 급수온도 20[℃], 출탕온도 80[℃], 배관부하 α : 0.25, 예열부하 β : 1.45, 출력저하계수 k : 0.69로 한다.)

풀이

$$H_m = \frac{(H_1 + H_2)(1+\alpha)\beta}{K}[kcal/h]$$

$$= \frac{[450 \times 400 + 60 \times 1 \times (80-20)] \times (1+0.25) \times 1.45}{0.69} = 482,282.61[kcal/h]$$

010 보일러 출력이 20,000(kcal/h)이고, 연료의 발열량은 10,000(kcal/kg), 효율 80%일 때 시간당 연료소비량(kg/h)을 계산하시오.

풀이

$$연료소비량 = \frac{보일러\ 출력}{효율 \times 연료의\ 발열량} = \frac{20,000}{0.8 \times 10,000} = 2.5[kg/h]$$

[참고]

$$효율 = \frac{보일러\ 출력}{연료소비량 \times 연료의\ 발열량} \times 100$$

Chapter 02

온수난방 설비

01.
온수난방의 특징 및 개요

02.
순환수두의 계산

03.
팽창 탱크 설치 및 특징

04.
팽창 탱크의 용량계산

05.
공기방출기

06.
방열기 쪽수의 계산

❖ 예상문제

Chapter 02 온수난방 설비

에너지관리기능사 실기

[01] 온수난방의 특징 및 개요

물을 열매체로 사용하며, 물의 온도를 높여 가열된 온수를 난방개소로 공급하여 난방을 하는 방법이다.

난방방법을 크게 3가지로 분류하며, 방바닥에 방열관을 매설하여 난방하는 것을 저온 복사난방, 방열기를 이용하여 난방하는 방법을 직접난방, 뜨거운 공기를 난방개소로 공급하는 것을 간접난방이라 한다.

❖ **온수난방이 증기난방보다 우수한 점**
① 난방부하의 변동에 따라 온도조절이 용이하다.
② 가열시간은 길지만 증기난방에 비해 동결우려가 적다.
③ 방열기의 표면온도가 낮으므로 쾌감도가 좋고 화상의 위험이 없다.
④ 취급이 용이하고, 소규모 주택에 적합하다.

온수난방의 구분은 다음과 같이 한다.

분류기준	온수난방법의 종류
온수온도	보통 온수식(85~90[℃]), 고온수식(100[℃] 이상)
배관방식	단관식, 복관식
온수 순환방향(공급방식)	상향 순환식, 하향 순환식
온수 순환방식	자연 순환식(중력 순환식), 강제 순환식

1. 온수 순환방식에 의한 분류

(1) 자연 순환식(중력 순환식) 온수난방법

온수의 온도 차로 인한 밀도 차에 의해 순환되는 방식으로, 주로 단독주택이나 소규모 난방에 사용된다.

(2) 강제 순환식 온수난방법

온수를 순환펌프에 의하여 순환시키는 방법으로, 순환력이 일정하고 관지름을 작게 할 수 있는 장점이 있다.

2. 배관방식에 의한 분류

(1) 단관식

송수주관과 환수주관이 동일한 관으로 되어 있는 배관방식

(2) 복관식

송수주관과 환수주관이 별개의 관으로 되어 있는 배관방식

3. 온수 순환방향(공급방식)에 따른 분류

(1) 상향 순환식

송수주관을 상향 기울기로 배관하여 난방하는 방식이다. 즉, 보일러의 설치 위치가 방열기나 방열관보다 낮은 위치에 있을 때 택하는 방식이다.

(2) 하향 순환식

송수주관을 연직으로 설치하고, 송수주관 수평부를 방열기보다 높은 쪽에 오게 하여 온수를 하향으로 공급함으로써 난방하는 방식이다. 즉, 보일러의 설치 위치가 방열기나 방열관보다 높거나 같은 위치에 있을 때 택하는 방식이다.

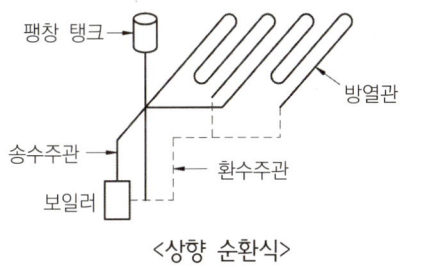

〈상향 순환식〉

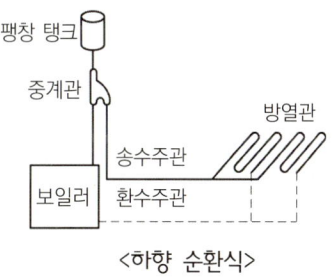

〈하향 순환식〉

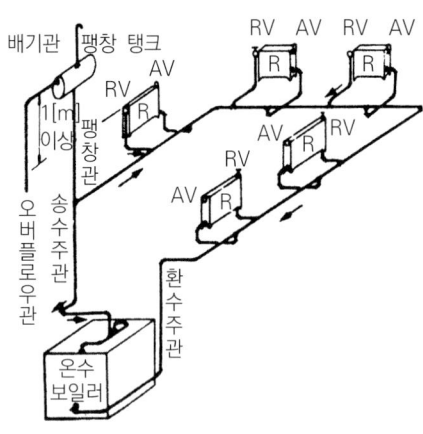

<단관 중력순환식 온수난방법(상향공급)>

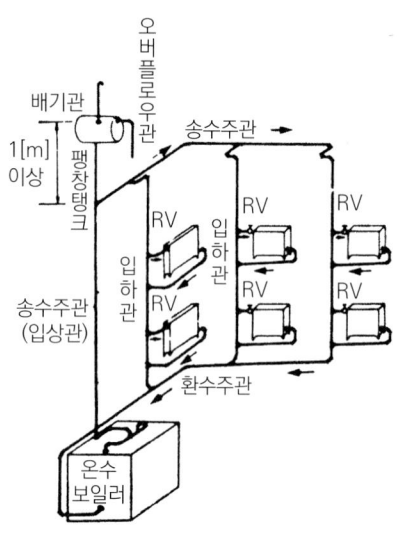

<단관 중력순환식 온수난방법(하향공급)>

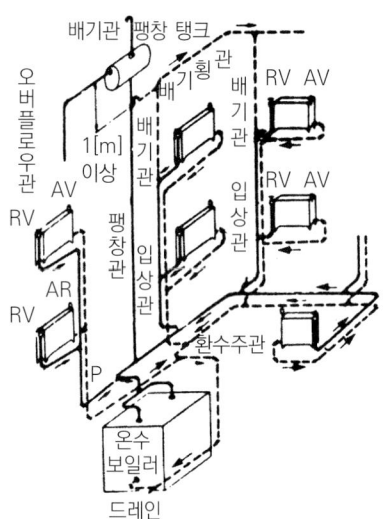

<복관 중력순환식 온수난방법(상향공급)>

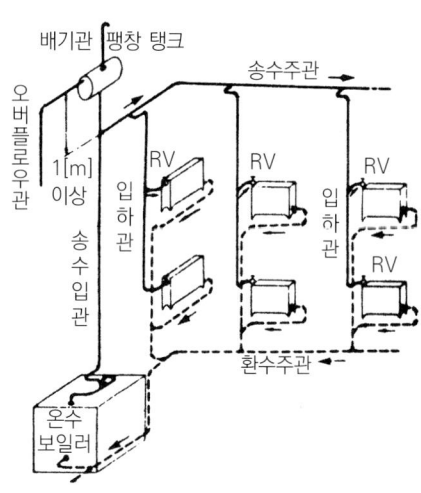

<복관 중력순환식 온수난방법(하향공급)>

※ 화살표는 배관구배의 방향을 표시한다.

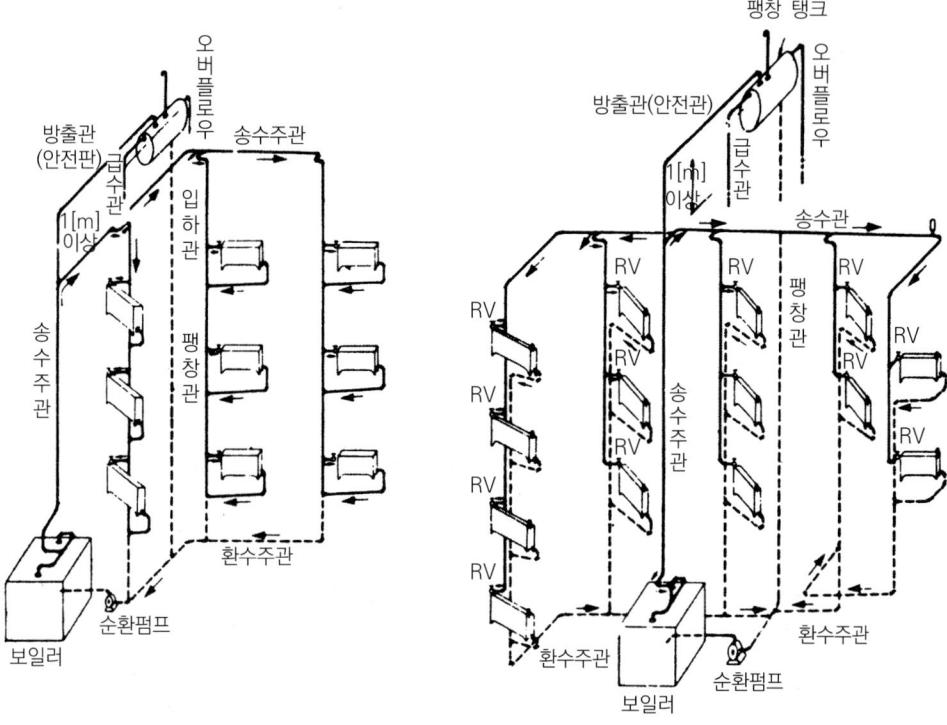

<단관 강제순환식 온수난방법>

<복관 강제순환식 온수난방법(하향공급식)>

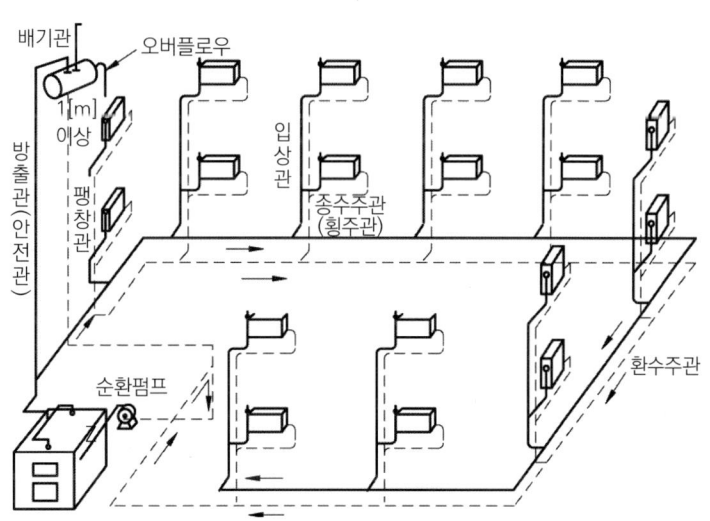

<복관 강제순환식 온수난방법(역반환관식) 리버스 리턴 배관방식>

※ 화살표는 구배의 방향을 표시한다.

4. 배관방식에 따른 분류

(1) 직렬식

주관(송수주관, 환수주관)을 한 개의 관으로 연결시키는 것으로 비교적 난방면적이 적은 곳에 사용되며, 호스(XL) 또는 동관 배관인 경우에 적용을 많이 한다.

특징 :

① 배관시공이 비교적 용이하다.
② 관로저항이 크므로 관지름이 큰 것을 사용한다.
③ 관이음쇠가 적게 소비되고, 난방면적이 10[m²] 이하에 적당하다.

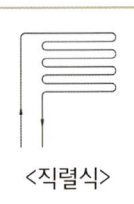

<직렬식>

(2) 병렬식

송수주관과 환수주관 사이를 여러 갈래로 연결하여 배관한 것으로 인접주관식과 분리주관식이 있다.

① 분리주관식

송수주관과 환수주관을 분리 배관하고 주관 사이를 여러 갈래의 벤드코일을 사용하여 설치한 형식이다.

특징 :

① 관로 배관 저항이 비교적 적게 걸린다.
② 일반적으로 많이 사용되며 비용이 적당하다.
③ 관로저항 때문에 갈래당 15[m] 이내로 한다.

② 인접주관식

송수주관과 환수주관을 인접시켜 배관하고, 주관 사이를 여러 갈래의 벤드코일을 사용하여 설치한 형식이다.

특징 :

① 관 부속이 분리주관식보다 적게 소비된다.
② 상향식인 경우 갈래마다 공기방출기를 설치해야 한다.

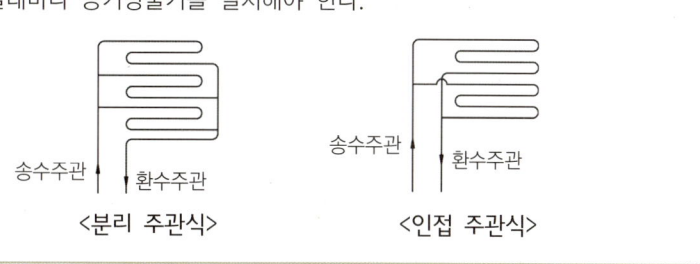

(3) 사다리꼴식

규격이 같은 난방공간이 많을 경우에 대량생산을 하여 용접이음으로 시공하면 공사기간을 단축시킬 수 있는 장점이 있다.

특징 :

① 나사이음인 경우 배관부속이 많이 소비되지만, 용접이음인 경우 배관부속이 적게 소비된다.
② 배관저항이 적게, 양산이 가능하다.
③ 구배잡기가 용이하다.
④ 관지름을 적게 할 수 있다.

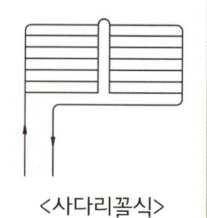

[02] 순환수두의 계산

1. 순환수두의 계산

자연순환수두는 온수 온도 차에 따른 송수와 환수의 밀도 차에 의하여 자연적으로 생기는 순환수두를 말한다.

∴ 순환수두 [mmH$_2$O] = 방열기 입출구 비중량의 차 × 보일러 중심으로부터 최고부의 방열기 중심까지의 높이

※ $H = (\rho_2 - \rho_1) \times 1{,}000 \times h \,[\text{mmH}_2\text{O}]$

ρ_1 : 방열기 입구 온수비중[kg/l]
ρ_2 : 방열기 출구 온수비중[kg/l]
1,000 : [kg/l]를 [kg/m^3]으로 환산하기 위한 배수이므로 [kg/m^3]으로 주어진 경우는 1,000을 뺄 것
h : 높이[m]

예제문제 01

방열기 입구 온수온도가 85[℃], 출구 온수온도가 60[℃], 방열기 중심까지 높이가 4[m]이다. 자연순환수두는? (단, 85[℃] 물의 비중 0.97, 60[℃] 물의 비중 0.980이다.)

풀이

(0.98-0.97)×1,000×4 = 40[mmH$_2$O]

03 팽창 탱크 설치 및 특징

팽창 탱크는 일종의 안전장치로 종류는 개방식과 밀폐식이 있다. 개방식은 보통 온수, 밀폐식은 고온수의 경우 주로 사용된다.

특징 :

① 운전 중 장치 내의 온도상승에 의한 체적팽창을 흡수한다.
② 운전 중 장치 내를 소정의 압력으로 유지하고 온수온도를 유지한다.
③ 팽창한 물의 배출을 방지하여 장치의 열손실을 방지한다.
④ 물의 누설 등에 의한 장애와 공기의 침입을 방지한다.
⑤ 운전 중 부족한 보충수를 급수한다.

1. 개방식

보통 온수난방이나 일반 주택에서 온수난방을 하는 경우에 주로 사용된다.

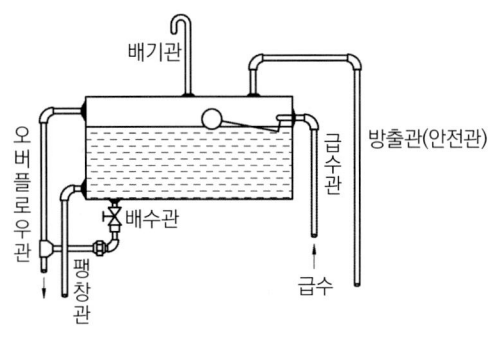

<개방식 팽창 탱크>

(1) 탱크 설치 시 주의사항

① 방열기나 방열코일의 최고 높이보다 1[m] 이상 높게 설치한다.
② 팽창 탱크의 재료는 100[℃] 이상에서 견딜 수 있어야 한다.
③ 내부의 수위를 쉽게 알 수 있는 재료 또는 구조이어야 한다.
④ 탱크 내의 수위는 전체 높이의 1/3 정도로 한다.
⑤ 팽창 탱크에는 상부에 통기관을 설치한다.
⑥ 탱크의 오버플로우관(과잉수 배출관)은 오버플로우로 인한 화상을 입지 않도록 한다.
⑦ 탱크에 연결되는 팽창관은 탱크 바닥면보다 25[mm] 이상 높도록 한다.
   (보일러 내로 이물질이 들어가는 것을 방지)
⑧ 직수를 사용해서는 안 된다.

(2) 팽창관 및 방출관 설치 시 주의사항

방출관은 송수주관에 설치하고, 상향식 순환식의 경우에는 보일러 최상부 또는 온수 출구관에 방출관을 별도로 설치하고, 팽창관은 환수주관에 설치한다.

① 구멍탄 보일러인 경우 팽창관의 크기는 호칭 15A 이상으로 한다.
② 온수보일러인 경우 관의 크기
   • 방출관 ┌ 전열면적 10[m^2] 미만, 25[mm] 이상
            └ 전열면적 10[m^2] 이상, 30[mm] 이상
   • 팽창관 ┌ 전열면적 5[m^2] 미만, 25[A] 이상
            └ 전열면적 5[m^2] 이상, 30[A] 이상
③ 팽창관에는 밸브, 체크밸브 등을 설치해서는 안 된다.
④ 팽창관은 굽힘이 적고, 동결을 방지할 수 있는 조치를 해야 한다.
⑤ 강제순환식인 경우 팽창관 및 방출관의 설치위치는 순환 펌프 작동으로 인한 폐쇄가 되지 않은 곳에 설치해야 한다.
⑥ 팽창관을 탱크에 접속할 때 수평부분은 상향 기울기로 해야 한다.

2. 밀폐식

고온수 난방에 주로 사용하고, 설치 위치는 관계가 없으며, 팽창압력은 압축공기나 압축질소 등을 이용한다. 안전 밸브는 배관계통 내의 압력이 제한 압력 이상이 되면 자동적으로 과잉수를 배출시킬 수 있어야 한다.

※ 개방식과 밀폐식 팽창 탱크의 주변 부대설비를 꼭 암기할 것

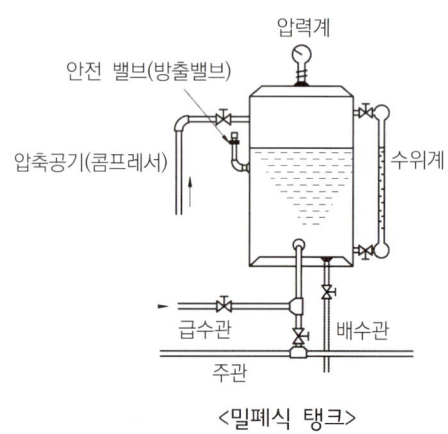

<밀폐식 탱크>

[04] 팽창 탱크의 용량계산

개방식 팽창 탱크는 장치 내 온수 팽창량의 1.5~2.5배(통상 2배 정도)의 크기로 한다.

(1) 구멍탄용 온수보일러

난방면적이 10[m^2] 이하인 경우에는 2[l] 이상으로 하고, 난방면적이 10[m^2] 추가할 때마다 2[l]를 가산한 용적 이상으로 한다.

(2) 온수보일러(전열면적 14[m^2] 이하)

탱크용량은 보일러 및 배관 내의 보유수량이 200[l] 이하인 경우에는 20[l] 이상으로 하고, 보유수량이 100[l]씩 초과할 때마다 10[l]를 가산한 용량 이상으로 한다.

1. 개방식 팽창 탱크 용량

가열 전의 전수량과 가열 후의 전수량과의 체적 차이를 온수 팽창량이라 하며, 탱크용량은 온수팽창량에 안전율을 곱한 용량으로 계산한다.

- 온수팽창량$(l) = \left(\dfrac{1}{\rho_2} - \dfrac{1}{\rho_1}\right) \times$ 전수량

- 개방식 팽창 탱크 용량 $= \left(\dfrac{1}{\rho_2} - \dfrac{1}{\rho_1}\right) \times$ 전수량 $\times$ 안전율

즉, α, V, $\Delta t \times$ 안전율

$\begin{bmatrix} \rho_2 : 가열\ 후\ 물의\ 비중[kg/l] \\ \rho_1 : 가열\ 전\ 물의\ 비중[kg/l] \end{bmatrix}$

2. 밀폐식 팽창 탱크 용량

$$\dfrac{\Delta V}{\dfrac{P_a}{P_a + 0.1h} - \dfrac{P_a}{P_t}}[l]$$

$$\therefore \dfrac{\Delta V}{\dfrac{1}{1 + 0.1h} - \dfrac{1}{P_t}}[l]$$

$\begin{bmatrix} \Delta V : 온수팽창량[l] \\ P_a : 대기압[kg/cm^2]=1[kg/cm^2] \\ h : 팽창\ 탱크로부터\ 최고부까지\ 높이[m] \\ P_t : 보일러의\ 최고\ 허용절대압력[kg/cm^2 abs] \end{bmatrix}$

3. 밀폐식 팽창 탱크의 운전 중 받는 수두압(mAq)

$$\therefore Hr = h + h_t + \dfrac{1}{2}h_{p+2}$$

$\begin{bmatrix} Hr : 수두압(mAq) \\ h : 최고부의\ 높이(m) \\ h_p : 펌프의\ 양정(m) \\ h_t : 공급온도에서의\ 포화증기압력(mAq) \end{bmatrix}$

05 공기방출기

장치 내에 침입하는 공기를 외부로 방출하여 물의 순환을 촉진시키기 위하여 설치하는 것으로 밀폐식과 개방식이 있다.

1. 설치방법

① 상향순환식인 경우에는 방열관의 가장 높은 곳에 설치해야 하며, 하향순환식인 경우에는 팽창 탱크와 겸하여 보일러 바로 위에 설치하는 것이 좋다. 실제는 하향식인 경우에도 팽창 탱크와 별도로 방열 코일 부분에서 가장 높은 곳에 공기방출기를 설치해 주는 것이 좋다.
② 개방식 공기방출기인 경우, 내부의 기포를 방출하는 경우에 물이 넘쳐나오는 것을 방지하기 위해서 팽창 탱크 수면보다 50[cm] 이상 높게 설치해야 한다.
③ 인접주관식으로 상향순환식인 경우에는 한 갈래마다 공기방출기를 설치해야 한다.

06 방열기 쪽수의 계산

1. 소요방열면적[m²]

- 소요방열면적[m²] = $\dfrac{난방부하[kcal/h]}{방열기\ 방열량[kcal/m^2 h]}$

  표준 방열량은 온수난방의 경우는 450[kcal/m²h], 증기의 경우는 650[kcal/m²h]이다.

- EDR[m²] = $\dfrac{난방부하}{450}$[kcal/h]

- 방열기 방열량[kcal/m²h] = 방열계수 × (방열기 내 평균온도 − 실내온도)

※ 방열기 내 평균온도 = $\dfrac{입구온도 + 출구온도}{2}$

2. 쪽수 계산

- 쪽수 = $\dfrac{소요방열면적[m^2]}{쪽당\ 방열면적[m^2/쪽]}$

- 쪽수 = $\dfrac{\text{EDR}}{\text{쪽당 방열면적}}$

- 소요 쪽수 = $\dfrac{\text{난방부하}}{\text{방열기 방열량} \times \text{쪽당 방열면적}}$

- 표준 쪽수 = $\dfrac{\text{난방부하}}{450 \times \text{쪽당 방열면적}}$

3. 방열기의 방열량 보정

방열기 방열량[kcal/m²h] = 방열계수[kcal/m²h℃]×(방열기 내 평균온도-실내온도)로 계산된다.

∴ 방열계수가 결정되지 않은 경우는 보정계수와 표준방열량으로부터 방열량을 보정한다.

❖ 방열량 = 450 × 방열량 보정계수(K)

∴ 방열량 : (온수) = $450 \times \dfrac{\Delta t'}{62}$, (증기) = $650 \times \dfrac{\Delta t'}{81}$

$\Delta t' = \left(\dfrac{\text{입구온도} + \text{출구온도}}{2} - \text{실내온도} \right)$

4. 방열기의 종류

(1) 종류

① 주형 : 2주형, 3주형, 3세주형, 5세주형(주형 방열기는 최고사용압력 0.5MPa 이하 최대쪽수 30쪽까지 사용한다.)
② 벽걸이형 : 종형, 횡형(벽걸이형은 최대 15쪽까지 사용한다.)
③ 길드형(길이 1m 정도까지 사용)
④ 대류방열기 : 베이스보드 히터
⑤ 강판 방열기
⑥ 관 방열기
⑦ 알루미늄 방열기

[방열기의 호칭법 및 도시법]

구분	종별	도시기호
주형	2주형	II
	3주형	III
세주형	3세주형	3
	5세주형	5
벽걸이형(W)	종형	V
	횡형	H

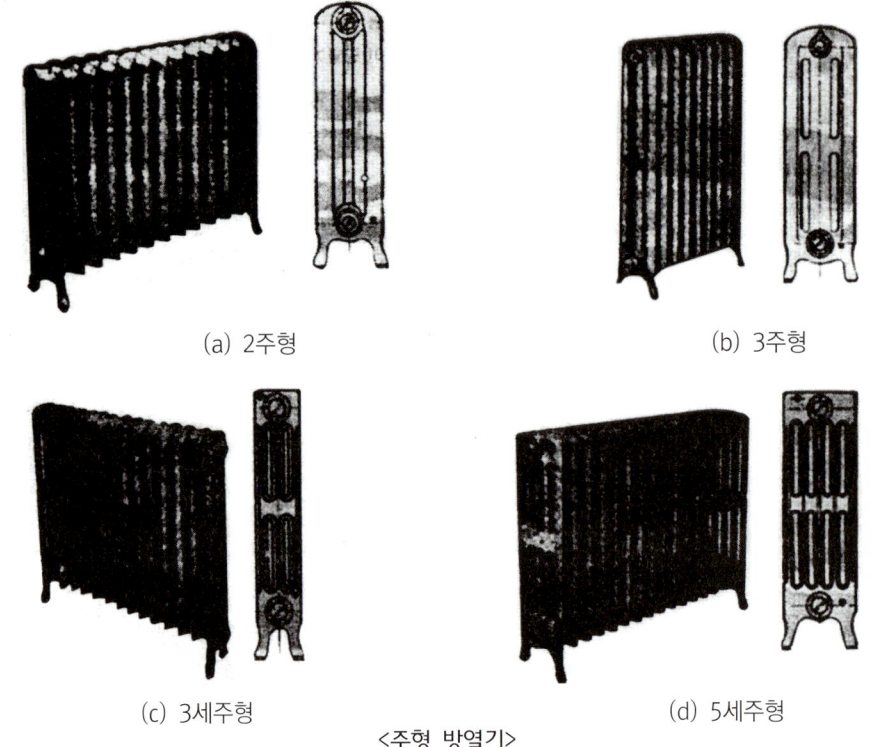

(a) 2주형　　　　　　　　　　(b) 3주형

(c) 3세주형　　　　　　　　　(d) 5세주형

<주형 방열기>

 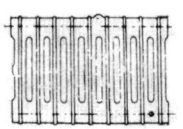 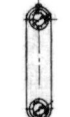

(a) 횡형

 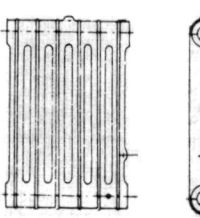

(b) 종형

<벽걸이 방열기>

 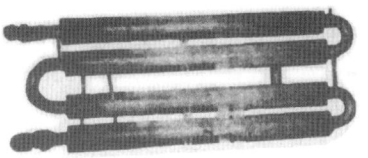

(a) 1단　　　　　　　　　　　(b) 4단

<길드 방열기>

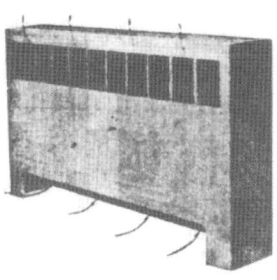 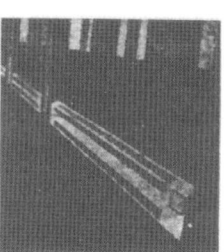

(a) 콘벡터　　　　　　　　　(b) 베이스보드 히터

<대류 방열기>

(2) 설치

외기가 침입되는 창문 및 벽으로부터 50~60[mm] 정도 공간을 둔다. 벽걸이의 경우는 바닥에서 150[mm]의 간격을 두고 설치하며, 대류방열기는 바닥으로부터 하부케이싱까지 최저 90[mm] 이상 높게 설치한다.

(3) 도시법

① 쪽수(절수, 섹션수)
② 종별
③ 형(치수, 높이)
④ 유입관 지름
⑤ 유출관 지름
⑥ 조의 수

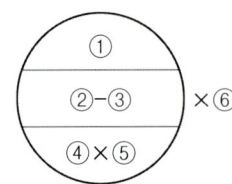

(4) 호칭법

- 주형(종별 - 높이×쪽수)
- 벽걸이형(종별 - 형×쪽수)

예 주형 : Ⅱ-650×4(2주형 높이 650[mm] 4쪽)
　벽걸이형 : W-H×2(벽걸이형 횡형 2쪽), W-V×2(벽걸이형 수직 2쪽)

예상문제
Chapter 02. 온수난방 설비

001 온수난방 시 온수 순환방법 2가지를 쓰시오.

> **풀이**
> - 중력 순환식(자연 순환식)
> - 강제 순환식(기계 순환식)

002 온수난방이 증기난방보다 우수한 점 4가지를 쓰시오.

> **풀이**
> - 난방부하의 변동에 따라 온도조절이 쉽다.
> - 동결우려가 적다.
> - 쾌감도가 높고, 화상의 위험이 없다.
> - 소규모 주택에 적당하다.

003 온수난방의 온수 순환방향(공급)에 따른 2가지를 쓰시오.

> **풀이**
> - 상향 순환식
> - 하향 순환식

004 온수난방의 배관방식에 따른 종류 2가지를 쓰시오.

> **풀이**
> - 단관식
> - 복관식

005 복사 패널의 설치위치에 따른 종류 3가지를 쓰시오.

> **풀이**
> - 바닥 패널
> - 천장 패널
> - 벽 패널

006 하향 순환(공급)식은 어떤 경우에 설치하는지 간단히 쓰시오.

> **풀이**
> 보일러 설치위치가 방열관과 같거나 방열관이 보일러보다 낮게 설치되어 있는 경우에 사용한다.

007 온수 온돌에서 사용하는 배관방식 3가지를 쓰시오.

> **풀이**
> - 직렬식
> - 병렬식
> - 사다리꼴식

008 직렬식 배관방식의 특징 4가지를 쓰시오.

> **풀이**
> - 배관 작업이 용이하다.
> - 관 이음쇠가 적게 소비된다.
> - 관로의 저항이 커서 비교적 관지름은 큰 것을 사용한다.
> - 난방면적이 $10[m^2]$ 이하가 적당하다.

009 방사난방에서 사용하는 패널을 3가지만 쓰시오.

> **풀이**
> - 벽 패널
> - 바닥 패널
> - 천장 패널

010 사다리꼴 배관방식의 특징 4가지를 쓰시오.

> **풀이**
> - 나사 이음인 경우에 배관 부속이 많이 소비된다.
> - 용접 이음인 경우 배관 부속이 적게 소비된다.
> - 배관의 저항이 적게 걸린다.
> - 구배잡기가 용이하고 대량생산이 가능하다.
> - 다른 배관방식에 비하여 관지름을 작게 할 수 있다.

011 다음은 증기난방의 분류이다. 아래 ( ) 안에 알맞은 내용을 써 넣으시오.

분류기준	분류
증기압력	㉮ (①)식, ㉯ 저압식
배관방법	㉮ (②)식, ㉯ 복관식
증기공급법	㉮ (③), ㉯ (④)
응축수환수	㉮ 중력 환수식, ㉯ (⑤)식, ㉰ 진공 환수식
환수관의 배관법	㉮ 건식 환수관식, ㉯ (⑥)식

> **풀이**
> ① 고압, ② 단관, ③ 상향공급, ④ 하향공급, ⑤ 기계 환수, ⑥ 습식 환수관

012 주형 방열기의 종류를 4가지만 쓰시오.

> **풀이**
> - 2주형
> - 3주형
> - 3세주형
> - 5세주형

013 팽창 탱크의 설치목적 4가지를 쓰시오.

> **풀이**
> - 온수의 체적팽창 및 이상팽창 압력 흡수
> - 장치 내의 압력을 일정하게 유지 및 온수온도 유지
> - 온수의 넘침을 방지하여 열손실 방지
> - 보일러, 배관 등에서 누수 시 보충수 공급 및 공기침입 방지

014 개방식 팽창 탱크는 최고높이에 있는 방열기나 방열 코일 면보다 얼마 정도 높게 설치해야 하는가?

> **풀이**
> 1[m] 이상

015 팽창관 설치 시에 팽창관에 설치해서는 안 되는 부품의 명칭 2가지는?

> **풀이**
> 체크 밸브, 밸브

016 개방식, 밀폐식 팽창 탱크의 구조를 그리고 부속 배관의 명칭을 쓰시오.

> **풀이**
>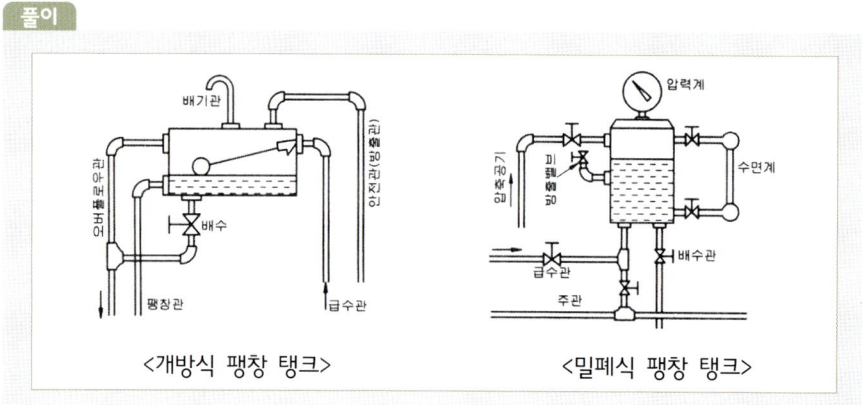

017 가열 후 물의 밀도가 0.97이고, 가열 전 물의 밀도가 0.99, 보유수량이 300[l]이다. 팽창 탱크 용량은 온수팽창량의 2.3배이다.

가. 온수팽창량은?
나. 개방식 팽창 탱크 용량은?

풀이

가. $(\dfrac{1}{0.97} - \dfrac{1}{0.99}) \times 300 = 6[l]$

나. $6 \times 2.3 = 13.8[l]$

018 팽창 탱크로부터 높이가 5[m]인 온수 난방계통이다. 보일러의 허용압력이 3[kg/cm²abs], 온수팽창량이 30[l]이다. 밀폐식 팽창 탱크의 용량은?

풀이

$\dfrac{30}{\dfrac{1}{1+0.1 \times 5} - \dfrac{1}{3}} = 90[l]$

019 6[℃] 물을 1800[l]로 가열하여 난방하려 하는 온수 난방장치에서 개방식 팽창 탱크를 설치하려 한다. 6[℃] 물의 밀도를 0.980[kg/l], 86[℃] 물의 밀도를 0.960[kg/l]라 하고, 팽창 탱크의 용량을 온수팽창량의 2.5배로 할 경우 팽창 탱크의 내용적[l]을 구하시오.

풀이

$2.5 \times (\dfrac{1}{0.960} - \dfrac{1}{0.980}) \times 1{,}800 = 95.66[l]$

020 3세주 650[mm], 20쪽, 입구관 지름 25[mm], 출구관 20[mm], 쪽당 방열면적 0.25[m²]이다. 방열기 호칭법과 도시법에 따라 기록하시오.

풀이

① 3-650×20   ②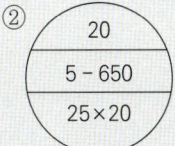

| 20 |
| 5 - 650 |
| 25×20 |

021 　온수의 송수온도가 80[℃]이고, 환수온도가 62[℃]이다. 난방 부하가 8,100[kcal/h]인 거실의 온도를 일정하게 유지하려고 할 때 다음 물음에 답하시오.

가. 온수 순환량은 몇 [kg/h]인가? (단, 온수의 비열은 1.0[kcal/kg℃]이다.)

나. 방열기의 표준 섹션수는? (단, 쪽당 방열면적은 0.36[m²]이다.)

풀이

가. $\dfrac{8{,}100}{1.0\times(80-62)} = 450[\text{kg/h}]$

나. $\dfrac{8{,}100}{450\times 0.36} = 50$쪽

022 　온수난방설비에서 밀폐식 팽창 탱크가 운전 중 받는 수두압(mAq)을 구하시오. (단, 밀폐식탱크의 수면과 가장 높은 배관까지의 수직 높이 12m, 공급 온수온도 105℃에서의 포화증기압력 1.23kg/cm², 순환펌프의 양정 10m이다.)

풀이

$Hr = h + h_t + \dfrac{1}{2}\times h_p + 2$ (∗ 1.23kg/cm² = 12.3mAq이므로)

　　$= 12 + 12.3 + \dfrac{1}{2}\times 10 + 2 = 31.3\text{mAq}$

Memo

Chapter 03

도면해독 및 작성

01. 보일러시공 도면 도시법
02. 온수온돌 시공순서
03. 보온재의 구비조건
04. 종류 및 특성
05. 보온시공법

❖ 예상문제

Chapter 03 도면해독 및 작성

에너지관리기능사 실기

[01] 보일러시공 도면 도시법

1. 치수 기입법

(1) 치수 표시

각 부분의 치수 표시는 숫자만으로 나타낸다.

(2) 높이 표시

① EL(Elevation)

배관의 높이를 관의 중심을 기준으로 하여 도시한 것

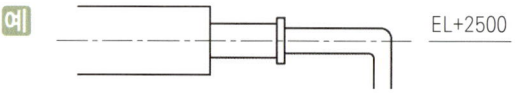

② BOP(bottom of pipe)

서로 다른 관의 높이를 나타낼 때 적용되며, 관 바깥지름의 아랫면까지를 기준으로 하여 도시한 것

③ TOP(top of pipe)

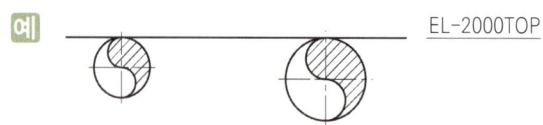

④ GL(ground line)

포장된 지표면을 기준으로 하여 배관장치의 높이를 표시할 때 적용된다.

⑤ FL(floor line)

1층의 바닥 면을 기준으로 하여 높이를 표시한다.

2. 배관도면 표시법

(1) 관의 도시법

관의 도시법은 하나의 실선으로 표시한다.

(2) 유체의 종류·상태·목적 표시기호

관을 표시하는 선 위에 표시하거나 인출선에 의해 도시한다.

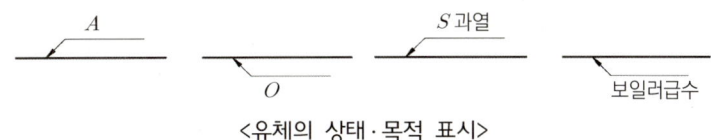

<유체의 상태·목적 표시>

(3) 관의 굵기, 종류

관의 굵기 또는 종류를 표시할 때에는 보기와 같이 표시하는 것을 원칙으로 한다.
관의 굵기 및 종류를 동시에 표시하는 경우에는 관의 굵기를 표시하는 문자 다음에 관의 종류를 표시하는 문자 또는 기호를 기입한다. 다만, 복잡한 도면의 경우에는 지시선을 써서 표시한다.

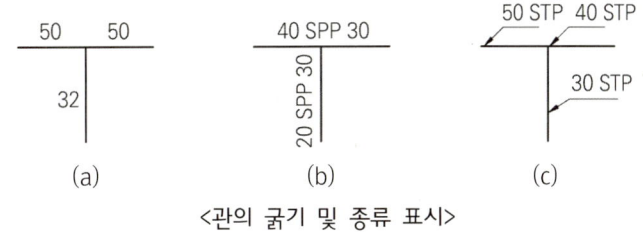

<관의 굵기 및 종류 표시>

(4) 압력계, 온도계

압력계는 P, 온도계는 T로 표시한다.

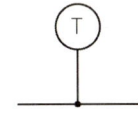

(5) 관의 접속상태

접속상태	실제모양	도시기호
접속하고 있을 때		
분기하고 있을 때		
접속하지 않을 때		

(6) 관 연결방법 도시기호

이음종류	연결방법	도시기호	예	이음종류	연결방법	도시기호
관 이음	나사형			신축 이음	루프형	
	용접형				슬리브형	
	플랜지형				벨로즈형	
	턱걸이형				스위블형	
	납땜형					

(7) 관의 입체적 표시

① 관이 도면에 직각으로 앞쪽을 향해 구부러져 있을 때(오는 엘보우)		
② 관이 앞쪽에서 도면 직각으로 뒤쪽을 향해 구부러져 있을 때 (가는 엘보우)		
③ 관 A가 앞쪽에서 도면 직각으로 구부러져 관 B에 접속할 때		

(8) 시공도의 척도는 1/50 또는 1/25을 원칙으로 한다.

※ 도면 표시법

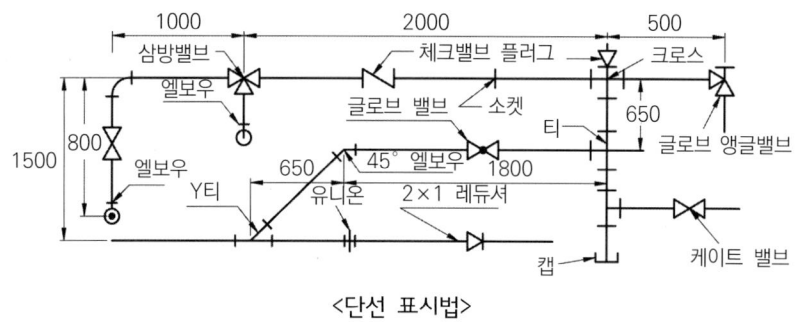

<단선 표시법>

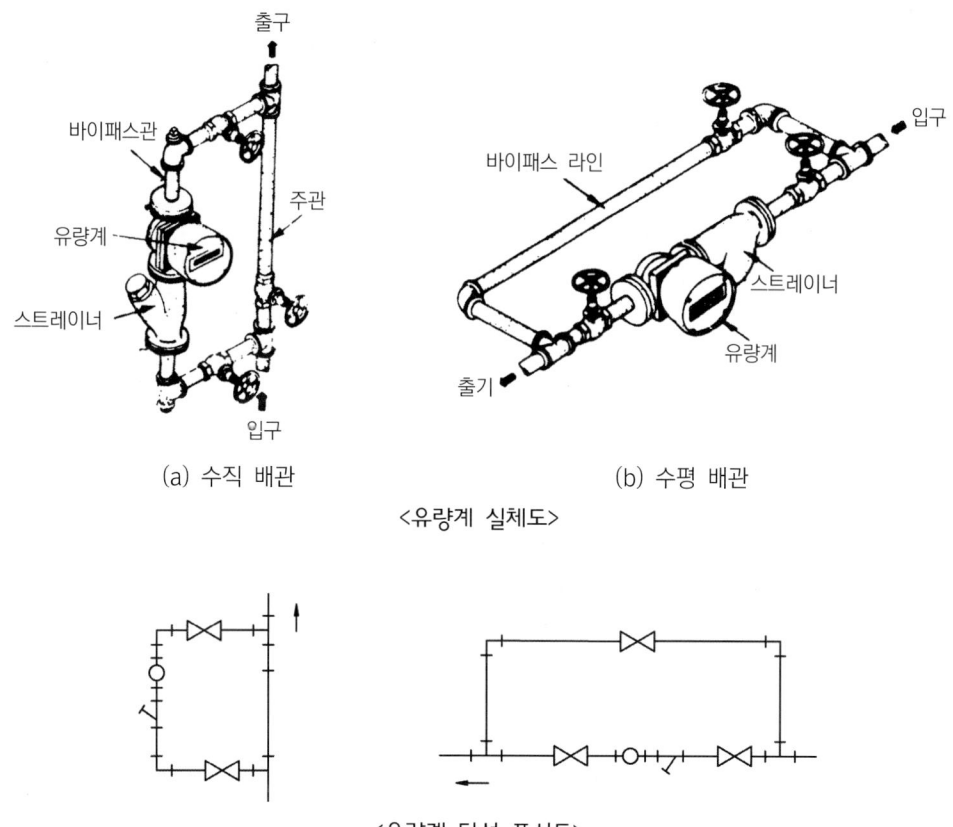

(a) 수직 배관   (b) 수평 배관

<유량계 실체도>

<유량계 단선 표시도>

02 온수온돌 시공순서

※ 시공순서

① 배관의 기초공사 → ② 방수처리 → ③ 단열처리 → ④ 받침재 설치 → ⑤ 배관작업 → ⑥ 공기방출기 설치 → ⑦ 보일러 설치 → ⑧ 팽창 탱크 설치 → ⑨ 굴뚝 설치 → ⑩ 수압시험 → ⑪ 온수 순환시험 및 경사조정 → ⑫ 골재 충진작업 → ⑬ 시멘트 모르타르 바르기 → ⑭ 양생 건조작업

❖ 참고
온수온돌의 일반적인 구조를 상향식과 하향식으로 간단하게 표시하였다.

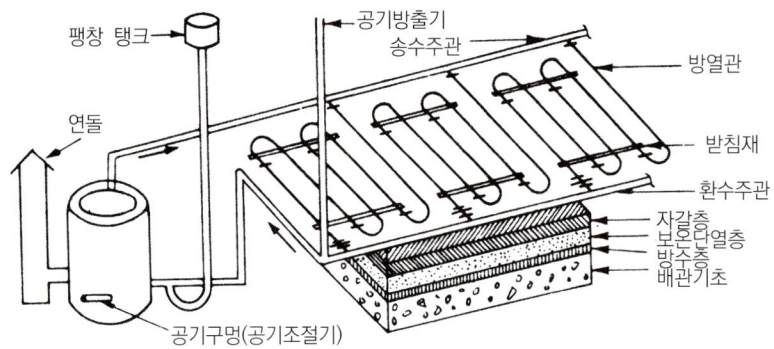

<상향식 온돌 구조>

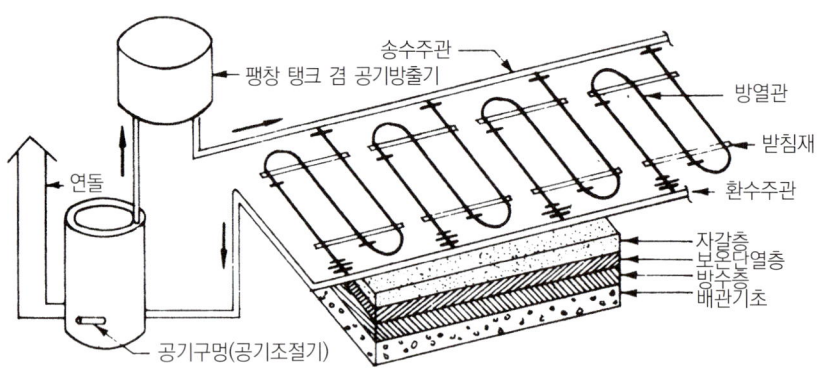

<하향식 온돌 구조>

1. 배관기초

(1) 배관기초의 필요성

배관기초는 방수작업을 용이하게 하며, 배관작업 시 받침재의 설치 및 관의 지지를 쉽게 한다.

(2) 시공(아래 단면도 참조)

시멘트 : 모래 : 자갈의 비는 1 : 3 : 6 정도의 비율로 하며 단단하게 다져야 한다.

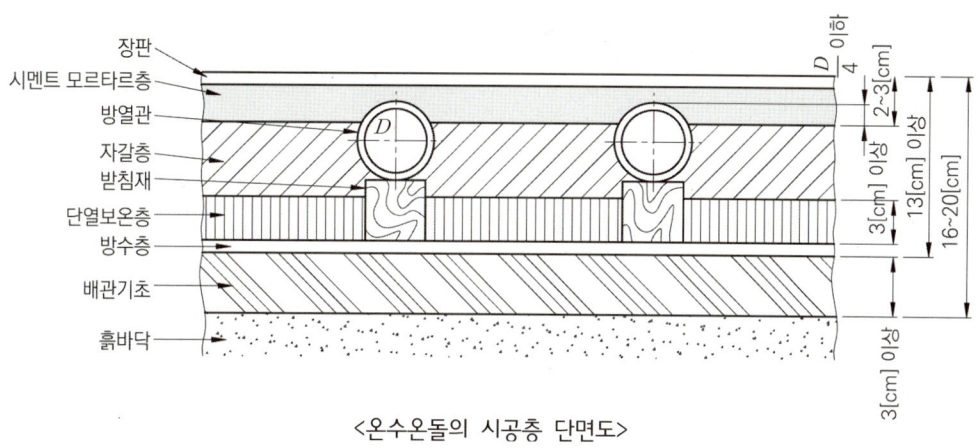

<온수온돌의 시공층 단면도>

2. 방수처리

(1) 방수처리의 목적

① 단열재의 단열성 저하 방지
② 배관의 부식 및 열손실 방지
③ 장판의 부패 방지

(2) 시공

방수재료 종류는 루핑, 비닐, 방수 모르타르, 내식성 방수지 등이 있으며 벽면 가장자리 부분은 습기가 들어오지 않도록 온돌바닥보다 10[cm] 이상 위까지 방수처리를 하여야 한다.

3. 단열처리

(1) 단열처리의 필요성

① 바닥을 통한 열손실을 방지
② 온수의 보유열을 최대한 이용
③ 에너지 절약

4. 받침재 설치

(1) 사용 목적

① 방열관의 고정 용이
② 경사 잡기가 쉽다.
③ 배관의 간격을 일정하게 유지

> ❖ 받침재 설치간격은 강관 1.5[m], 동관이나 XL파이프는 1[m] 정도로 한다.

5. 배관작업

(1) 배관의 지름

① **주관**

   송수주관과 환수주관은 32A의 배관용 탄소강관이나 28.58과 22.22동관을 사용한다.

② **방열관**

- 방열관은 20A의 배관용 탄소강관이나 15.88과 12.7 동관, ∅15 엑셀 파이프나 ∅12 엑셀 파이프를 사용한다.
- 직렬식 배관의 방열관 : 배관저항을 고려하여 굵은 관을 사용한다.
- 방열관 피치는 200±20[mm]로 하며, 분리주관식의 경우에는 배관저항을 고려하여 갈래당 길이는 15[m] 이하로 한다.

(2) 주관 및 방열관의 경사

물의 순환이 용이하도록 관의 경사는 1/200 이상을 원칙으로 하며, 세로방향 경사는 되도록이면 수평으로 한다. 주관과 연결되는 관은 1/200의 경사를 둔다.

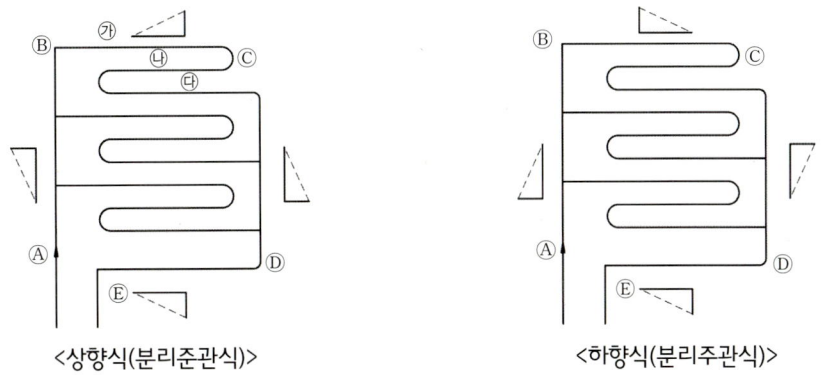

<상향식(분리준관식)>　　　　　　　　<하향식(분리주관식)>

① 상향식 배관인 경우 가장 높은 곳은 D부분이고, 가장 낮은 곳은 A부분이다. 공기방출기는 D부분에 설치된다. 높은 곳부터 나열하면 D > C > B > A = E이다.
② 하향식인 경우에 가장 높은 곳은 방입구 A지점이며, B, C, D, E순으로 E지점이 가장 낮게 된다.
③ 방열관의 경사 중 주관에 연결되는 부분(그림 ㉮, ㉰)은 1/200경사로 하고 ㉯의 부분은 수평으로 한다.

6. 공기방출기 설치

(1) 설치 목적

배관계통 내에 공기가 존재하면 내부에 공기압력만큼의 저항이 발생하며 관수 순환이 저하하고 관의 부식을 촉진시킨다. 이러한 현상방지를 위하여 공기방출 목적으로 설치된다. 배관 내에 많은 공기량이 존재하면 배관 내의 굴곡부에 에어 로크(air lock) 현상이 발생되며 유체의 흐름이 차단되기도 한다.

(2) 설치 위치

① 상향식은 환수주관 가장 높은 끝부분에 설치한다.
② 하향식은 팽창 탱크와 공기방출기를 겸하여 보일러 바로 위에 설치한다.
③ 개방식 공기방출기는 팽창 탱크 수면보다 50[cm] 이상 높게 설치한다.

7. 보일러 설치위치 및 설치

(1) 보일러 설치위치

보일러에서 연소가 누설되어 실내로 진입되면 사고의 원인이 되며, 습기로 인한 보일러 수명단축을 방지하며, 굴뚝과 가깝고 연도의 굴곡부는 적게 설치하여 저항이 적게 해야 한다.

(2) 보일러의 설치

보일러는 수평으로 설치함을 원칙으로 한다. 주관의 연결부에는 교체가 용이하도록 유니온이나 플랜지로 연결하여야 한다. 청소를 위한 공간을 두고 보일러는 바닥과 직접 접하지 않도록 기초 위에 보일러를 설치한다. 매몰식인 경우에는 방수처리 단열시공을 필히 한 뒤에 보일러를 설치한다.

8. 팽창 탱크 설치

(1) 설치 목적

온수보일러의 안전장치이며, 온수가 열을 받아 체적이 팽창하면 팽창수를 흡수하여 보일러나 배관의 파손을 방지하며, 보충수를 급수할 목적으로 설치한다.

(2) 시공

① 탱크의 용량은 하향식일 때 공기방출기와 겸하는 경우 10[%] 정도 큰 것을 택한다.
② 팽창관에는 밸브나 체크 밸브 같은 것은 절대로 설치해서는 안 된다.
③ 하향식의 경우 공기방출기와 겸하여 보일러 바로 위에 설치한다.

9. 굴뚝 설치

(1) 위치

연소가스 배출이 원활하도록 보일러실과 가까운 곳에 설치한다.

(2) 높이

유류 보일러인 경우 높은 것이 좋으나 구멍탄 보일러는 너무 높게 설치하는 경우에는 연소가스가 역류되어 연소상태가 불량하게 된다. 따라서 적당한 높이로 설치하는 것이 좋다. 후방 와류에 의한 역풍을 방지하기 위하여 개자리를 설치하고 지붕 면보다 90[cm] 정도 높게 설치한다.

(3) 개자리

순간적인 후방 와류에 의한 역류를 방지하기 위하여 굴뚝 하단부에 개자리를 설치하고 개자리의 높이는 연돌지름의 2배로 한다.

10. 수압시험

(1) 목적

배관 연결부위의 누수 또는 변형상태를 점검하기 위하여 최고사용압력보다 높게 실시한다.

(2) 방법

공기방출기를 개방하고 팽창 탱크나 보일러 주위 연결구로 급수를 하여 팽창 탱크의 관로와 공기방출기를 잠정적으로 밀폐시켜 수압시험기로 규정 수압을 가하여 연결부를 점검, 누수, 변형 여부를 확인한다.

> ❖ **수압시험압력**
> ① 유류용 온수보일러 보일러 : 실제 최고사용압력의 2배의 수압을 30분간
> ② 구멍탄용 온수보일러 보일러 : 0.2MPa(2[kg/cm^2])의 수압을 30분간

① 강제 보일러
- 최고사용압력이 0.43MPa(4.3[kg/cm^2]) 이하는 최고사용압력의 2배로 실시
- 최고사용압력이 0.43MPa(4.3[kg/cm^2]) 초과, 1.5MPa(15[kg/cm^2]) 이하일 때는 최고사용압력의 1.3배에 0.3MPa[3kg/cm^2]를 더한 압력으로 실시
- 최고사용압력이 1.5MPa(15[kg/cm^2]) 초과시 최고사용압력의 1.5배로 실시

② 주철제 보일러
- 최고사용압력이 0.43MPa 이하는 최고사용압력의 2배로 실시
- 최고사용압력이 0.43MPa 초과하면 최고사용압력의 1.3배에 0.3MPa[3kg/m^2]를 더한 압력으로 실시

❖ 모든 보일러의 최고사용(시험)압력이 0.2MPa(2[kg/cm^2]) 미만인 경우에는 0.2MPa(2[kg/cm^2])로 수압시험을 실시한다.

11. 시험 및 검사

① 수압시험
② 온수 순환시험 검사
③ 연소가스 누설유무 검사
④ 연소상태 및 연소조절 검사
⑤ 보일러 연소 및 배기 성능검사
⑥ 연료계통의 누설상태 검사
⑦ 자동제어에 의한 작동검사

[03] 보온재의 구비조건

① 열전도율이 적을 것
② 비중(밀도)이 적고, 독립성 다공질일 것
③ 장시간 사용해도 사용온도에서 변질되지 않을 것
④ 기계적 강도가 크고, 시공이 용이할 것
⑤ 흡습, 흡수성이 적을 것

보온재의 종류는 유기질, 무기질, 금속질 등이 있고 안전 사용온도는 100~650[℃] 정도이며, 열전도율은 0.07[kcal/mh℃] 이하인 것을 말한다.

❖ 보온재의 열전도율과 관계
① 밀도가 상승하면 열전도율이 상승한다.
② 습도가 증가하면 열전도율이 상승한다.
③ 온도가 상승하면 열전도율도 상승한다.

[04] 종류 및 특성

1. 유기질 보온재

① 탄화코르크(안전사용온도 : -200~130[℃])
② 플라스틱폼(안전사용온도 : 100~140[℃])
③ 면화(안전사용온도 : 160[℃])
④ 양모펠트(안전사용온도 : 130[℃])
⑤ 우모펠트(안전사용온도 : 100[℃])

2. 무기질 보온재

① 석면(아스베스트) 보온재(안전사용온도 : 550[℃])
② 규조토 보온재(안전사용온도 : 500[℃])
③ 암면보온재(안전사용온도 : 600[℃])
④ 폼글라스 및 글라스울 보온재(안전사용온도 : -50~300[℃])
⑤ 규산칼슘 보온재(안전사용온도 : 650[℃])
⑥ 탄산마그네슘 보온재(안전사용온도 : 250[℃])
⑦ 실리카파이버 보온재(안전사용온도 : 50~1,100[℃])
⑧ 세라믹 화이버 보온재(안전사용온도 : 30~1,300[℃])
⑨ 질석팽창 보온재(안전사용온도 : 100~800[℃])

❖ 유기질 보온재와 무기질 보온재는 재질 내 미세한 다공질층의 독립기포를 이용한 열전도 지연효과 이용

3. 금속질 보온재(반사특성 이용)

대표적인 것은 알루미늄박이다.

• 알루미늄박(안전사용온도 : -180~500[℃] 정도)

05 보온시공법

최하층 거실바닥 벽체, 천장의 경우 열관류율은 0.5[kcal/m²h℃] 이하, 공동주택의 측벽은 0.4[kcal/m²h℃] 이하로 규정되어 있다. 창문은 열관류율값을 3.0[kcal/m²h℃] 이하로 하거나 이중창으로 해야 한다.

바닥 시공의 경우에는 방열관을 매설하므로 방열관 내부의 온수온도가 높아 많은 열량이 손실되므로 온수온돌 바닥의 열관류율은 0.2[kcal/m²h℃] 이하로 시공하여야 한다.

1. 온수온돌바닥의 시공상 주의사항

① 바닥 전체의 열관류율은 0.2[kcal/m2h℃] 이하가 되도록 하여야 한다.
② 유리솜인 경우에는 압축이 되지 않도록 하고, 열손실 방지를 위하여 공기층이 형성되도록 한다.
③ 보온시공 전 방수처리를 철저히 한다.
④ 보온두께는 30[mm] 이상으로 한다.

2. 배관의 보온시공

① 두께가 75[mm] 이상인 경우 2층으로 분리 시공한다.
② 밸브, 부속 등의 보온은 2층으로 한다.
③ 100[℃] 이상인 경우에는 유리솜, 광석면, 규산칼슘 등 내열도가 큰 것을 사용한다.
④ 빗물을 받는 경우 방수처리를 하고, 보온용 테이프를 감아준다.

3. 배관의 열손실 및 보온 효율

(1) 나관의 열손실(보온하지 않은 관)

$Q = a_1 \cdot A \cdot \Delta t \, [\text{kcal/h}]$

a_1 : 표면 열전달률[kcal/m²h℃]
A : 나관의 외표면적[m²]
  $= \pi D L$ (D : 나관의 바깥지름, L : 관 길이)
Δt : 배관 외면온도-공기의 온도[℃]

(2) 보온관 열손실로부터의 열손실

$$\text{나관 열손실} = \frac{\text{보온관 열손실}}{(1 - \text{보온효율})} [\text{kcal/h}]$$

(3) 보온관 열손실

$$Q_0 = a_2 \cdot A_2 \cdot \Delta t$$

- Q_0 : 보온관 열손실[kcal/h]
- a_2 : 보온관 표면 열전달률[kcal/m²h℃]
- A_2 : 보온과 외표면적[m²]
  $= \pi D_1 L_1$ (D_1 : 보온관 바깥지름, L_1 : 관 길이)
- Δt : 보온관 표면온도-공기온도[℃]

(4) 보온효율(η)

$$\eta = \frac{Q_0 - Q}{Q_0} \times 100$$

- η : 보온효율[%]
- Q_0 : 나관 열손실[kcal/h]
- Q : 보온관 열손실[kcal/h]

예상문제

Chapter 03. 도면해독 및 작성

001 보온재의 재질에 따른 종류 3가지는?

> **풀이**
> - 유기질 보온재
> - 무기질 보온재
> - 금속질 보온재

002 나관의 바깥지름 60[mm], 관의 총 길이가 40[m], 관 표면온도가 110[℃], 접촉 공기온도가 15[℃], 열전달률이 25[kcal/m²h℃]이다. 이 관의 열손실 열량은?

> **풀이**
> $Q = K \times A \times \triangle t \ (A = \pi d \ell)$
> $= 25 \times 3.14 \times 0.06 \times 40 \times (110-15) = 17,898 [kcal/h]$

003 나관 열손실 열량이 4,500[kcal/h], 보온관 열손실이 1500[kcal/h]이다. 보온효율은?

> **풀이**
> $\eta = \dfrac{Q_0 - Q}{Q_0} \times 100 = \dfrac{4,500 - 1,500}{4,500} \times 100 = 67[\%]$

004 보온관의 열손실이 3,500[kcal/h]이다. 보온효율이 80[%]이면 나관의 열손실 열량은?

> **풀이**
> $\dfrac{3,500}{1 - 0.8} = 17,500 [kcal/h]$

005 　온수온돌의 시공순서를 쓰시오. (주로 보기를 주고 (　)를 채우는 형식으로 시험에 출제된다.)

> **풀이**
>
> 배관의 기초공사 → 방수처리 → 단열처리 → 받침재 설치 → 배관작업 → 공기방출기 설치 → 보일러 설치 → 팽창 탱크 설치 → 굴뚝 설치 → 수압시험 → 온수 순환시험 및 경사조정 → 골재 충진작업 → 시멘트 모르타르 바르기 → 양생 건조작업

006 　팽창 탱크를 개방식으로 한다. 연결되어야 할 주위 배관 6가지를 쓰시오.

> **풀이**
>
> 팽창관, 안전관, 급수관, 개방관(통기관), 배수관, 오버플로우관

007 　밀폐식 팽창 탱크 주위에 부착되는 관 및 부품을 쓰시오.

> **풀이**
>
> 압축공기관, 압력계, 수위계, 안전 밸브, 급수관, 배수관, 주관

008 　다음은 온수 온돌의 시공층 단면도이다. 다음 물음에 답하시오.

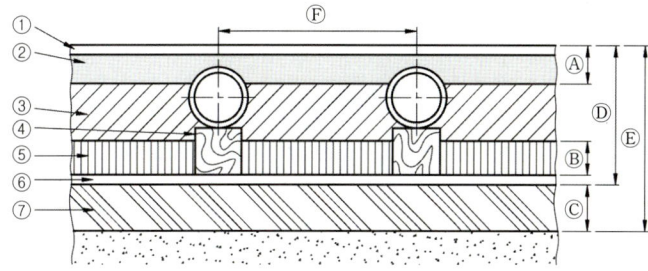

가. 도면의 ① ~ ⑦까지의 명칭을 각각 쓰시오.
나. 도면의 Ⓐ ~ Ⓔ의 두께는 몇 [cm]가 적당한지 각각 쓰시오.
다. 방열관의 피치(Ⓕ)는 몇 cm가 적당한가?

[풀이]

가. ① 장판, ② 시멘트 모르타르층, ③ 자갈층, ④ 받침재
　　⑤ 보온재, ⑥ 방수층, ⑦ 콘크리트층
나. Ⓐ 2~3[cm], Ⓑ 3[cm] 이상, Ⓒ 3[cm] 이상, Ⓓ 13[cm] 이상
　　Ⓔ 16~20[cm]
다. 20±2[cm]

009 크로스의 관 지름이 다음과 같다. 읽는 순서로 표시하시오.

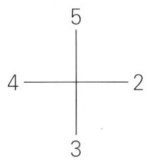

[풀이]

5×3×4×2

010 관의 이음방법 5가지를 쓰고, 도시기호를 알맞게 그리시오.

[풀이]

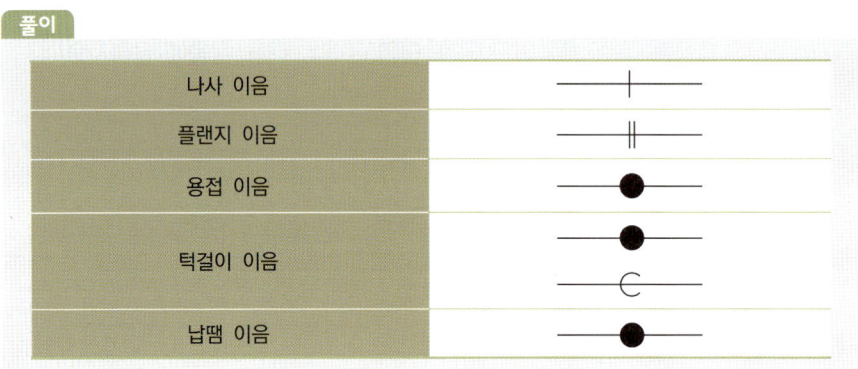

011 신축이음 종류 중 연결방식 4가지를 쓰시오.

> **풀이**
> - 루프형
> - 슬리브형
> - 벨로즈형
> - 스위블형

012 다음 도시기호를 보고 명칭을 쓰시오.

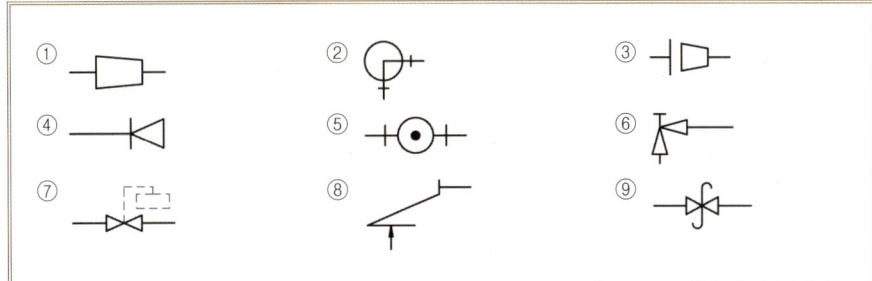

> **풀이**
> ① 부싱, ② 옆가지 엘보우 가는 것, ③ 줄임 플랜지
> ④ 벌 플러그, ⑤ 오는 티, ⑥ 글로브 앵글 밸브(수직)
> ⑦ 플로트 밸브, ⑧ 앵글 체크 밸브, ⑨ 안전 밸브

013 다음은 온수보일러 배관도이다. 도면을 보고 물음에 답하시오.

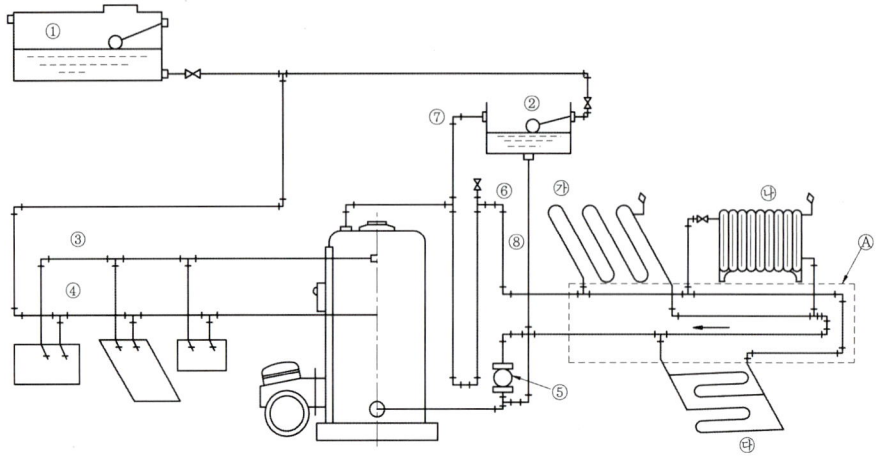

가. ㉰의 배관방식 명칭을 쓰고 특징을 3가지 쓰시오.
나. 이 보일러 배관방식을 온수 순환 방향에 따라 분류하면 어떤 방식인가?
다. ① ~ ⑧ 까지 명칭을 기록하시오.

> **풀이**
>
> 가. ㉰ 분리주관식
>   ① 배관비용이 적당하다.
>   ② 배관저항이 비교적 적다.
>   ③ 방열관은 1갈래당 15[m] 이내로 한다.
> 나. 하향순환식
> 다. ① 옥상 물탱크   ② 팽창 탱크
>   ③ 급탕 온수라인   ④ 급탕 냉수라인
>   ⑤ 온수 순환펌프   ⑥ 에어핀
>   ⑦ 방출관   ⑧ 팽창관

014 온수보일러를 설치하고자 한다. 상향 순환식, 하향 순환식을 간단하게 그리시오.

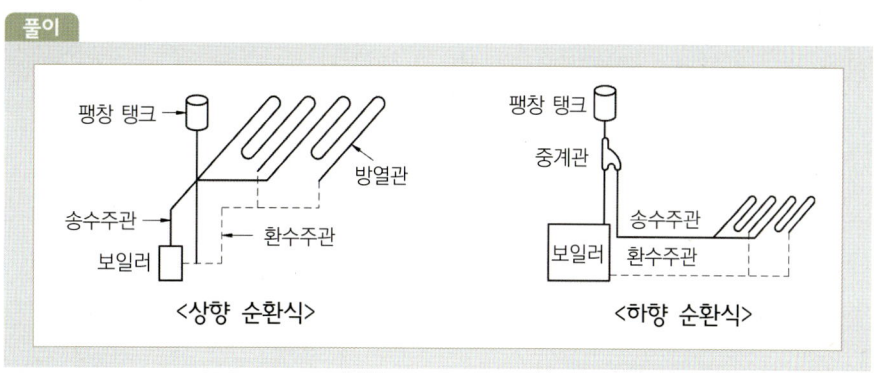

Chapter 04

공작용 공구 및 접합

01.
강관용 공구

02.
동관용 공구

03.
연관용 공구

04.
주철관용 공구

05.
관의 접합 및 벤딩

❖ 예상문제

Chapter 04 공작용 공구 및 접합

에너지관리기능사 실기

[01] 강관용 공구

1. 파이프 커터(pipe cutter)

관을 절단하는 공구로 1매날형(1개의 날, 2개의 롤러)과, 3매날형(날만 3개)이 있다. 커터로 절단한 경우 관의 안쪽으로 거스러미(burr)가 생기므로 절단 후 리머로 거스러미를 제거한 후 조립하여야 한다.

링크형 커터는 주철관의 절단용으로 사용한다.

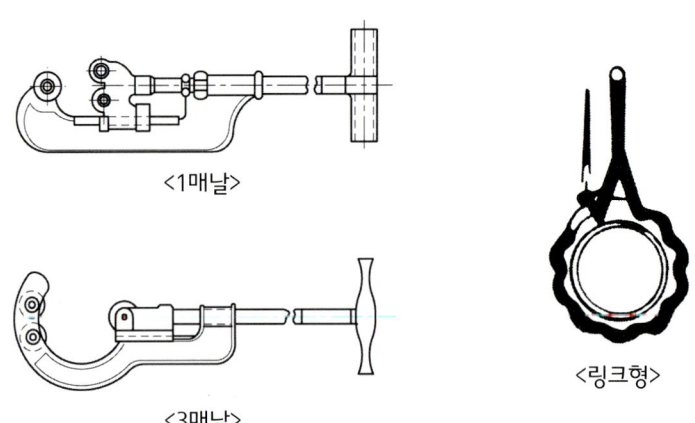

<1매날>

<3매날>

<링크형>

2. 쇠톱

관 절단용 공구로 크기는 구멍과 구멍 사이로 표시하며, 200[mm](8″), 250[mm](10″), 300[mm](12″) 3종류가 있다.

3. 파이프 리머(pipe reamer)

관의 안쪽에 생긴 거스러미를 제거하기 위하여 사용한다.

4. 수동형 나사절삭기(pipe threader)

수동으로 관에 나사를 절삭하는 공구로써 종류는 오스터형, 리드형, 베이비 리드형이 있다.

① 오스터형 : 4개의 다이스, 3개의 조우
② 리드형 : 2개의 다이스, 4개의 조우

(a) 오스터형 나사 절삭기   (b) 리드형 나사 절삭기

<수동 파이프 나사 절삭기>

5. 파이프 렌치(pipe wrench)

밸브 및 부속품 등을 조립·분해하기 위하여 사용한다. 체인형은 200A 이상의 대형용으로 사용된다.

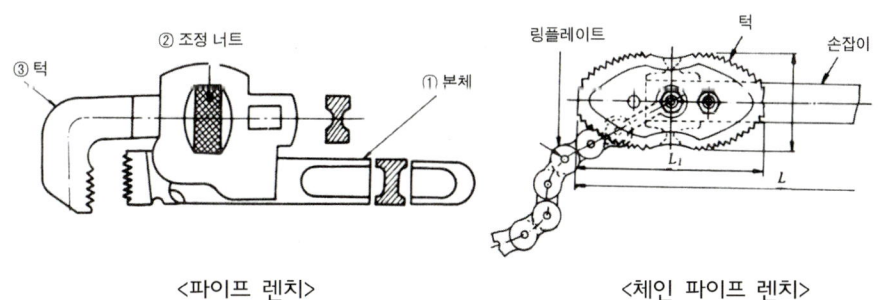

<파이프 렌치>   <체인 파이프 렌치>

6. 파이프 바이스(pipe vise)

관을 분해 조립 및 관의 절단, 고정을 위하여 사용하며, 크기는 물릴 수 있는 최대의 관지름으로 표시한다.

7. 벤치 바이스(평바이스)

관을 고정하기 위하여 사용한다. 주강제와 주철제가 있으며 크기는 조우의 폭으로 표시한다.

8. 토치 램프

관의 가열, 열간 벤딩 등에 주로 사용한다.

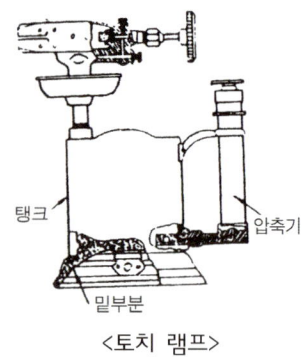

<토치 램프>

9. 파이프 절단용 기계

(1) 기계톱(haek sawing machine)

환봉이나 강관을 크랭크의 왕복운동으로 절단한다.

(2) 고속 숫돌 절단기

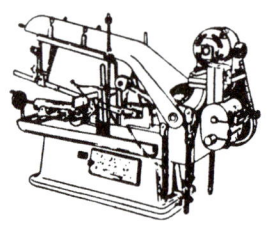

<기계톱>

두께 0.5~3[mm] 정도의 원판 숫돌을 고속으로 회전시켜 절단한다.

(3) 파이프 가스절단기

자동식과 수동식이 있으며 롤러에 의하여 회전시키면서 절단 토치로 환봉이나 강관을 절단한다.

10. 동력용 파이프 나사 절삭기

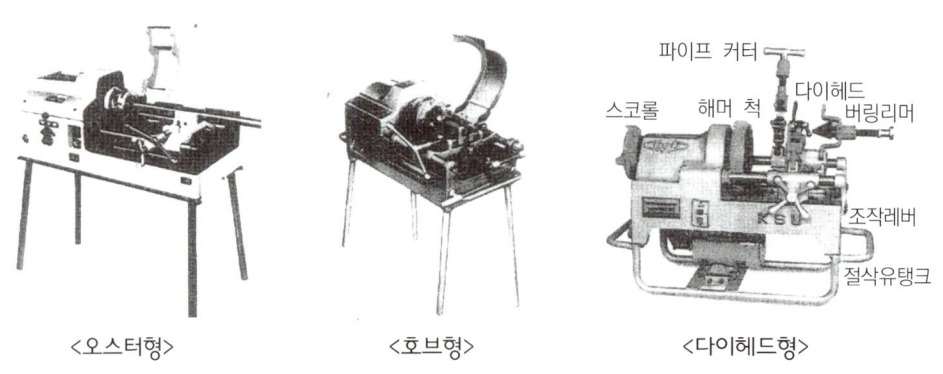

<오스터형>   <호브형>   <다이헤드형>

① 오스터형
② 호브형
③ 다이헤드형 : 관의 절단, 거스러미 제거, 나사절삭 등을 연속 작업할 수 있으며, 현장용으로 가장 많이 사용된다.

[02] 동관용 공구

1. 튜브 커터(tube cutter)

동관을 절단할 때 사용하는 공구이다.

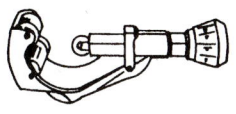

<튜브 커터>

2. 플레어링 툴 세트

동관을 압축이음(플레어이음)으로 하는 경우에 사용되며, 동관의 끝을 나팔관으로 만들 때 사용한다.

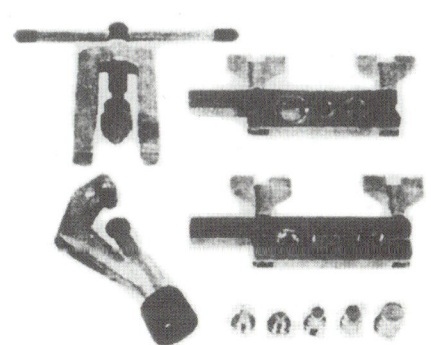

<플레어링 툴 세트>

3. 사이징 툴(sizing tools)

동관의 끝을 원형으로 교정하는 데 사용한다.

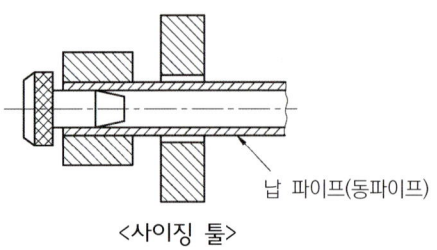

<사이징 툴>

4. 튜브 벤더(tube bender)

동관을 벤딩하기 위하여 사용한다.

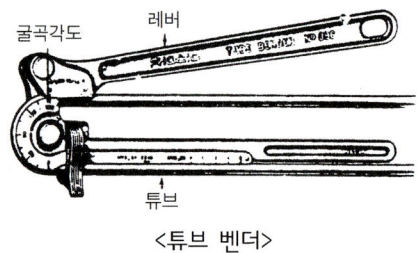

<튜브 벤더>

5. 익스 팬더(expander : 확관기)

동관의 관 끝을 확관하기 위하여 사용한다.

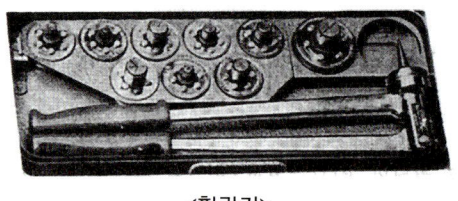

<확관기>

6. 리머

관내의 거스러미를 제거하는 데 사용한다.

[03] 연관용 공구

① 봄볼

분기관 따내기 작업 시 주관에 구멍을 뚫어낸다.

② 드레셔

연관 표면의 산화물을 깎아낸다.

③ 벤드벤

연관을 굽힐 때나 펼 때 사용한다.

④ 턴핀

접합하려는 연관의 끝부분을 소정의 관지름으로 넓힌다.

⑤ 맬릿

턴핀을 때려 박든가 접합부 주위를 오므리는 데 사용한다.

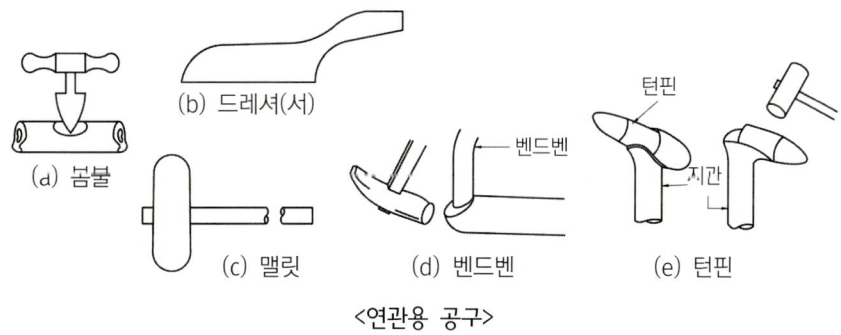

<연관용 공구>

[04] 주철관용 공구

① 납 용해용 공구 셋

  냄비, 파이어 포트(fire pot), 납물용 국자, 산화납 제거기 등이 있다.

② 클립(clip)

  소켓 접합 시 용해된 납물의 비산을 방지한다.

③ 링크형 파이프 커터

  주철관 전용 절단공구이다.

④ 코킹 정

  소켓 접합 시 코킹(다지기)에 사용하는 정이다.

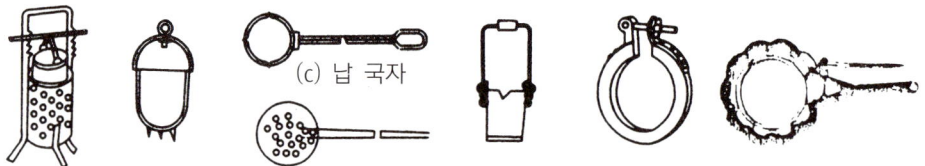

(a) 파이어 포트 (b) 납 냄비 (c) 납 국자 (d) 산화납 제거기 (e) 납 운반기 (f) 클립 (g) 링크형 파이프 커터

〈주철관용 공구〉

[05] 관의 접합 및 벤딩

1. 나사접합(소구경관용 접합방법)

(1) 관의 절단

  수동공구에 의한 방법과 동력기계에 의한 방법, 가스절단방법 등이 있다.

(2) 나사절삭 및 조립

수동용 나사절삭기로 나사절삭을 하려면 절삭유를 수시로 치며 2~3회에 나누어 절삭해 준다. 나사절삭 후에는 패킹제를 감은 후에 연결 부속을 끼워 준다. 동력에 의한 절삭방법은 공장, 현장 등에서 다량의 나사를 단시간에 절삭할 때 사용하며 능률이 좋고 힘도 덜 든다.

(3) 관의 길이 산출법

배관 도면에서는 관의 중심선을 기준으로 모든 치수가 표시된다.

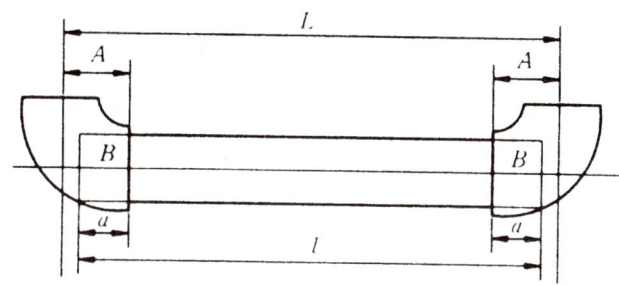

※ 강관 나사 접합 시

위 그림에서 배관의 중심선 길이를 L, 관의 실제 길이를 l, 부속의 끝 단면에서 중심선까지의 치수를 A, 나사가 물리는 길이를 a라 할 때, $L = l + 2(A - a)$의 공식을 이용한다. 이때 관의 길이를 구하는 공식은 $l = L - 2(A - a)$로 된다.

즉, 관의 실제 절단길이=전체길이 - 2(부속의 중심길이 - 관의 삽입길이)이다.

<관 이음쇠의 치수>

부속명 호칭	중심거리		수나사 유효나사부	최소 물림길이	공간거리㉮		물림 길이	공간거리㉯	
	L.T	45°L			L.T	45°L		L.T	45°L
15	27	21	15	11	16	10	13	14	8
20	32	25	17	13	19	12	15	17	10
25	38	29	19	15	23	14	17	21	12
32	46	34	22	17	29	17	19	27	15
40	48	37	22	18	30	19	20	28	17
50	57	42	26	20	37	22	22	35	20

※ 기타 자세한 것은 부록 참조
  ㉮ 공간거리 = 중심거리-최소물림길이
  ㉯ 공간거리 = 중심거리-물림길이

예제문제 01

실제 배관의 절단길이는?

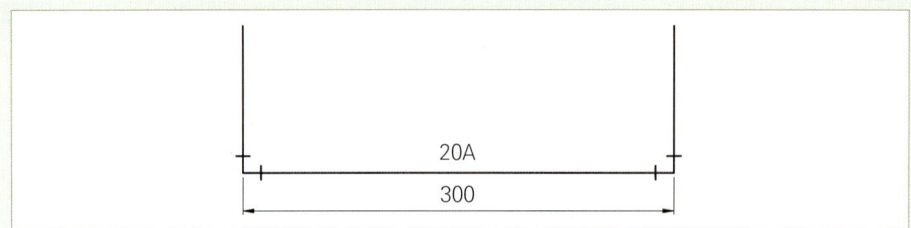

풀이

$l = 300 - 2(32 - 13) = 262[mm]$ ∴ 262[mm]

- 경사진 배관인 경우

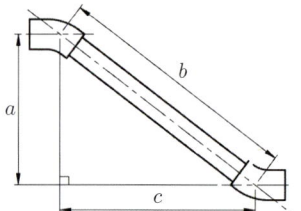

배관 절단길이 계산은
b관의 중심거리는 피타고라스 정리에 의하여
$b^2 = a^2 + c^2$
$b = \sqrt{a^2 + c^2}$ 이며
실제 관의 절단길이는
$l = b - (A - a) - (A' - a)$가 된다.
경사각이 45°인 경우 $a = c$이므로
피타고라스 정리식에서 $a = c = 1$이라 하면,
$b = \sqrt{1^2 + 1^2}$
$\quad = \sqrt{2} = 1.414$
도면에서 a와 c가 직각부 중심거리이면 b의 45° 부 중심거리는
$b = a \times 1.414 = c \times 1.414$가 된다.
실제 배관 절단길이는
∴ $l = a \times 1.414 - (A - a) - (A' - a)$가 된다.
∴ $l = b - 2(A - a)$

예제문제 02

실제 배관의 절단길이는?

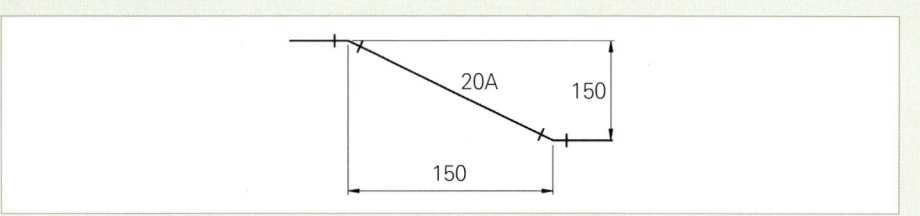

풀이

150×1.414 - 2(25 - 13) = 188.1[mm] ≒ 188[mm]

(4) 곡관의 길이계산

원둘레 산출식에서 $L = 2\pi r = \pi D$
곡관의 길이계산은

$$l = \pi D \times \frac{\theta}{360}$$

$\begin{cases} D : \text{관의 지름[mm]} \\ \theta : \text{곡선의 각도} \end{cases}$

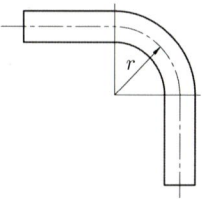

예제문제 03

곡선의 반지름(r)이 80[mm]이고, 각도가 90°일 경우 길이는?

풀이

$3.14 \times 160 \times \dfrac{90}{360} = 125.6$[mm]

예상문제

Chapter 04. 공작용 공구 및 접합

001 동력식 나사절삭기의 종류 3가지를 쓰시오.

> **풀이**
> - 오스터형
> - 호브형
> - 다이헤드형

002 동관을 압축이음으로 하려고 한다. 필요한 공구 5가지를 쓰시오.

> **풀이**
> - 튜브커터
> - 리머
> - 플레어링 툴
> - 몽키스패너
> - 자

003 동관의 주관에 지관을 접속하고자 할 때 엘보우나 티를 사용하지 않고, 직접 주관에 티 형상을 만들려고 한다. 필요한 공구는?

> **풀이**
> 티뽑기

004 다음 주어진 이경티(T)의 크기를 순서대로 표시하시오.

풀이

32A×32A×25A

005 관의 내경이 20mm, 유속 1.5m/s일 때 유량[Q]는 몇 m^3/hr인지 계산하시오. (단, 소수점 셋째자리에서 반올림하여 둘째자리까지 구하시오.)

풀이

$$Q = A \times V = \frac{\pi D^2}{4} \times V = \frac{3.14 \times 0.02^2}{4} \times 1.5 \times 3600 = 1.69 m^3/h ≒ 1.70 m^3/h$$

006 다음의 내용 중에서 사용되는 공구 명칭을 쓰시오.

가. 동관 원형 복원 공구 :
나. 동관 전용 절단 공구 :
다. 동관 나팔관 작업 공구 :
라. 동관 거스러미 제거 공구 :
마. 동관 확관용 공구 :

풀이

가. 사이징 툴
나. 튜브커터
다. 플레어링 툴
라. 리머
마. 확관기(익스팬더)

007 다음 주어진 배관 부속품을 이용하여 유량계의 바이패스(By-pass) 회로를 배관 도시하시오.

- 유량계(F1) : 1개
- 밸브 (⋈) : 3개
- 스트레이너 (▽) : 1개,
- 유니언 : 3개
- 엘보 : 2개
- 티 : 2개

풀이

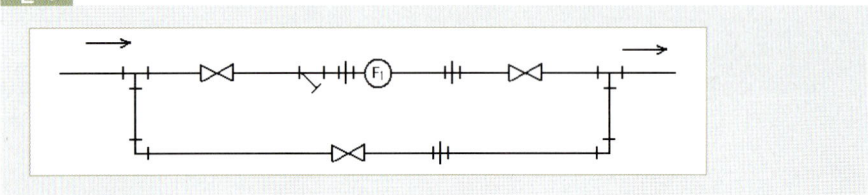

008 개방식 입형 배수펌프 설치 시 사용되는 것을 순서대로 나열하시오.

(①) - 글로브밸브 - (②) - (③) - 배수펌프 - (④) - (⑤) - 게이트밸브

풀이

① 풋 밸브, ② 스트레이너, ③ 플렉시블 이음, ④ 플렉시블 이음, ⑤ 체크밸브

009 동관을 사용하여 배관을 하고자 한다. 이음방법 3가지는?

풀이

- 용접 이음
- 압축 이음
- 플랜지 이음

[참고]
용접 이음은 연납용접과 경납용접이 있으며, 압축 이음(플레어 이음)은 20[mm] 미만일 때 사용한다.

010 주철관의 접합방법은?

> **풀이**
>
> - 소켓 접합
> - 플랜지 접합
> - 기계적 접합
> - 빅토리 접합
> - 타이톤 접합
>
>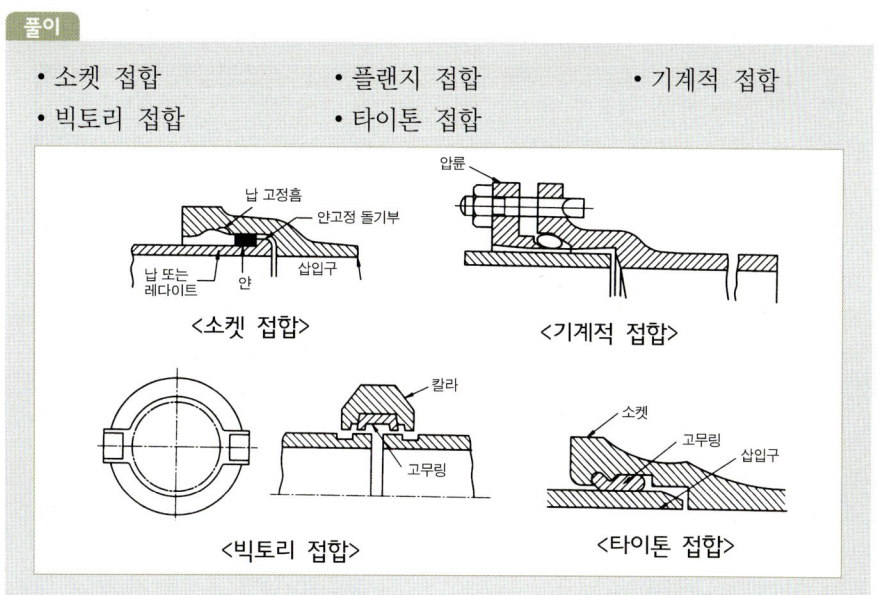

011 20A관을 90° 벤딩하려고 한다. 벤딩부의 길이를 계산하시오. (단, R=100이다.)

> **풀이**
>
> $3.14 \times 200 \times \dfrac{90}{360} ≒ 157[mm]$
>
> $\pi D \times \dfrac{\theta}{360}$ (D : 관의 지름(R100이므로)은 200이다.)

012 가스 절단기를 제외한 강관 절단 방법 4가지를 쓰시오.

> **풀이**
>
> - 파이프커터기를 이용하여 절단
> - 쇠톱을 이용하여 절단
> - 고속숫돌 절단기를 사용하여 절단
> - 기계톱을 이용하여 절단

Chapter 05

배관 재료

01. 강관
02. 동관
03. PE 파이프
04. PB 파이프
05. PP-C관
06. 스테인리스관
07. 관의 이음쇠
08. 신축 이음
09. 밸브의 종류
10. 여과기, 유수분리기, 화염검출기, 저수위경보장치
11. 관 지지기구
12. 밀봉 재료
❖ 예상문제

Chapter 05 배관 재료

에너지관리기능사 실기

[01] 강관

탄소강관은 흑관과 부식 방지를 위해서 아연을 도금시킨 백관으로 크게 분류된다.

(1) 특징

① 주철관에 비해 가볍고, 굴요성이 크다.
② 접합작업이 용이하고, 가격이 저렴하다.
③ 내충격성이 크고, 인장강도가 크다.

[02] 동관

(1) 동관의 치수 및 용도

동관은 바깥지름을 기준하며, 바깥지름은 같으나 두께가 다르므로 동관은 KS 기준에 따라 K, L, M형으로 구분된다. 동관은 냉·온수, 냉난방 배관에는 L, M형이 주로 사용된다. 또한 동관은 냉간가공 및 가공경화 현상에 의하여 인장강도, 연신율, 경도 등 기계적 성질이 서로 달라지기도 한다.(즉, 동관 두께 순서 K > L > M 순이다. 열처리 정도에 따라 연질(O), 반연질(OL), 경질(H), 반경질($\frac{1}{2}$H)로 구분한다.)

(2) 특징

① 내식성, 내충격성이 좋으나 외부의 기계적 강도는 약한 결점이 있다.
② 가공 및 시공이 용이하다.
③ 열전도율이 크고, 가격이 비싸다.
④ 마찰손실이 적다.

03 PE 파이프[고밀도 폴리에틸렌관(XL-pipe)]

일반적으로 100[℃] 이하의 온수난방 배관에 주로 사용한다. XL-관은 반투명 유백색을 표준으로 하며, 색소를 첨가하여 색을 지닌 제품도 생산·판매되고 있다.

(1) 특징

① 시공이 용이하고, 수명이 반영구적이다.
② 무공해 배관에 사용되며, 인체에 해가 없다.
③ 부식의 우려가 없다.
④ 사용압력은 0.5MPa(5[kg/cm^2]), 온도 80[℃] 이하의 저온에 사용된다.

04 PB 파이프

폴리부틸렌은 수명이 길며 배관작업이 용이하고 온돌배관, 화학배관, 공기압배관 등 여러 곳에 사용된다. 나사 이음이나 용접 이음이 필요없고, 끼워맞춤 형식으로 배관작업이 된다.

05 PP-C관

냉온수, 방열관 등에 사용하며, 열 융착에 의하여 시공된다.

06 스테인리스관

내식성, 내열성이 뛰어나기 때문에 사용이 증가하고 있다.

(1) 특징

① 내식성, 내열성이 크고, 특히 염소성분에 내식성이 있다.
② 관마찰 손실수두가 작고, 배관작업이 용이하며, 시간이 단축된다.

③ 열전도율이 낮고, 강도가 크고, 굽힘작업이 곤란하다.
④ 몰코 이음으로 공작이 가능하지만 수리작업이 비교적 어렵다.

07 관의 이음쇠

강관의 이음은 주로 나사 이음, 용접 이음, 플랜지 이음을 하게 된다.

1. 관이음쇠의 사용 용도에 의한 분류

① 배관의 방향을 전환할 때

　엘보우, 벤드

② 관을 도중에서 분기할 때

　티, 크로스, 가지관(Y)

③ 동일 지름의 관을 직선 결합할 때

　소켓, 유니온, 니플

④ 지름이 다른 관을 연결할 때

　이경 엘보우, 이경 티, 부싱

⑤ 관의 끝을 막을 때

　캡, 플러그

2. MR 조인트 이음쇠

관의 나사 가공, 프레스 가공, 용접을 하지 않고 이음새 본체에 스테인리스 강관을 삽입하고 동합금제 링(ring)을 캡 너트(cap nut)로 죄어 고정시켜 접속하는 결합 방식이다.

3. 플랜지

플랜지는 보수 점검 분리가 용이하도록 하기 위하여 배관의 중간이나 밸브, 펌프 등 각종 기기 접속부에 설치된다.

(1) 플랜지 종류

① 관과 부착방법에 따라

   용접식, 나사식, 반스톤식

② 플랜지 면의 모양에 따라

   전면 시트, 대평면 시트, 소평면 시트, 삽입형 시트, 홈형 시트

4. 동관용 관이음쇠

동관의 관이음쇠에는 플레어 이음쇠(압축 이음), 청동주물이음쇠, 동관이음쇠로 분류된다.

(1) 압축 이음(플레어 이음)

동관의 지름이 20[mm] 이하에 사용되며, 분리 재결합 등이 용이하고 이음쇠와 접촉되는 동관의 끝부분을 나팔모양으로 확관하여 너트를 조임으로써 이음이 된다.

(2) 동관 이음쇠

<동관용 연결부속 및 형태>

5. 스테인리스 배관용 관 이음쇠

스테인리스 배관의 이음은 용접 이음이나 몰코 이음(유압프레스 이음)을 주로 한다. 이음쇠의 형태는 동관 이음쇠와 비슷하지만 관이음 작업 시에는 내부에 고무링을 채운 다음 프레스(관이음 기계)로 연결한다.

08 신축 이음

1. 종류 및 특징

(1) 슬리브형(미끄럼형)

슬리브와 본체 사이에 패킹을 끼우고 그랜드로 밀착시켜 기밀을 유지하고, 신축을 흡수한다. 단식과 복식이 있으며, 나사 결합식(50A 이하), 플랜지 결합식(65A 이상)이 있다.

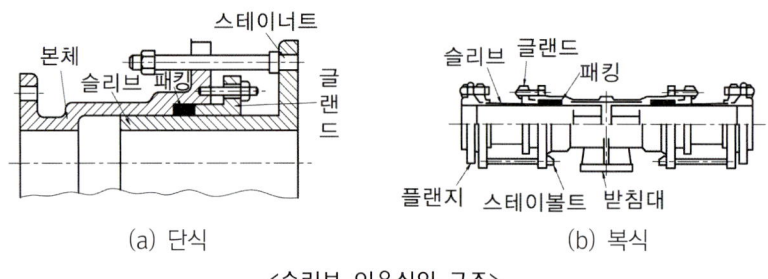

〈슬리브 이음쇠의 구조〉

(2) 벨로즈형(주름통형)

일명 팩레스형이라고도 하며, 벨로즈(주름통)를 사용하여 신축을 흡수한다. 저압증기나 가스, 온수배관에 주로 사용된다.

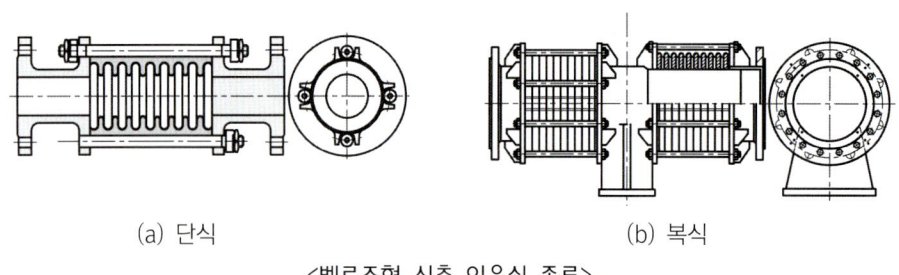

〈벨로즈형 신축 이음쇠 종류〉

(3) 루프형(만곡관형)

가장 고압, 고온용으로 사용되며, 강관이나 동관을 만곡관형으로 벤딩을 하여 신축을 흡수할 수 있게 되어 있다.

특징 :

① 설치장소가 필요 없다.
② 자체응력이 발생하는 결점이 있다.
③ 곡률반지름은 관지름의 6배 이상이다.
④ 가장 고온고압용으로 사용된다.

(4) 스위블형(swivel type)

2개 이상의 엘보우를 사용하여 관의 신축을 흡수하며 증기, 온수 난방배관에서 주관으로부터 지관으로 분기 주관으로 합류하는 경우나 방열기 입구에 주로 사용된다.

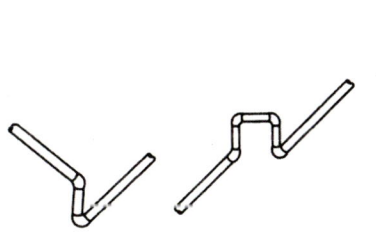

<스위블 이음>

특징 :

① 저압용에 사용되며, 압력강하가 크다.
② 신축량이 큰 배관에 부적당하며 누설되기 쉽다.
③ 현장에서 제작이 가능한 이점이 있다.

(5) 플렉시블 튜브

관의 가열, 열간 벤딩 등에 주로 사용된다. 면간거리가 짧고 많은 신축량을 흡수할 수 있는 구조로 설계되며 특히 펌프 코넥터용으로 이상적이다.

<플렉시블 튜브>

(6) 볼 조인트형 신축이음

볼 조인트 신축 이음재와 오프셋 배관을 이용해서 관의 신축을 흡수하는 방법이며, 볼조인트는 평면상의 변위뿐만 아니라 입체적인 변위까지도 안전하게 흡수하므로 어떠한 형상에 의한 신축에도 배관이 안전하며 설치 공간이 적다. 종류는 나사식, 용접식, 플랜지식 3가지가 있다.

09 밸브의 종류

1. 글로브 밸브(stop valve : 옥형 밸브)

① 유체의 저항은 크나 기밀도가 양호하다.
② 유량 조절용으로 좋다.
③ 50A 이하는 포금제의 나사결합형, 65A 이상은 밸브, 밸브시트는 포금제, 본체는 주철제의 플랜지형

<글로브 밸브>

2. 앵글 밸브(angle valve)

직각으로 굽어지는 방향 전환용이다.

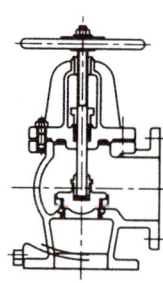
<앵글 밸브>

3. 니들 밸브(needle valve)

밸브의 디스크 모양을 원뿔 모양으로 바꾸어서 유체가 통과하는 평면이 극히 작은 구조로 되어 있으며, 특히 유량이 적거나 고압일 때에 유량조절을 누설 없이 정확히 행할 목적으로 사용된다.

4. 슬루스 밸브(gate valve)

배관용으로 가장 많이 사용되며 개폐용으로 사용된다.

① 관내 마찰저항 손실이 적다.
② 유량 조절용으로는 부적합하다.
③ 온수난방에는 사용압력 5MPa 이상의 청동제가 사용된다.

<슬루스 밸브>

5. 역지 밸브(체크 밸브)

유체의 흐름 방향을 한 방향으로 흐르게 하고 역류를 방지하기 위하여 사용된다.

(1) 종류

① 스윙식

수직, 수평에 사용

② 리프트식

수평에만 사용

③ 푸트 밸브

펌프 흡입관 하부에 사용되는 역지 밸브의 일종이다.

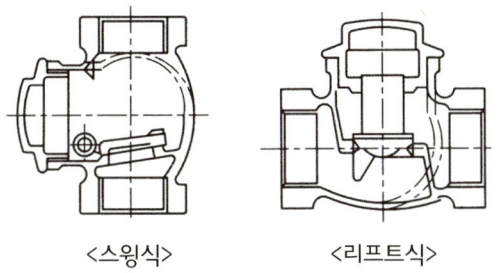

<스윙식>　　　<리프트식>

6. 콕(cock)

① 유체의 마찰 저항이 적다.
② 신속한 개폐가 용이하다.(1/4 회전으로 완전 개폐)
③ 기밀도는 불량하다.

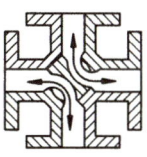 

<사방 콕>　　　<핸들 콕>

7. 안전 밸브(safety valve)

(1) 안전 밸브의 종류

① 중추식　　　　　　　　② 지렛대식
③ 스프링식(종류 : 저양정식, 고양정식, 전양정식, 전량식)

8. 공기빼기 밸브

배관 내에 공기가 체류하면 순환력이 저하되므로 공기제거를 위하여 설치한다.

<공기방출기(플로우트형)>

<공기방출기(볼플로우트형)>

[10] 여과기, 유수분리기, 화염검출기, 저수위경보장치

1. 스트레이너(strainer)

관 내의 불순물을 제거하는 목적으로 사용한다.
스트레이너는 형상에 따라 Y형, U형, V형 등이 있다.

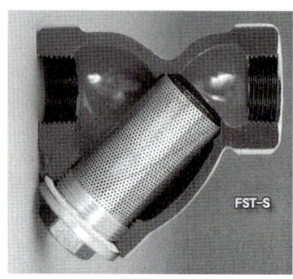
<스트레이너>

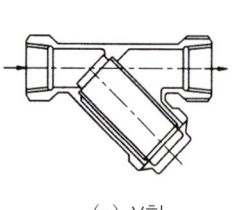
(a) Y형

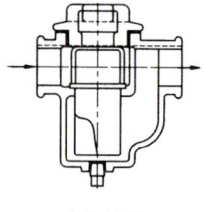
(b) U형

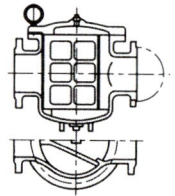
(c) V형

<여과기의 종류>

2. 유수분리기(oil separate)

연료 내에 포함되어 있는 수분과 불순물을 분리하여 연료유를 공급하기 위하여 오일펌프와 저장탱크 사이에 설치한다. 유수분리기에는 드레인 밸브를 필히 설치해야 한다.

<오일용 스트레이너>

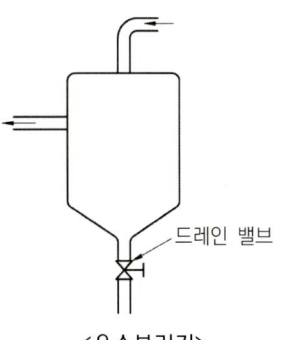

<유수분리기>

3. 화염 검출기

운전 중 실화, 불 착화 등의 경우 연소실 내로 진입되는 연료를 차단시켜 미연소가스로 인한 폭발을 방지하기 위해서 설치한다.

(1) 종류

① 플레임 아이(flame eye)

    화염의 발광체 이용(연소실에 설치). 즉, 광학적성질 이용

② 플레임 로드(flame rod)

    화염의 이온화 이용(연소실에 설치). 즉, 전기전도성 이용

③ 스택 스위치(stack switch)

    화염의 발열체 이용(연도에 설치되며, 감지속도가 늦다). 즉, 열적변화 이용

4. 저수위 경보장치(제어기)

안전 저수위 이하로 수위가 감소 시 자동적으로 경보가 울리면서(연료차단 50~100초 전) 연소실내로 진입되는 연료를 차단시켜 과열현상을 방지하기 위한 장치이다.

(1) 종류

　① 플로트식(맥도널식)

　　플로트의 부력 이용

　② 전극식

　　전기전도성 이용

　③ 열팽창력식(코프스식)

　　금속의 열팽창력 이용

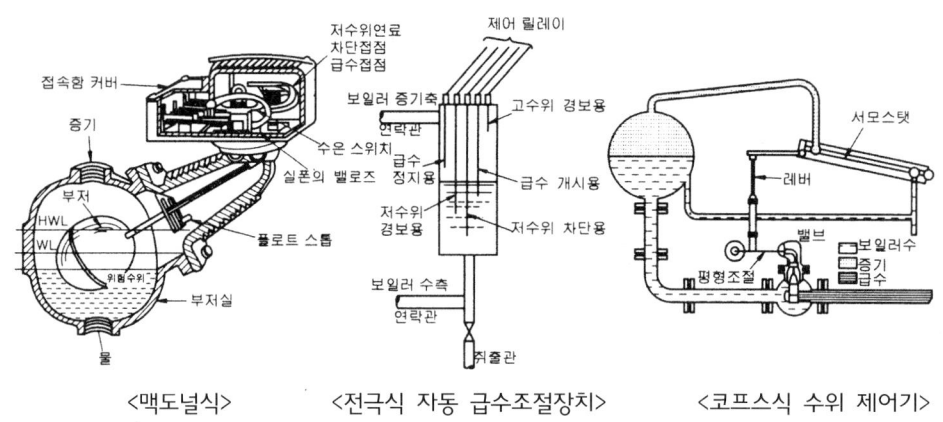

〈맥도널식〉　　〈전극식 자동 급수조절장치〉　　〈코프스식 수위 제어기〉

(2) 수위 제어 방식

　① 1요소식(단요소식)

　　수위만을 이용 검출

　② 2요소식

　　수위, 증기량을 이용 검출

　③ 3요소식

　　수위, 증기량, 급수량을 이용 검출

11 관 지지기구

1. 행거(hanger)

배관 중량을 위(천장)에서 지지할 목적으로 사용한다.

(1) 행거의 종류

① 리지드 행거(rigid hanger)

I빔 턴버클을 이용하여 지지하는 것으로 수직방향으로 변위가 없는 곳에 사용된다.

② 콘스탄트 행거(constant hanger)

배관의 상하이동에 관계없이 관지지력이 일정한 것

③ 스프링 행거(spring hanger)

턴버클 대신에 스프링을 사용한다.

 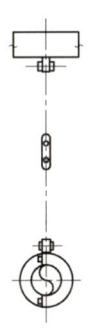 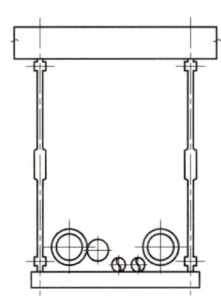

(a) 리지드 행거

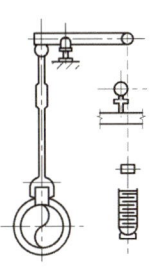 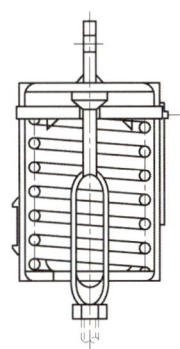

(b) 콘스탄트 행거　　(c) 스프링 행거

〈행거의 종류〉

2. 리스트레인(restrain)

열팽창으로 인한 배관의 좌우, 상하 이동을 제한하는 장치이다.

(1) 리스트레인의 종류

① 앵커(anchor)
- 리지드 서포트 일종으로 이동 및 회전을 방지하기 위해 지지점 위치에 완전히 고정하는 장치이다.
- 앵커의 설치 위치 : 열팽창으로 인한 진동이 다른 부분에 영향을 미치지 않도록 배관을 분리하여 설치하고 잘 고정시킨다.

② 스톱(stop)
- 배관의 일정한 방향과 회전만 구속하고 다른 방향은 자유롭게 이동하게 하는 장치이다.
- 용도 : 노즐 보호를 위한 안전 밸브에서 분출하는 유체의 추력을 받는 곳 또는 신축 조인트와 내압에 의한 축방향의 힘을 받는 곳에 사용한다.

③ 가이드(guide)
- 배관의 곡관 부분이나 신축 이음(루프형, 슬리브형) 부분에 설치하며 축과 직각 방향의 이동을 구속하는 장치이다.

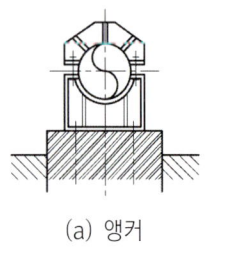   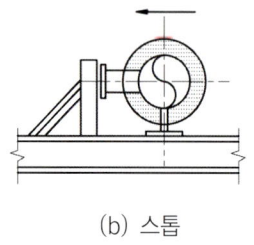   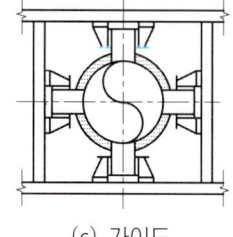

(a) 앵커   (b) 스톱   (c) 가이드

<리스트 레인의 종류>

3. 서포트(support)

배관 하중을 밑에서 떠받쳐 지지해 주는 장치이다.

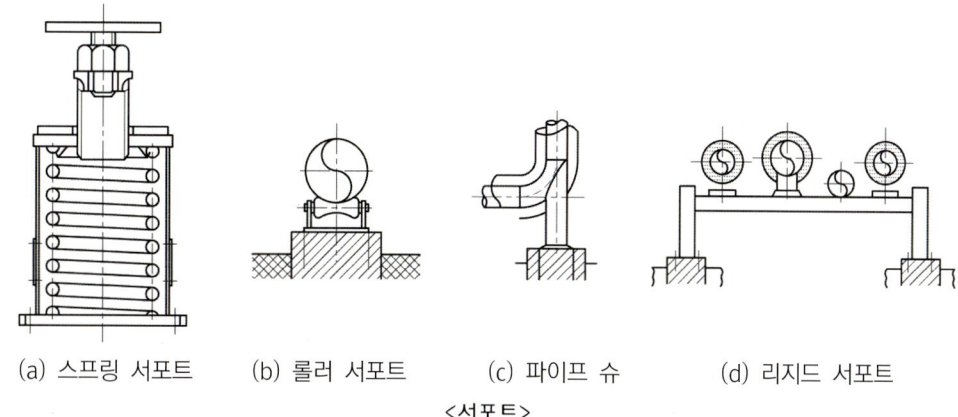

(a) 스프링 서포트　(b) 롤러 서포트　(c) 파이프 슈　(d) 리지드 서포트

<서포트>

(1) 스프링 서포트(spring support)

스프링의 완충 작용에 의해 상하로 자유롭게 이동하고 밑에서 위로 지지해주는 장치이다.

(2) 롤러 서포트(roller support)

관을 지지하면서 신축을 자유롭게 하는 것으로 롤러가 관을 받치고 있다.

(3) 파이프 슈(pipe shoe)

배관의 벤딩과 수평부분에 관으로 영구히 고정시켜 배관의 이동을 구속시키는 장치이다.

(4) 리지드 서포트(rigid support)

I빔이나 H빔으로 만든 받침을 만들어 지지한다.

12 밀봉 재료

1. 패킹제

패킹은 접합부로부터의 누설을 방지하기 위해 사용한다.

(1) 플랜지 패킹

① 고무패킹

- 천연고무
  - 탄성은 우수하나 흡수성이 없다.
  - 산이나 알칼리에 강하나 열과 기름에 약하다.
  - 100[℃] 이상 고온 배관에는 사용이 불가능하며 주로 급·배수용으로 사용된다.
- 네오프렌(neoprene)
  - 내열범위가 -46~121[℃]인 합성 고무제이다.
  - 물, 공기, 기름, 냉매 배관용(증기배관에는 제외) 등에 많이 사용된다.

② 석면 조인트 시트

- 증기, 온수, 고온의 기름 배관에 적합하며, 가늘고 강한 광물질로 된 패킹제로 450[℃]까지 고온배관에 사용된다.

③ 합성수지 패킹

가장 많이 쓰이고 있다. 테프론은 기름에도 침해되지 않고, 내열 범위도 -260~260[℃]이다.

④ 금속 패킹

구리, 납, 연강, 스테인리스강 등이 있으며, 탄성이 적어 누설의 위험이 있다.

(2) 나사용 패킹

① 페인트

광명단을 혼합 사용하는 것으로 고온의 기름배관은 사용이 불가능하고, 모든 배관에 사용된다.

② 일산화연

페인트에 소량의 일산화연을 혼합 사용하며 냉매배관에 많이 사용된다.

③ 액상 합성수지

내열범위가 -30~130[℃] 정도로 증기, 기름, 약품수송 배관에 많이 쓰인다.

(3) 그랜드 패킹

밸브의 회전부위에 기밀을 목적으로 사용된다.

① 석면 각형 패킹

석면을 각형으로 짜서 만들었으며, 내열성, 내산성이 좋아 대형의 밸브 그랜드용에 쓰인다.

② 석면 얀

석면을 꼬아서 만들었으며, 소형 밸브, 수면계의 콕, 기타 소형 그랜드용으로 사용된다.

③ 아마존 패킹

면포와 내열 고무 콤파운드를 가공 성형한 것으로 압축기의 그랜드용에 쓰인다.

④ 몰드 패킹

석면, 흑연, 수지 등을 배합 성형한 것으로 밸브, 펌프 등의 그랜드용에 쓰인다.

2. 나사 이음에 사용되는 밀봉제

① 합성수지 패킹 : 테프론 테이프
② 액상 합성수지 : 콤파운느
③ 마
④ 배관용 면테이프
⑤ 석면끈

예상문제

Chapter 05. 배관 재료

001 배관의 하중을 아래에서 위로 떠받치는 서포트(support)의 종류 4가지를 쓰시오.

> **풀이**
> - 파이프 슈
> - 롤러 서포트
> - 리지드 서포트
> - 스프링 서포트

002 동관은 K, L, M형으로 구분한다. 무엇을 기준으로 하는가?

> **풀이**
> 두께

[참고] 두께가 두꺼운 순서
K > L > M

003 동관의 특징을 4가지만 쓰시오.

> **풀이**
> - 내식성·내충격성이 크다.
> - 시공이 용이하다.
> - 열전도율이 크다.
> - 마찰손실이 적다.

004 동일관 지름을 직선으로 연결할 때 사용되는 이음쇠는?

> **풀이**
> - 소켓
> - 니플
> - 유니언

005 신축 이음의 종류를 4가지만 쓰시오.

> **풀이**
> - 슬리브형
> - 벨로즈형
> - 루프형
> - 스위블 이음

006 안전 밸브의 종류 3가지는?

> **풀이**
> - 중추식
> - 지렛대식
> - 스프링식

007 형상에 따른 여과기의 종류 3가지를 쓰시오.

> **풀이**
> - Y형
> - U형
> - V형

008 행거는 배관을 지지할 목적으로 사용된다. 행거의 종류 3가지는?

> **풀이**
> - 리지드 행거
> - 스프링 행거
> - 콘스탄트 행거

009 신축으로 인한 배관의 좌우, 상하이동을 구속, 제한할 목적으로 사용되는 관 지지기구의 종류 3가지를 쓰시오.

> **풀이**
> - 앵커
> - 스톱
> - 가이드

010 펌프에서 발생되는 진동으로 인한 배관계 진동을 억제하고, 지진 등의 충격을 완화하는 데 사용되는 관 지지물은?

> **풀이**
> 브레이스

011 배관의 신축을 좌우, 상하로 이동하는 것을 구속하기 위한 관 지지기구는?

> **풀이**
> 리스트레인

[참고] 리스트레인의 종류
앵커, 스톱, 가이드

012 배관 하중을 밑에서 지지하는 관 지지기구 4가지를 쓰시오.

> **풀이**
> - 스프링 서포트
> - 롤러 서포트
> - 파이프 슈
> - 리지드 서포트

013 나사 이음에 사용되는 밀봉제의 종류 3가지를 쓰시오.

> **풀이**
> - 콤파운드
> - 배관용 면 테이프
> - 테프론 테이프

014 가스 보일러 화염검출기의 종류를 보기에서 골라 번호를 쓰시오.

・보기・
① CdS셀　　　　② PbS셀　　　　③ 적외선광전관
④ 자외선광전관　　⑤ 프레임 로드

풀이

② PbS셀, ④ 자외선광전관, ⑤ 프레임 로드

[참고]
① CdS셀(황화카드뮴) : 중유용
② PbS셀(황화납셀) : 가스, 오일용

015 관을 나사가공이나 압착(프레스)가공, 용접가공을 하지 않고, 청동 주물제 이음새 본체에 스테인리스 강관을 삽입하고, 동합금제 링(ring)을 캡 너트(cap nut)로 죄어 고정시켜 접속하는 스테인리스관 결합방법은?

풀이

MR 조인트 이음

016 온수전밸브 및 압력방출장치의 크기는 호칭지름 (①) 이상으로 한다. 다만, 최고사용압력 0.1[Mpa] 이하이 보일러에서는 호칭지름 (②) 이상으로 할 수 있다.

풀이

① 25A, ② 20A

Chapter 06

통풍장치

01. 통풍

02. 송풍기

03. 댐퍼

04. 집진장치

05. 매연

❖ 예상문제

Chapter 06 통풍장치

에너지관리기능사 실기

[01] 통풍(Draught)

1. 통풍의 종류

(1) 자연통풍

배기가스와 공기의 비중 차에 의한 통풍을 말하며 통풍력은 15[mmH$_2$O], 배기가스의 유속은 3~4[m/s] 정도이다.

(2) 강제통풍(인공통풍)

송풍기를 이용하여 통풍하는 방법이며 종류는 압입통풍, 흡입통풍, 평형통풍으로 분류한다.

① 압입통풍(forced draught)

연소실 입구 측에 송풍기를 설치하여 통풍하는 방식이고 연소실 내 압력은 정압(+)이며, 배기가스의 유속은 8[m/s] 정도이다.

② 흡입(유인)통풍(induced draught)

연도 측에 송풍기를 설치하여 통풍하는 방식으로 연소실 내 압력은 부압(-)이며, 배기가스의 유속은 10[m/s] 정도이다.

③ 평형통풍(balanced draught)

연소실 입구 측과 연도 측에 송풍기를 설치하여 통풍시키는 방식으로 연소실 내 압력은 정압(+)과 부압(-)을 임의로 조절할 수 있으며 배기가스 유속은 10[m/s] 이상이다.

❖ 통풍력을 크게 하려면
① 연돌의 높이를 높게 한다.
② 연돌의 단면적을 크게 한다.
③ 연돌의 길이는 짧고 굴곡부는 적게 한다.
④ 배기가스의 온도를 높게 유지한다.(굴뚝 보온조치)
∴ 연도의 굴곡부는 3개소 이내로 하고, 경사도는 1/10도 이상으로 한다.

2. 통풍력 계산

$$Z = H(r_a - r_g)$$

(1) 비중차 및 온도차에 의한 계산

$$Z = H\left(\frac{273 \times r_a}{273 + t_a} - \frac{273 \times r_g}{273 + t_g}\right)[\text{mmH}_2\text{O}]$$

(2) 온도차만을 이용한 계산

$$Z = H\left(\frac{353}{273 + t_a} - \frac{367}{273 + t_g}\right)[\text{mmH}_2\text{O}]$$

$[273 \times 1.2936 = 353,\ 273 \times 1.345 = 367]$

∴ 1[atm](표준대기압) 상태에서 기체의 비중량

① 공기 : 1.294[kg/Nm^3]
② 배기가스의 경우
- 고체연료 : 1.345[kg/Nm^3]
- 액체연료 : 1.31[kg/Nm^3]
- 기체연료 : 1.25[kg/Nm^3]

(3) 실제 통풍력 계산

실제 통풍력 [Z']은 이론 통풍력의 70~80[%] 정도이며, 실제 통풍력의 계산은 아래와 같이 계산한다.

$$Z' = H\left(\frac{273 \times r_a}{273 + t_a} - \frac{273 \times r_g}{273 + t_g}\right) \times 0.8 [\text{mmH}_2\text{O}]$$

- Z' : 통풍력[mmH$_2$O]
- H : 연돌의 높이[m]
- r_a : 외기의 비중량[kg/Nm^3]
- r_g : 배기가스의 비중량[kg/m^3]
- t_a : 외기의 온도[℃]
- t_g : 배기가스의 온도[℃]

3. 연돌의 상부 단면적(A) 계산

$$A = \frac{Q \times (1 + 0.0037t[℃]) \times \frac{760}{P_g}}{3,600 \times V}$$

$$\fallingdotseq \frac{Q \times \frac{273 + t_g}{273} \times \frac{760}{P_g}}{3,600 \times V} \; [m^2]$$

- V : 배기가스의 유속[m/s]
- Q : 배기가스량[Nm³/h]
- t_g : 배기가스의 온도[℃]
- P_g : 배기가스의 압력[mmHg]

[02] 송풍기

(1) 회전식 송풍기

송풍기의 종류는 크게 축류식과 원심식으로 분류되며 원심식에는 터보형, 플레이트형, 다익형으로 분류되고 보일러에는 주로 터보형 송풍기가 많이 사용된다.

(2) 송풍기의 소요동력 계산

$$KW = KW = \frac{Z \cdot Q}{102 \times 60 \times \eta}$$

$$PS = PS = \frac{Z \cdot Q}{75 \times 60 \times \eta}$$

- Z : 풍압[mmH₂O]
- Q : 풍량[m³/min]
- η : 송풍기효율[%]

[03] 댐퍼(Damper)

(1) 댐퍼의 종류

① 회전식
② 승강식

(2) 댐퍼의 설치 목적

　① 통풍량 조절
　② 연소가스 흐름 차단
　③ 연소가스 흐름 전환(주연도, 부연도)

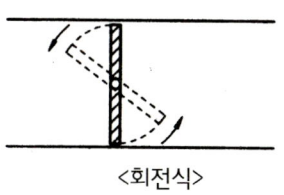
<회전식>

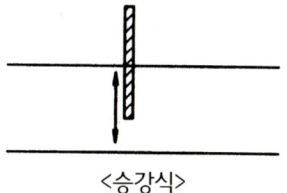
<승강식>

[04] 집진장치

배기가스 중에 포함된 매연을 처리하여 대기오염을 방지하기 위해 설치한다. 입자가 큰 경우는 중력식, 원심력식, 여과식을 설치하고, 입자가 작은 경우에는 전기식, 여과식, 습식 집진장치를 설치한다.

(1) 건식 집진장치

　① 중력식
　② 원심력식(사이클론식, 멀티크론식)
　③ 여과식(백 필터식)
　④ 관성력식

(2) 습식 집진장치(세정식)

　① 유수식
　② 가압수식
　③ 회전식

(3) 전기식 집진장치

코트렐 집진장치라고 하며 효율이 가장 높다.

[05] 매연

(1) 매연 발생원인

① 연료와 공기의 혼합이 부적당할 경우
② 통풍력이 부족 또는 과다할 경우
③ 연소장치 불량 및 취급자 기술 미숙
④ 연소실 온도가 낮거나 용적이 작을 경우

(2) 매연농도 측정 방법

① 링겔만 농도표에 의한 방법
② 매연 포집 중량법
③ 광전관식 매연농도계에 의한 방법

(3) 링겔만 매연농도계

종류는 농도번호(No) 0~5번까지 총 6종류가 있으며 굴뚝에서 관측자와의 거리는 30~40[m], 농도표와 관측자는 16[m]를 유지하고, 굴뚝 상단 30~45[cm] 떨어진 부분의 연기색과 농도표를 비교하여 측정한다.

※ 매연농도율 = $\dfrac{\text{총매연농도값}}{\text{측정시간(분)}} \times 20$

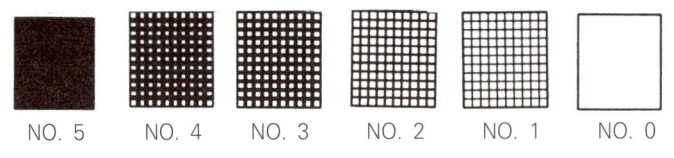

<농도표(가로 14[cm], 세로 21[cm])>

<매연의 농도와 번호>

No	0	1	2	3	4	5
농도율	0[%]	20[%]	40[%]	60[%]	80[%]	100[%]
연기색	무색	엷은 회색	회색	엷은 흑색	흑색	암흑색
백선[mm]	전백	9	7.7	6.3	4.5	-
흑선[mm]	-	1	2.3	3.7	5.5	전흑

※ 가장 양호한 연소 상태의 농도번호는 No 1, 농도율은 20[%]. 이때 화염의 색은 오렌지색이며 온도는 1,100[℃] 정도이다.

예상문제

Chapter 06. 통풍장치

001 강제통풍의 종류 3가지를 쓰고 간단히 설명하시오.

> **풀이**
> - 압입통풍 : 연소실 입구 측에 송풍기를 설치하여 통풍시키는 방법
> - 흡입(유인)통풍 : 연도 측에 송풍기를 설치하여 통풍시키는 방법
> - 평형통풍 : 연소실 입구 측과 연도 측에 송풍기를 설치하여 통풍시키는 방법

002 풍량의 조절방법 3가지를 쓰시오.

> **풀이**
> - 전동기 회전수의 변화에 의한 방법
> - 섹션베인의 개도에 의한 방법
> - 댐퍼의 조절에 의한 방법

003 통풍력을 증가시키는 방법 4가지를 쓰시오.

> **풀이**
> - 연돌의 높이를 높게 한다.
> - 배기가스의 온도를 높인다.(굴뚝보온조치)
> - 굴뚝의 단면적을 크게 한다.
> - 연도는 짧고, 굴곡부를 적게 한다.

004 매연 발생의 원인 4가지를 쓰시오.

> **풀이**
> - 통풍력의 부족
> - 연소실 용적이 작을 경우
> - 취급자의 기술 미숙
> - 연료와 공기의 혼합이 부적당할 경우
> - 연소실의 온도가 낮을 경우

005 댐퍼의 설치 목적 3가지를 쓰시오.

> **풀이**
> - 통풍량을 조절
> - 가스의 흐름을 차단
> - 주연도, 부연도가 있을 경우 가스의 흐름을 전환

006 댐퍼의 작동방법에 의한 분류 2가지를 쓰시오.

> **풀이**
> - 회전식
> - 승강식

007 다음의 보기에서 강제통풍 방식에서 유속이 큰 순서대로 쓰시오.

| ① 압입통풍 | ② 평형통풍 | ③ 흡입통풍 |

> **풀이**
> ②, ③, ①

008 오르자트 가스분석기로 분석이 가능한 배기가스 성분 3가지를 분석 순서대로 쓰시오.

풀이

CO_2, O_2, CO

009 연돌높이가 100[m], 배기가스의 평균온도 210[℃], 외기온도가 25[℃], 대기의 비중량 1.29[kg/Nm³], 가스의 비중량 1.34[kg/Nm³]인 경우, 통풍력 Z[mmH₂O]를 정수자리까지 구하시오.

풀이

$$Z = 100 \times \left(\frac{273 \times 1.29}{273+25} - \frac{273 \times 1.34}{273+210}\right) = 42.44 ≒ 42[mmH_2O]$$

010 어느 공장의 보일러실 연돌에서 시간당 6,000[Nm³]의 실제 배기가스가 배출된다. 배기가스 온도는 280[℃]이고, 연돌 상부 단면적은 0.6[m²]이다. 배기가스의 유속을 구하시오.

풀이

$$V = \frac{Q \times (1+0.0037t)}{3,600 \times A} = \frac{6,000 \times (1+0.0037 \times 280)}{3,600 \times 0.6} = 5.66[m/s]$$

즉, $\dfrac{Q \times \left(\dfrac{273+t_g}{273}\right)}{3,600 \times A} = \dfrac{6,000 \times \dfrac{273+280}{273}}{3,600 \times 0.6} ≒ 5.63[m/s]$

011 배기가스 온도가 100[℃], 외기온도가 15[℃], 굴뚝의 실제 통풍력이 2[mmAq] 이상으로 하려면 굴뚝의 높이는 최소 몇 m 이상이어야 하는가?

풀이

$$H = \frac{Z}{0.8 \times \left(\frac{273 \times r_a}{273 + t_a} - \frac{273 \times r_g}{273 + t_g}\right)} = \frac{Z}{0.8 \times \left(\frac{353}{273 + t_a} - \frac{367}{273 + t_g}\right)}$$

$$= \frac{2}{0.8 \times \left(\frac{353}{273 + 15} - \frac{367}{273 + 100}\right)} = 9.5[m]$$

※ 353
- $273 \times 1.2936 ≒ 353$ 〈온도보정된 공기의 비중량〉
- $273 \times 1.345 ≒ 367$ 〈온도보정된 고체연료 배기가스 비중량〉

012 어느 굴뚝 하부 가스의 평균온도가 80[℃]이고, 외기온도가 20[℃]이다. 굴뚝의 높이를 4[m]로 할 경우 실용적으로 사용한 굴뚝의 실용기인 총 능력을 구하시오. (단, 답은 소수점 셋째자리에서 반올림하여 둘째자리까지만 기재할 것.)

풀이

$$4 \times \left(\frac{353}{273 + 20} - \frac{367}{273 + 80}\right) \times 0.8 ≒ 0.53[mmH_2O]$$

013 오르자트 가스분석기의 흡수용액의 명칭을 쓰시오.

풀이

- CO_2 : KOH 30% 수용액(수산화칼륨 용액)
- CO : 암모니아성 염화 제1동 용액
- O_2 : 알칼리성 피로가롤 용액

014 어떤 공장의 굴뚝에서 배출되는 연기의 농도를 측정한 결과 다음과 같았을 때 농도율[%]을 계산하시오.

- 1회 No 1 : 5분   - 2회 No 2 : 4분   - 3회 No 1 : 5분

풀이

$$\frac{1\times5+2\times4+1\times5}{14}\times20 = 25.71[\%]$$

015 다음 (   ) 안에 적당한 말을 넣으시오.

(①)에 의한 자연통풍에는 한도가 있으므로 큰 보일러에서는 (②)통풍으로 한다. 이것에는 (③)통풍, (④)통풍, (⑤)통풍 3방법이 있다.

풀이

① 연돌(굴뚝), ② 강제(인공), ③ 압입, ④ 흡입(흡인 = 유인), ⑤ 평형

Chapter 07

보일러 설치·시공 기준

01.
보일러 설치·시공 기준

02.
보일러 설치검사 기준
및 계속사용검사 기준

03.
온수 보일러 설치·시공 기준

04.
KS 배관 도시기호

05.
도면 해독

Chapter 07 보일러 설치·시공 기준

에너지관리기능사 실기

[01] 보일러 설치·시공 기준

[산업통상자원부고시]

(1) 적용범위

이 기준은 에너지이용합리화법 제28조, 제31조의 2와 동법 시행규칙 제27조 및 제42조의 규정에 의한 강철제 보일러, 주철제 보일러 및 가스용 온수 보일러(이하 "보일러"라 한다)의 설치·시공 기준, 설치검사 기준, 계속사용 안전검사 기준, 계속사용 성능검사 기준, 개조검사 기준 및 설치장소 변경검사 기준에 대하여 규정한다.

(2) 용어의 정의

이 기준에서 사용하는 주요용어는 별도의 규정이 없는 한 KS B 6233(육용강제 보일러의 구조)에 따른다.

❖ 설치시공 기준

1. 설치장소

(1) 옥내 설치

보일러를 옥내에 설치하는 경우에는 다음 조건을 만족시켜야 한다.

① 보일러는 불연성 물질의 격벽으로 구분된 장소에 설치하여야 한다. 다만, 소용량 강철제·주철제 보일러, 가스용 온수 보일러 및 1종 관류 보일러(이하 "소형 보일러"라 한다)는 반격벽으로 구분된 장소에 설치할 수 있다.
② 보일러 동체 최상부로부터(보일러의 검사 및 취급에 지장이 없도록 작업대를 설치한 경우에는 작업대로부터) 천장, 배관 등 보일러 상부에 있는 구조물까지의 거리는 1.2[m] 이상이어야 한다. 다만, 소형 보일러의 경우는 0.6[m] 이상으로 할 수 있다.

③ 보일러 및 보일러에 부설된 금속제의 굴뚝 또는 연도의 외측으로부터 0.3[m] 이내에 있는 가연성 물체에 대하여는 금속 이외의 불연성 재료로 피복하여야 한다.
④ 연료를 저장할 때에는 보일러 외측으로부터 2[m] 이상 거리를 두거나 방화격벽을 설치하여야 한다. 다만, 소형 보일러의 경우에는 1[m] 이상 거리를 두거나 반격벽으로 할 수 있다.
⑤ 보일러에 설치된 계기들을 육안으로 관찰하는 데 지장이 없도록 충분한 조명 시설이 있어야 한다.
⑥ 보일러실은 연소 및 환경을 유지하기에 충분한 급기구 및 환기구가 있어야 하며, 급기구는 보일러 배기가스 덕트의 유효단면적 이상이어야 하고 도시가스를 사용하는 경우에는 환기구를 가능한 한 높이 설치하여 가스가 누설되었을 때 체류하지 않는 구조이어야 한다.
⑦ 보일러 동체에서 벽, 배관, 기타 보일러측부에 있는 구조물까지의 거리는 0.45[m] 이상이어야 한다. 다만 소형 보일러의 경우는 0.3[m] 이상으로 할 수 있다.

(2) 옥외설치

보일러를 옥외에 설치할 경우에는 다음 조건을 만족시켜야 한다.

① 보일러에 빗물이 스며들지 않도록 케이싱 등의 적절한 방지설비를 하여야 한다.
② 노출된 절연재 또는 패킹 등에는 방수처리(금속 커버 또는 페인트 포함)를 하여야 한다.
③ 보일러 외부에 있는 증기관 및 급수관 등이 얼지 않도록 적절한 보호조치를 하여야 한다.
④ 강제통풍팬의 입구에는 빗물방지 보호판을 설치하여야 한다.

(3) 보일러의 설치

보일러는 다음 조건을 만족시킬 수 있도록 설치하여야 한다.

① 기초가 약하여 내려앉거나 갈라지지 않아야 한다.
② 강구조물은 접지되어야 하고 빗물이나 증기에 의하여 부식이 되지 않도록 적절한 보호조치를 하여야 한다.
③ 수관식 보일러의 경우 전열면을 청소할 수 있는 구멍이 있어야 하며, 구멍의 크기 및 수는 강철제 보일러 형식승인 기준에 따른다. 다만, 전열면의 청소가 용이한 구조인 경우에는 예외로 한다.
④ 보일러에 설치된 폭발구의 위치가 보일러기사의 작업장소에 2[m] 이내에 있을 때에는 당해 보일러의 폭발가스를 안전한 방향으로 분산시키는 장치를 설치하여야 한다.

(4) 배관의 설치

보일러실 내의 각종 배관은 팽창과 수축을 흡수하여 누설이 없도록 하고, 가스용 보일러의 연료배관은 다음에 따른다.

① 배관의 설치

- 배관은 외부에 노출하여 시공하여야 한다. 다만, 동관, 스테인리스강관 기타 내식성 재료로서 이음매(용접이음매를 제외한다) 없이 설치하는 경우에는 매몰하여 설치할 수 있다.
- 배관의 이음부와 전기계량기 및 전기개폐기와의 거리는 60cm 이상, 굴뚝(단열조치를 하지 아니한 경우에 한한다). 전기점멸기 및 전기접속기와의 거리는 30cm 이상, 절연전선과의 거리는 10cm 이상, 절연조치를 하지 아니한 전선과의 거리는 30cm 이상의 거리를 유지한다.

② 배관의 고정

배관은 움직이지 아니하도록 고정 부착하는 조치를 하되 그 관지름이 13[mm] 미만의 것에는 1[m]마다, 13[mm] 이상 33[mm] 미만의 것에는 2[m]마다, 33[mm] 이상의 것에는 3[m]마다 고정장치를 설치하여야 한다.

③ 배관의 접합

- 배관을 나사접합으로 하는 경우에는 KS B 0222(관용 테이퍼나사)에 의하여야 한다.
- 배관의 접합을 위한 이음쇠가 주조품인 경우에는 가단주철제이거나 주강제로서 KS 표시 허가제품 또는 이와 동등 이상의 제품을 사용하여야 한다.

④ 배관의 표시

- 배관은 그 외부에 사용가스명·최고사용압력 및 가스흐름방향을 표시하여야 한다.
- 배관의 표면색상은 황색으로 하여야 한다.

2. 급수장치

(1) 급수장치의 종류

① 급수장치를 필요로 하는 보일러는 다음의 조건을 만족시키는 주펌프(인젝터를 포함한다. 이하 같다) 세트 및 보조 펌프세트를 갖춘 급수장치가 있어야 한다. 다만, 전열면적 12[m^2] 이하의 보일러, 전열면적 14[m^2] 이하의 가스용 온수 보일러 및 전열면적 100[m^2] 이하의 관류 보일러에는 보조펌프를 생략할 수 있다.

② 주 펌프세트 및 보조 펌프세트는 보일러의 상용압력에서 정상가동상태에 필요한 물을 각각 단독으로 공급할 수 있어야 한다. 다만, 보조 펌프세트의 용량은 주 펌프세트가 2개 이상의 펌프를 조합한 것일 때에는 보일러의 정상 상태에서 필요한 물의 25[%] 이상이면서 주 펌프 세트 중의 최대 펌프의 용량 이상으로 할 수 있다.
③ 주 펌프세트는 동력으로 운전하는 급수 펌프 또는 인젝터이어야 한다. 다만, 보일러의 최고 사용압력이 0.25MPa(2.5[kg/cm^2]) 미만으로 화격자 면적이 0.6[m^2] 이하인 경우, 전열면적이 12[m^2] 이하인 경우 및 상용압력 이상의 수압에서 급수할 수 있는 급수탱크 또는 수원을 급수장치로 하는 경우에는 예외로 할 수 있다.
④ 보일러 급수가 멎는 경우 즉시 연료(열)의 공급이 차단되지 않거나 과열될 염려가 있는 보일러에는 인젝터를 설치하여야 한다.

(2) 2개 이상의 보일러에 대한 급수장치

1개의 급수장치로 2개 이상의 보일러에 물을 공급할 경우 2.1항의 규정은 이들 보일러를 1개의 보일러로 간주하여 적용한다.

(3) 급수 밸브와 체크 밸브

급수관에는 보일러에 인접하여 급수 밸브와 체크 밸브를 설치하여야 한다. 이 경우 급수가 밸브 디스크를 밀어 올리도록 급수 밸브를 부착하여야 하며 1조의 밸브 디스크와 밸브 시트가 급수 밸브와 체크 밸브의 기능을 겸하고 있어도 별도의 체크 밸브를 설치하여야 한다. 다만, 최고사용압력 0.1MPa(1[kg/cm^2]) 미만의 보일러에서는 체크 밸브를 생략할 수 있으며, 급수가열기의 출구 또는 급수 펌프의 출구에 스톱 밸브 및 체크 밸브가 있는 급수장치를 개별 보일러마다 설치한 경우에는 급수 밸브 및 체크 밸브를 생략할 수 있다.

(4) 급수 밸브의 크기

급수 밸브 및 체크 밸브의 크기는 전열면적 10[m^2] 이하의 보일러에서는 호칭 15[A] 이상, 전열면적 10[m^2]를 초과하는 보일러에서는 호칭 20[A] 이상이어야 한다.

(5) 자동급수조절기

자동급수조절기를 설치할 때에는 필요에 따라 즉시 수동으로 변경할 수 있는 구조이어야 하며, 2개 이상의 보일러에 공통으로 사용하는 자동급수조절기를 설치하여서는 안 된다.

3. 압력방출장치

(1) 안전 밸브의 개수

증기 보일러에는 2개 이상의 안전 밸브를 설치하여야 한다. 다만, 전열면적 50[m²] 이하의 증기 보일러에서는 1개 이상으로 하며 U자형 입관을 부착한 보일러는 안전 밸브를 부착하지 않아도 된다. 관류 보일러에서 보일러와 압력방출장치와의 사이에 체크 밸브를 설치할 경우 압력방출장치는 2개 이상이어야 한다.

(2) 안전 밸브의 부착

안전 밸브는 쉽게 검사할 수 있는 장소에 밸브축을 수직으로 하여 가능한 한 보일러의 동체에 직접 부착시켜야 한다.

(3) 안전 밸브 및 압력방출장치의 용량

안전 밸브 및 압력방출장치의 용량은 다음에 따른다.
① 안전 밸브 및 압력방출장치의 분출용량은 강철제 보일러 형식 승인 기준에 따른다.
② 자동연소제어장치 및 보일러 최고사용압력의 1.06배 이하의 압력에서 급속하게 연료의 공급을 차단하는 장치를 갖는 보일러로서 보일러 출구의 최고사용압력 이하에서 자동적으로 작동하는 압력방출장치가 있을 때에는 동 압력방출장치의 용량(보일러의 최대증발량 30[%])를 안전 밸브 용량에 산입할 수 있다.)

(4) 안전 밸브 및 압력방출장치의 크기

안전 밸브 및 압력방출장치의 크기는 호칭지름 25[A] 이상으로 하여야 한다. 다만, 다음 보일러에서는 호칭지름 20[A] 이상으로 할 수 있다.
① 최고사용압력 0.1MPa(1[kg/cm²]) 이하의 보일러
② 최고사용압력 0.5MPa(5[kg/cm²]) 이하의 보일러로 동체의 안지름이 500[mm] 이하이며 동체의 길이가 1,000[mm] 이하의 것
③ 최고사용압력 0.5MPa(5[kg/cm²]) 이하의 보일러로 전열면적이 2[m²] 이하의 것
④ 최대증발량 0.5MPa(5[T/h]) 이하의 관류 보일러
⑤ 소용량 보일러

(5) 과열기 부착 보일러의 안전 밸브

① 과열기에는 그 출구에 1개 이상의 안전 밸브가 있어야 하며 그 분출용량은 과열기의 온도를 설계온도 이하로 유지하는 데 필요한 양(보일러의 최대 증발량의 15[%] 이상)이어야 한다.
② 과열기에 부착되는 안전 밸브의 분출용량 및 수는 보일러 동체의 안전 밸브의 분출용량 및 수에 포함시킬 수 있다. 이 경우 보일러의 동체에 부착하는 안전 밸브는 보일러의 최대 증발량의 75[%] 이상을 분출할 수 있는 것이어야 한다. 다만, 관류보일러의 경우에는 과열기출구에 최대 증발량에 상당하는 분출용량의 안전 밸브를 설치할 수 있다.

(6) 재열기 또는 독립과열기의 안전 밸브

재열기 또는 독립과열기에는 입구 및 출구에 각각 1개 이상의 안전 밸브가 있어야 하며 그 분출용량의 합계는 최대 통과증기량 이상이어야 한다. 이 경우 출구에 설치하는 안전 밸브의 분출용량의 합계는 재열기 또는 독립과열기의 온도를 설계온도 이하로 유지하는 데 필요한 양(최대통과증기량의 15[%]를 초과하는 경우에는 15[%] 이상)이어야 한다. 다만, 보일러에 직결되어 보일러와 같은 분출용량의 합계는 독립과열기의 온도를 설계온도 이하로 유지하는 데 필요한 양(독립과열기의 전열면적 1[m^2]당 30[kg/h]로 한다) 이상으로 한다.

(7) 안전 밸브의 종류 및 구조

① 안전 밸브의 종류는 스프링 안전 밸브로 하며 스프링 안전 밸브의 구조는 KS B 6216(증기용 및 가스용 스프링 안전 밸브)에 따라야 하며 어떠한 경우에도 밸브 시트나 몸체에서 누설이 없어야 한다. 나만, 스프링 안전 밸브 대신에 스프링 파일럿 밸브 부착 안전 밸브를 사용할 수 있다. 이 경우 소요분출량의 1/2 이상이 스프링 안전 밸브에 의하여 분출되는 구조의 것이어야 한다.
② 인화성 증기를 발생하는 열매체 보일러에서는 안전 밸브를 밀폐식 구조로 하거나 또는 안전 밸브로부터의 배기를 보일러실 밖의 안전한 장소에 방출하도록 한다.

(8) 온수발생 보일러(액상식 열매체 보일러 포함)의 방출 밸브와 방출관

① 온수발생 보일러에는 압력이 보일러의 최고사용압력(열매체 보일러의 경우에는 최고사용압력 및 최고사용온도)에 달하면 즉시로 작동하는 방출 밸브 또는 안전 밸브를 1개 이상 갖추어야 한다. 다만, 손쉽게 검사할 수 있는 방출관을 갖출 때는 방출 밸브로 대응할 수 있다. 이때 방출관에는 어떠한 경우든 차단장치(밸브 등)를 부착하여서는 안 된다.
② 인화성 액체를 방출하는 열매체 보일러의 경우 방출 밸브 또는 방출관은 밀폐식 구조로 하거나 보일러 밖의 안전한 장소에 방출할 수 있는 구조이어야 한다.

(9) 온수발생 보일러(액상식 열매체 보일러 포함)의 방출 밸브와 안전 밸브의 크기

① 액상식 열매체 보일러 및 온도 120[℃] 이하의 온수발생 보일러에는 방출 밸브를 설치하여야 하며, 그 지름은 20[mm] 이상으로 하고 보일러의 압력이 보일러의 최고사용압력에 그 10[%](그 값이 0.35[kg/cm^2] 미만인 경우에는 0.35[kg/cm^2]로 한다)를 더한 값을 초과하지 않도록 지름과 개수를 정하여야 한다.
② 온도 120[℃]를 초과하는 온수발생 보일러는 안전 밸브를 설치하여야 하며 그 크기는 호칭지름 20[mm] 이상으로 하고 (3)항을 적용한다. 다만, 환산증발량은 열출력을 보일러의 최고사용압력에 상당하는 포화증기의 엔탈피와 급수 엔탈피의 차로 나눈 값[kg/h]으로 한다.

(10) 온수발생 보일러(액상식 열매체 보일러 포함) 방출관의 크기

방출관은 보일러의 전열면적에 따라 [표 1]의 크기로 하여야 한다.

[표 1]

전열면적[m^2]	방출관의 안지름[mm]
10 미만	25 이상
10 이상 15 미만	30 이상
15 이상 20 미만	40 이상
20 이상	50 이상

4. 수면계

(1) 수면계의 개수

① 증기 보일러는 2개(소용량 및 소형 관류 보일러는 1개) 이상의 유리수면계를 부착하여야 한다. 다만 단관식 관류 보일러는 제외한다.
② 최고사용압력 1MPa(10[kg/cm^2]) 이하로서 동체 안지름이 750[mm] 미만인 경우에 있어서는 수면계 중 1개는 다른 종류의 수면 측정장치로 할 수 있다.
③ 2개 이상의 원격지시 수면계를 시설하는 경우에 한하여 유리수면계를 1개 이상으로 할 수 있다.

(2) 수면계의 구조

유리수면계는 보일러의 최고사용압력과 그에 상당하는 증기온도에서 원활히 작동하는 기능을 가지며, 또한 수시로 이것을 시험할 수 있는 동시에 용이하게 내부를 청소할 수 있는 구조로서 다음에 따른다.

① 유리수면계는 KS B 6208(보일러용 수면계유리)의 유리를 사용하여야 한다.
② 유리수면계는 상·하에 밸브 또는 콕을 갖추어야 하며, 한눈에 그것의 개·폐 여부를 알 수 있는 구조이어야 한다. 다만, 소형 관류 보일러에서는 밸브 또는 콕을 갖추지 아니할 수 있다.
③ 스톱 밸브를 부착하는 경우에는 청소에 편리한 구조로 하여야 한다.

5. 계측기

(1) 압력계

보일러에는 KS B 5305(부르동관 압력계)에 따른 압력계 또는 이와 동등 이상의 성능을 갖춘 압력계를 부착하여야 한다.

① 부르동식 압력계의 크기와 눈금

- 증기보일러에 부착하는 압력계 눈금판의 바깥지름은 100[mm] 이상으로 하고 그 부착높이에 따라 용이하게 지침이 보이도록 하여야 한다. 다만, 다음에 표시하는 보일러에 부착하는 압력계에 대하여는 눈금판의 바깥지름을 60[mm] 이상으로 할 수 있다.
  - 최고사용압력 0.5MPa(5[kg/cm^2]) 이하이고 동체의 안지름 500[mm] 이하 동체의 길이 1,000[mm] 이하인 보일러
  - 최고사용압력 0.5MPa(5[kg/cm^2]) 이하이고, 전열면적 2[m^2] 이하인 보일러
  - 최대증발량이 5[T/h] 이하인 관류 보일러
  - 소용량 보일러
- 압력계 최고눈금은 보일러의 최고사용압력의 3배 이하로 하되 1.5배보다 작아서는 안 된다.

② 압력계의 부착

증기 보일러의 압력계 부착은 다음에 따른다.
- 압력계는 보일러의 증기실에 눈금판의 눈금이 잘 보이는 위치에 부착하고 얼지 않도록 하며, 그 주위의 온도는 사용 상태에 있어서 KS B 5305(부르동관 압력계)에 규정하는 범위 안에 있어야 한다.
- 압력계와 연결된 증기관은 최고사용압력에 견디는 것으로서 그 크기는 황동관 또는 동관을 사용할 때에는 안지름 6.5[mm] 이상, 강관을 사용할 때에는 12.7[mm] 이상이어야 하며 증기온도가 210[℃]를 넘을 때에는 황동관 또는 동관을 사용하여서는 안 된다.
- 압력계에는 물을 넣은 안지름 6.5[mm] 이상의 사이폰관 또는 동등한 작용을 하는 장치를 부착하여 증기가 직접 압력계에 들어가지 않도록 하여야 한다.
- 압력계의 콕은 그 핸들을 수직인 증기관과 동일방향에 놓은 경우에 열려 있는 것이어야 하며 콕 대신에 밸브를 사용할 경우에는 한눈으로 개폐여부를 알 수 있는 구조로 하여야 한다.

- 압력계와 연결된 증기관의 길이가 3[m] 이상이면 관의 내부를 충분히 청소할 수 있는 경우에는 보일러의 가까이에 열린 상태에서 봉인된 콕 또는 밸브를 두어도 좋다.
- 압력계의 증기관이 길어서 압력계의 위치에 따라 수두압에 따른 영향을 고려할 필요가 있을 경우에는 눈금에 보정을 하여야 한다.

③ **시험용 압력계 부착장치**

보일러 사용 중에 그 압력계를 시험하기 위하여 시험용 압력계를 부착할 수 있도록 나사의 호칭 PF $\frac{1}{4}$, PT $\frac{1}{4}$ 또는 PS $\frac{1}{4}$의 관용나사를 설치해야 한다. 다만, 압력계 시험기를 별도로 갖춘 경우에는 이 장치를 생략할 수 있다.

(2) 수위계

① 온수발생 보일러에는 보일러 동체 또는 온수의 출구 부근에 수위계를 설비하고 이것에 가까이 부착한 콕을 닫을 경우 이외에는 보일러와의 연락을 차단하지 않도록 하여야 하며 콕의 핸들은 콕이 열려 있을 경우에 이것을 부착시킨 관과 평행이 되어야 한다.
② 수위계의 최고 눈금은 보일러의 최고사용압력의 1배 이상 3배 이하로 하여야 한다.

(3) 온도계

아래의 곳에는 KS B 5320(공업용 바이메탈식 온도계) 또는 이와 동등 이상의 성능을 가진 온도계를 설치하여야 한다. 다만, 소용량 보일러 및 가스용 온수 보일러는 배기가스온도계만 설치하여도 좋다.

① 급수 입구의 급수온도계
② 버너 급유입구의 급유온도계(다만, 예열을 필요로 하지 않는 것은 제외한다.)
③ 절탄기 또는 공기예열기가 설치된 경우에는 각 유체의 전후 온도를 측정할 수 있는 온도계 (다만, 포화증기의 경우에는 압력계로 대신할 수 있다.)
④ 보일러 본체 배기가스온도계(다만 ③의 규정에 의한 온도계가 있는 경우에는 생략할 수 있다.)
⑤ 과열기 또는 재열기가 있는 경우에는 그 출구 온도계

(4) 유량계

용량 1[T/h] 이상의 보일러에는 다음의 유량계를 설치하여야 한다.

① 급수관에는 적당한 위치에 급수유량계를 설치하여야 한다. 다만, 온수발생 보일러는 제외한다.
② 기름용 보일러에는 연료의 사용량을 측정할 수 있는 유량계를 설치하여야 한다. 다만, 2[T/h] 미만의 보일러로서 온수발생 보일러 및 난방전용 보일러에는 CO_2 측정장치로 대신할 수 있다.

③ 가스용 보일러에는 가스사용량을 측정할 수 있는 유량계를 설치하여야 한다. 다만, 유량계가 보일러실 안에 설치되는 때에는 다음 각 호의 조건을 만족하여야 한다.
- 가스의 전체 사용량을 측정할 수 있는 유량계가 설치되었을 경우는 각각의 보일러마다 설치된 것으로 본다.
- 유량계는 당해 도시가스 사용에 적합한 것이어야 한다.
- 유량계는 화기(당해 시설 내에서 사용하는 자체화기를 제외한다)와 2[m] 이상의 우회거리를 유지하는 곳으로서 수시로 환기가 가능한 장소에 설치하여야 한다.
- 유량계는 전기계량기 및 전기개폐기와의 거리는 60[cm] 이상, 굴뚝 단열조치를 하지 아니한 경우에 한한다. 전기점멸기 및 전기접속기와의 거리는 30[cm] 이상, 절연조치를 하지 아니한 전선과의 거리는 15[cm] 이상의 거리를 유지하여야 한다.
- 각 유량계는 해당온도 및 압력 범위에서 사용할 수 있어야 하고, 유량계 앞에 여과기가 있어야 한다.

(5) 자동 연료차단장치

① 최고사용압력 0.1MPa(1[kg/cm^2])를 초과하는 증기 보일러에는 다음 각 호의 저수위 안전장치를 설치해야 한다. 다만, 소용량 보일러는 제외한다.
- 보일러의 수위가 안전을 확보할 수 있는 최저수위(이하 "안전수위"라 한다)까지 내려가기 직전에 자동적으로 경보가 울리는 장치
- 보일러의 수위가 안전수위까지 내려가는 즉시 연소실 내에 공급하는 연료를 자동적으로 차단하는 장치

② 열매체 보일러 및 사용온도가 120[℃] 이상인 온수발생 보일러에는 작동유체의 온도가 최고사용온도를 초과하지 않도록 온도-연소제어장치를 설치해야 한다.

③ 최고사용압력이 0.1MPa(1[kg/cm^2])(수두압의 경우 10[m])를 초과하는 주철제 온수 보일러에는 온수 온도가 115[℃]를 초과할 때에는 연료공급을 차단하거나 파일럿 연소를 할 수 있는 장치를 설치하여야 한다.

④ 관류 보일러는 급수가 부족한 경우에 대비하기 위하여 자동적으로 연료의 공급을 차단하는 장치 또는 이에 대신하는 안전장치를 갖추어야 한다.

⑤ 가스용 보일러에는 급수가 부족한 경우에 대비하기 위하여 자동적으로 연료의 공급을 차단하는 장치를 갖추어야 하며, 또한 수동으로 연료공급을 차단하는 밸브 등을 갖추어야 한다.

(6) 공기유량 자동 조절기능

가스용 보일러 및 용량 5[T/h](난방전용은 10[T/h]) 이상인 유류 보일러에는 공급연료량에 따라 연소용 공기를 자동 조절하는 기능이 있어야 한다. 이때 보일러 용량이 [kcal/h]로 표시되었을 때에는 60만[kcal/h]를 1[T/h]로 환산한다.

(7) 연소가스분석기

(6)항의 적용을 받는 보일러에는 배기가스 성분(O_2, CO_2 중 성분)을 연속적으로 자동 분석하여 지시하는 계기를 부착하여야 한다. 다만, 용량 5[T/h](난방전용은 10[T/h]) 미만인 가스용 보일러로서 배기가스온도 상한 스위치를 부착하여 배기가스가 설정온도를 초과하면 연료의 공급을 차단할 수 있는 경우에는 이를 생략할 수 있다.

(8) 가스누설 자동차단장치

가스용 보일러에는 누설되는 가스를 점검하여 경보하며, 자동으로 가스의 공급을 차단하는 장치 또는 가스누설 자동차단기를 설치하여야 한다. 이 장치의 설치는 도시가스사업법 시행규칙 [별표 4]의 규정에 따라 산업통상자원부장관이 고시하는 가스누설 자동차단장치 설치기준에 따라야 한다.

(9) 압력조정기

보일러실 내에 설치하는 가스용 보일러의 압력조정기는 액화석유가스의 안전 및 사업관리법 제21조 제2항 규정에 의거 가스용품 검사에 합격한 제품이어야 한다.

6. 스톱 밸브 및 분출 밸브

(1) 스톱 밸브의 개수

① 증기의 각 분출구(안전 밸브 과열기의 분출구 및 재열기의 입·출구를 제외한다)에는 스톱 밸브를 갖추어야 한다.
② 맨홀을 가진 보일러가 공통의 주 증기관에 연결된 때에는 각 보일러와 주 증기관을 연결하는 증기관에는 2개 이상의 스톱 밸브를 설치하여야 하며, 이들 밸브 사이에는 충분히 큰 드레인 밸브를 설치하여야 한다.

(2) 스톱 밸브

① 스톱 밸브의 호칭압력(KS 규격에 최고사용압력을 별도로 규정한 것은 최고사용압력)은 보일러의 최고사용압력 이상이어야 하며 적어도 0.7MPa(7[kg/cm2]) 이상이어야 한다.
② 65[mm] 이상의 증기 스톱 밸브는 바깥나사형의 구조 또는 특수한 구조로 하고 밸브 몸체의 개폐를 한눈에 알 수 있는 것이어야 한다.

(3) 밸브의 물빼기

물이 고이는 위치에 스톱 밸브가 설치될 때에는 물빼기를 설치하여야 한다.

(4) 분출 밸브의 크기와 개수

① 보일러 아랫부분에는 분출관과 분출 밸브 또는 분출 콕을 설치하여야 한다. 다만, 관류 보일러에 대해서는 이를 적용하지 않는다.
② 분출 밸브의 크기는 호칭 25A 이상의 것이어야 한다. 다만 전열면적이 10[m^2] 이하인 보일러에서는 지름 20[mm] 이상으로 할 수 있다.
③ 최고사용압력 0.7MPa(7[kg/cm^2]) 이상의 보일러(이동식 보일러는 제외한다)의 분출관에는 분출 밸브 2개 또는 분출 밸브와 분출 콕을 직렬로 갖추어야 한다. 이 경우에 적어도 1개의 분출 밸브는 닫힌 밸브를 전개하는 데 회전축을 적어도 5회전 하는 것이어야 한다.
④ 1개의 보일러에 분출관이 2개 이상 있을 경우에는 이것들을 공통의 주관에 하나로 합쳐서 각각의 분출관에는 1개의 분출 밸브 또는 분출 콕을, 어미관에는 1개의 분출 밸브를 설치하여도 좋다. 이 경우 분출 밸브 및 콕은 닫힌 상태에서 전개하는 데 회전축을 적어도 5회전 하는 것이어야 한다.
⑤ 2개 이상의 보일러의 공동분출관은 분출 밸브 또는 콕의 앞을 공동으로 하여서는 안 된다.
⑥ 정상 시 보유수량 400[kg] 이하의 강제 순환 보일러에는 닫힌 상태에서 전개하는 데 회전축을 적어도 5회전 이상 요하는 분출 밸브는 1개를 설치하여도 좋다.

(5) 분출 밸브 및 콕의 모양과 강도

① 분출 밸브는 스케일 그 밖의 침전물이 퇴적되지 않는 구조이어야 한다. 그 최고사용압력은 보일러 최고사용압력의 1.25배 또는 보일러의 최고사용압력에 1.5MPa(15[kg/cm^2])를 더한 압력 중 작은 쪽의 압력 이상이어야 하고, 어떠한 경우에도 0.7MPa(7[kg/cm^2])(소용량 보일러, 가스용 온수 보일러 및 주철제 보일러는 0.5MPa(5[kg/cm^2])) 이상이어야 한다.
② 주철제의 분출 밸브는 최고사용압력 1.3MPa(13[kg/cm^2]) 이하, 흑심가단주철제의 것은 1.9MPa(19[kg/cm^2]) 이하의 보일러에 사용할 수 있다.
③ 분출 콕은 그랜드를 갖는 것이어야 한다.

(6) 기타 밸브

보일러 본체에 부착하는 기타의 밸브는 그 호칭압력 또는 최고사용압력이 보일러의 최고사용압력 이상이어야 한다.

7. 운전 성능

(1) 운전 상태

보일러는 운전상태(정격부하 상태를 원칙으로 한다)에서 이상 진동과 이상 소음이 없고 각종 부분품의 작동이 원활하여야 한다.

① 다음의 압력계들의 작동이 정확하고 이상이 없어야 한다.
- 증기드럼압력계(관류 보일러에서는 절탄기입구압력계)
- 과열기출구압력계(과열기를 사용하는 경우)
- 급수압력계
- 노내압계

② 다음의 계기들의 작동이 정확하고 이상이 없어야 한다.
- 급수유량계
- 급유량계
- 유리수면계 또는 수면 측정장치
- 수위계 또는 압력계
- 온도계

③ 급수 펌프는 다음 사항이 이상 없고, 성능에 지장이 없어야 한다.
- 펌프 송출구에서의 송출압력 상태
- 급수펌프의 누설 유무

④ 가스용 보일러의 가스 버너는 액화석유가스의 안전 및 사업관리법 제21조 규정에 의하여 검사를 받은 것이어야 한다.

(2) 배기가스 온도

① 유류용 및 가스용 보일러(열매체 보일러는 제외한다) 출구에서의 배기가스 온도는 주위 온도와의 차이가 정격용량에 따라 [표 2]와 같아야 한다. 이때 배기가스 온도의 측정위치는 보일러 전열면의 최종 출구로 하며 폐열회수장치가 있는 보일러는 그 출구로 한다.

② 열매체 보일러의 배기가스 온도는 출구열매 온도와의 차이가 150K(℃) 이하이어야 한다.

[표 2]

보일러 용량[T/h]	배기가스 온도차[℃]
5 이하	300 이하
5 초과 20 이하	250 이하
20 초과	210 이하

주 : 1. 보일러 용량이 [kcal/h]로 표시되었을 때에는 60만[kcal/h]를 1[T/h]로 환산한다.
    2. 주위 온도는 보일러에 최초로 투입되는 연소용 공기 투입 위치의 주위 온도로 하며 투입위치가 실내일 경우는 실내온도, 실외일 경우는 외기온도로 한다.

(3) 외벽의 온도

보일러의 외벽 온도는 주위온도보다 30K(℃)를 초과하여서는 안 된다.

(4) 저수위안전장치

① 저수위안전장치는 연료차단 전에 경보가 울려야 한다.
② 온수발생보일러(액상식 열매체 보일러 포함)의 온도-연소제어장치는 최고사용온도 이내에서 연료가 차단되어야 한다.

[02] 보일러 설치검사 기준 및 계속사용검사 기준

❖ 설치검사 기준

1. 검사의 신청 및 준비

(1) 검사의 신청

에너지이용합리화법 시행규칙의 규정에 의하여 검사신청을 하여야 한다.

(2) 검사의 준비

검사신청자는 에너지이용합리화법 시행규칙의 규정에 의하여 다음의 준비를 하여야 한다.

① 보일러(또는 부품)를 검사할 수 있게 준비한다.
② 보일러를 운전할 수 있도록 준비한다.
③ 정전, 단수, 화재, 천재지변 등 부득이한 사정으로 검사를 실시할 수 없을 경우는 1회에 한하여 재신청없이 다시 검사받을 수 있다.

2. 검사

(1) 수압 및 가스누설시험

① 수압시험 대상

- 수입한 보일러, 구조검사 중 발급일로부터 1년 이상 경과한 보일러 및 (10)항의 검사를 받아야 하는 보일러

② 가스누설시험 대상

- 가스용 보일러

③ 수압시험 압력

- 강철제 보일러
  - 보일러의 최고사용압력이 0.43MPa(4.3[kg/cm^2]) 이하일 때에는 그 최고사용압력의 2배의 압력으로 한다. 다만, 그 시험압력이 0.2MPa(2[kg/cm^2]) 미만인 경우에는 0.2MPa (2[kg/cm^2])로 한다.
  - 보일러의 최고사용압력이 0.43MPa(4.3[kg/cm^2]) 초과 1.5MPa(15[kg/cm^2]) 이하일 때에는 그 최고사용압력이 1.3배에 0.3MPa(3[kg/cm^2])를 더한 압력으로 한다.
  - 보일러의 최고사용압력이 1.5MPa(15[kg/cm^2])를 초과할 때에는 그 최고사용압력의 1.5배의 압력으로 한다.
- 주철제 보일러
  - 증기 보일러의 최고사용압력이 0.43MPa 이하일 때에는 최고사용압력의 2배의 압력으로 한다.
  - 증기보일러의 최고사용압력이 0.43MPa 초과일 때에는 최고사용압력의 1.3배에 0.3 MPa을 더한 압력으로 한다. 다만, 그 시험압력이 0.2MPa 미만의 경우에는 0.2MPa로 실시한다.
- 가스용 온수 보일러
  - 강철제인 경우에는 1항에서 규정한 압력으로 한다.
  - 주철제인 경우에는 2항에서 규정한 압력으로 한다.

④ 수압시험 방법

- 공기를 빼고 물을 채운 후 천천히 압력을 가하여 규정된 시험수압에 도달된 후 30분이 경과된 뒤에 검사를 실시하여 검사가 끝날 때까지 그 상태를 유지한다.
- 시험수압은 규정된 압력의 6[%] 이상을 초과하지 않도록 모든 경우에 대한 적절한 제어를 마련하여야 한다.
- 수압시험 중 또는 시험 후에도 물이 얼지 않도록 하여야 한다.

⑤ 가스누설시험 방법

- 내부누설시험 : 차압누설감지기에 대하여 누설확인 작동시험 또는 자기압력기록계 등으로 누설 유무를 확인한다. 자기압력기록계로 시험할 경우 밸브를 잠그고 압력 발생기구를 사용하여 천천히 공기 또는 불활성 가스 등으로 최고사용압력의 1.1배 또는 840[mmH$_2$O] 중 높은 압력 이상으로 가압한 후 24분 이상 유지하여 압력의 변동을 측정한다.
- 외부누설시험 : 보일러 운전 중에 비눗물시험 또는 가스누설검사기로 배관접속부위 및 밸브류 등의 누설 유무를 확인한다.

(2) 압력방출장치

앞 항 및 다음에 따른다.

① 안전 밸브 작동시험

- 안전 밸브의 분출압력은 1개일 경우 최고사용압력 이하, 안전 밸브가 2개 이상인 경우 그중 1개는 최고사용압력 이하, 기타는 최고사용압력의 1.03배 이하일 것
- 과열기의 안전 밸브 분출압력은 증발부 안전 밸브의 분출압력 이하일 것
- 재열기 및 독립과열기에 있어서는 안전 밸브가 하나인 경우 최고사용압력 이하, 2개인 경우 하나는 최고사용압력 이하이고 다른 하나는 최고사용압력의 1.03배 이하에서 분출하여야 한다. 다만, 출구에 설치하는 안전 밸브의 분출압력은 입구에 설치하는 안전 밸브의 설정압력보다 낮게 조정하여야 한다.
- 발전용 보일러에 부착하는 안전 밸브의 분출정지 압력은 분출압력의 0.93배 이상이어야 한다.

② 방출 밸브의 작동시험

온수발생 보일러(액상식 열매체 보일러 포함)의 방출 밸브는 다음 각 항에 따라 시험하여 보일러의 최고사용압력 이하에서 작동하여야 한다.

- 공기 및 귀환 밸브를 닫아 보일러를 난방 시스템과 차단한다.
- 팽창 탱크에 연결된 관의 밸브를 닫고 탱크의 물을 빼내고 공기 쿠션이 생겼나 확인하여 공기 쿠션이 있을 경우 공기를 배출시킨다. 다만, 가압팽창 탱크는 배수시키지 않으며 분출시험 중 보일러와 차단되어서는 안 된다.
- 보일러의 압력이 방출 밸브의 설정압력의 50[%] 이하로 되도록 방출 밸브를 통하여 보일러의 물을 배출시킨다.
- 보일러수의 압력과 온도가 상승함을 관찰한다.
- 보일러의 최고사용압력 이하에서 작동하는지 관찰한다.

(3) 운전 성능

앞 항 및 다음에 따른다.
앞 항의 공기유량자동조절기능을 갖추어야 하는 보일러는 부하율을 90±10[%]에서 45±10[%]까지 연속적으로 변경시켜 배기가스 중 O_2 또는 CO_2 성분이 사용연료별로 [표 3]에 적합하여야 한다. 이 경우 시험은 반드시 다음 조건에서 실시하여야 한다.

① 매연농도 바카락카 스모크 스켓 4 이하, 다만 가스용 보일러의 경우 배기가스 중 CO의 농도는 0.1[%] 이하
② 부하변동 시 공기량은 별도 조작 없이 자동 조절

[표 3] (단위 : %)

연료	성분	O_2		CO_2	
	부하율	90±10	45±10	90±10	45±10
중유		3.7 이하	5 이하	12.7 이하	12 이상
경유		4 이하	5 이하	11 이상	10 이상
가스		배기가스 중의 일산화탄소의 이산화탄소에 대한 비 : 0.02 이하			

(4) 내부검사 등

① 유류 및 가스를 제외한 연료를 사용하는 정격출력이 50만[kcal/h] 미만인 온수발생 보일러가 연료 변경으로 인하여 검사대상이 되는 경우의 최초 검사는 앞 항 및 제조검사 기준의 앞 항을 추가로 검사하여 이상이 없어야 한다.
② 검사대상 기기가 아닌 유류용 보일러가 가스로 연료를 변경하여 검사대상 기기로 되는 경우의 최초 검사는 앞 항을 추가로 검사하여 이상이 없어야 한다.

3. 검사의 특례

① 출력 50만[kcal/h] 미만인 온수발생 보일러가 82. 1. 31. 이전에 준공된 건물에 설치된 경우
② 유류용 이외의 온수발생 보일러가 85. 10. 7. 이전에 준공된 건물에 설치된 경우
③ 가스용 온수 보일러 및 소형 관류 보일러가 88. 11. 27. 이전에 준공된 건물에 설치된 경우

❖ 계속사용 안전검사 기준

1. 검사의 신청 및 준비

(1) 검사의 신청

에너지이용합리화법 시행규칙 규정에 따른다.

(2) 검사의 준비

① 연료공급관은 차단하며 적당한 곳에서 잠그어야 한다. 기름을 사용하는 것에서는 무화장치들을 버너로부터 제거한다. 가스를 사용하는 경우에는 공급관에 이중 블록과 블라이드(2개의 차단 밸브와 그 사이에 한 개의 통기공이 있는)가 설비되어 있지 않으면 공급관을 비게 하거나 가스차단 밸브와 버너 사이의 연결관을 떼어내야 한다.

② 보일러에 대한 손상을 방지하고 가열면에 고착물이 굳어져 달라붙지 않도록 충분히 냉각시켜야 한다. 맨홀과 청소공 또는 검사공에 뚜껑을 열어 환기시킬 때에는 보일러의 내부가 마를 수 있기에 충분한 열이 아직 보일러에 남아 있을 때 배수한다.

③ 모든 맨홀과 선택된 청소공 또는 검사공의 뚜껑 세척용 플러그 및 수주 연결관을 열고 보일러 장치 안에 들어가기 전에 체크 밸브와 증기 스톱 밸브는 반드시 잠그고 꼬리표를 붙이고 꺾쇠로 고정하며 두 밸브 사이의 배수 밸브 또는 콕은 열어야 한다. 급수 밸브는 잠그고 꼬리표를 붙여야 하고, 꺾쇠로 고정하는 것이 좋으며, 두 밸브 사이의 배수 밸브나 콕들은 열어야 한다. 보일러를 배수한 후에 블로·오프 밸브는 잠그고 고정하여야 한다. 실제로 가능한 경우에는 내압 부분과 밸브 사이의 블로·오프 배관은 떼어낸다. 모든 배수 및 통기배관은 열어야 한다.

④ 내부조명 : 검사를 위한 내부조명은 축전지로부터 전류가 공급되는 12볼트 램프나 이동램프를 사용하여야 한다.

⑤ 화염 측 청소 : 보일러의 내벽, 배출 및 드럼은 철저히 청소되어야 하고 모든 부품을 검사원이 검사할 수 있도록 재와 매연을 제거시켜야 한다.

⑥ 안전 밸브, 안전 방출 밸브 및 저수위 감지장치는 분해 후 정비하여야 한다.

⑦ 검사대상 기기 취급일지(시행규칙 별지 제42호 서식)가 작성 비치되어 있어야 한다. 다만, 가스용 보일러의 경우는 부표 1에 의한 가스용 보일러 사용자 자체 점검 일지가 작성 비치되어 있어야 한다.

⑧ 화재, 천재지변 등 부득이한 사정으로 검사를 실시할 수 없는 경우에는 재신청 없이 다시 검사를 받을 수 있다.

2. 검사

(1) 외부검사

① 보일러는 깨끗하게 청소된 상태이어야 하며 사용상에 현저한 부식과 그루빙이 없어야 한다.
② 시험용 해머로 스테이볼트 한쪽 끝을 두들겨 보아 이상이 없어야 한다.
③ 가스용 플러그가 사용된 경우에는 플러그 주위 금속 부위와 플러그 면의 산화피막을 적절히 제거하여 육안으로 관찰하였을 때 사용상 이상이 없어야 하며 불완전한 경우에는 교환토록 해야 한다.
④ 보일러가 매달려 있는 경우에는 지지대와 고정구대를 검사하여 구조물의 과도한 변형이 없어야 한다.
⑤ 리벳 이음 보일러에서 이음 부분에 누설 또는 그 밖의 유해한 결함이 없어야 한다.
⑥ 보일러 지지대의 균열, 내려앉음, 지지부재의 변형 또는 파손 등 보일러의 설치상태에 이상이 없어야 한다.
⑦ 벽돌쌓음에서 벽돌의 이탈, 심한 마모 또는 파손이 없어야 한다.

(2) 내부검사

① 관의 부식 등을 검사할 수 있도록 스케일은 제거되어야 하며, 관 끝부분의 손모, 취화 및 빠짐이 없어야 한다.
② 보일러의 내부에는 균열, 스테이의 손상, 이음부의 현저한 부식이 없어야 하며, 침식, 스케일 등으로 드럼에 현저히 얇아진 곳이 없어야 한다.
③ 화염을 받는 곳에는 그을음을 제거하여야 하며 얇아지기 쉬운 관 끝부분을 가벼운 해머로 두들겨 보았을 때 얇아짐이 없어야 한다.
④ 관의 표면은 팽출, 균열 또는 결함 있는 용접부가 없어야 한다.
⑤ 관의 지나친 찌그러짐이 없어야 한다.
⑥ 급수관 및 그 밑의 물받이의 상태는 퇴적물이 없어야 하며 이음쇠는 헐거워지거나 가스켓의 손상이 없어야 한다.
⑦ 관판에 있는 관구멍 사이의 리가먼트를 조사하여 파단이나 누설이 없어야 한다.
⑧ 노벽 보호 부분은 벽체의 현저한 균열 및 파손 등 사용상 지장이 없어야 한다.
⑨ 맨홀 및 기타 구멍과 보강판, 노즐, 플랜지 이음, 나사 이음의 연결부의 내외부를 조사하여 균열이나 변형이 없어야 한다. 이때 검사는 가능한 한 보일러 안쪽부터 시행한다.
⑩ 저수위 차단 배관 등의 외부 부착 구멍들이나 방출 밸브 구멍들에 흐름의 차단 또는 지장을 줄 수 있는 퇴적물 등의 장애물이 없어야 한다.
⑪ 연소실 내부에는 부적당하거나 결함이 없는 버너 또는 스토커의 설치 운전에 의한 현저한 열의 국부적인 집중으로 인한 현상이 없어야 한다.
⑫ 보일러 각 부에 불룩해짐·팽출·팽대·압궤 또는 누설이 없어야 한다.

03 온수 보일러 설치·시공 기준

1. 적용범위

이 기준은 전열면적이 14[m^2] 이하이며, 최고사용압력이 0.35MPa(3.5[kg/cm^2]) 이하의 온수를 발생하는 보일러(이하 "보일러"라 한다)의 설치시공에 대하여 규정한다(구멍탄용 온수 보일러 및 축열식 전기 보일러는 제외).

2. 용어의 정의

① "상향 순환식"이란 송수주관을 상향구배로 하고, 방열면을 보일러 설치기준보다 높게 하여 온수를 순환시키는 배관방식을 말한다.

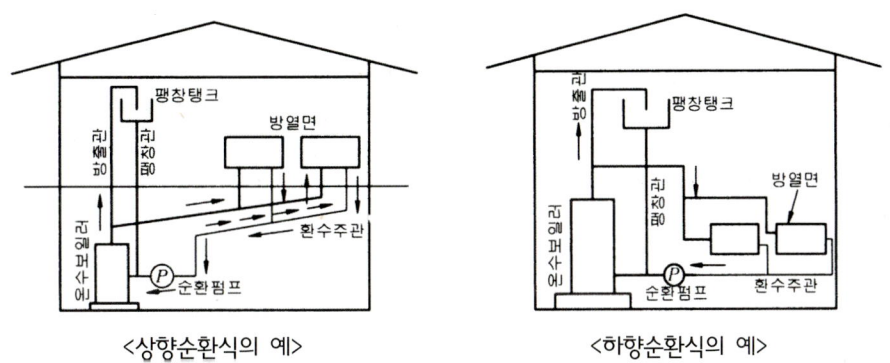

〈상향순환식의 예〉　　〈하향순환식의 예〉

② "하향 순환식"이란 송수주관을 하향구배로 하고 온수를 순환시키는 배관방식을 말한다.
③ "송수주관"이란 보일러에서 발생된 온수를 방열관 또는 온수 탱크에 공급하는 관을 말한다.
④ "환수주관"이란 방열관 등을 통과하여 냉각된 온수를 회수하는 관을 말한다.
⑤ "팽창 탱크"란 온수의 온도 변화에 따른 체적팽창 또는 이상팽창에 의한 압력을 흡수하여 보일러의 부족수를 보충할 수 있는 물을 보유하고 있는 탱크를 말한다.
⑥ "급수탱크"란 팽창 탱크에 물이 부족할 때 공급할 수 있는 물을 보유하고 있는 탱크를 말한다.
⑦ "공기방출기"란 순환 중에 함유된 공기를 외부로 방출하기 위한 장치를 말한다.
⑧ "팽창관"이란 보일러 본체 또는 환수주관과 팽창 탱크를 연결시켜주는 관을 말한다.

3. 보일러의 설치장소 및 설치

(1) 보일러의 설치장소

① 보일러는 콘크리트, 콘크리트 블록 등 내화구조로 시공된 보일러실에 설치하는 것을 원칙으로 한다.
② 보일러는 통풍 및 배수가 잘되며, 굴뚝과 가능한 한 인접한 곳에 설치하여야 한다.
③ 보일러가 설치된 바닥 면은 충분한 강도를 갖도록 콘크리트 구조로 하고, 습기에 의한 부식 등의 장애가 없어야 한다.

(2) 보일러의 설치

① 보일러는 수평으로 설치하여야 한다.
② 보일러는 보일러실 바닥보다 높게 설치하여야 하며, 주위에 적당한 공간을 두어 조작, 보수 및 청소가 용이하여야 한다.
③ 수도관 및 $0.1MPa(1[kg/cm^2])$ 이상의 수두압이 발생하는 급수관은 보일러에 직접 연결하여서는 안 된다.
④ 보일러를 설치·시공할 경우에는 전기에 의한 누전, 감전 등의 위험이 없도록 적절한 조치를 하여야 한다.

4. 배관 및 부속장치

(1) 배관 재료

① 배관은 KS D 3507(배관용 탄소강관), KS D 3517(기계구조용 탄소강관) 또는 동등 이상의 것을, 급탕용관은 KS D 3507 중 백관 또는 동등 이상의 것을 사용하여야 한다.
② 관이음쇠는 KS B 1531(나사식 가단주철제 관이음쇠), KS B 1533(나사식 강관제 관이음쇠) 또는 동등 이상의 것을 사용하여야 한다.
③ 밸브는 KS B 2303(청동 밸브) 또는 동등 이상의 것을 사용하여야 한다.
④ 기타 배관재료 및 부품은 한국공업규격 또는 동등 이상의 것을 사용하여야 한다.

(2) 배관의 크기 및 보온

① 송수주관 및 환수주관의 크기는 보일러 용량이 30,000[kcal/h] 이하는 호칭지름 25[mm] 이상을, 30,000[kcal/h] 초과는 호칭지름 30[mm] 이상을 원칙으로 한다.
② 급탕관의 크기는 보일러 용량이 50,000[kcal/h] 이하는 호칭지름 15[mm] 이상을, 50,000[kcal/h] 초과는 호칭지름 20[mm] 이상을 원칙으로 한다.
③ 배관은 KS F 2803(보온·보냉공사 시공표준)에 정하는 방법에 따라 보온을 하여야 한다.

(3) 배관의 이음

① 배관은 분해조립이 가능하도록 한국공업규격에서 정한 나사 이음 또는 이와 동등 이상의 방법으로 연결하여야 하며, 연결부에서 누수가 없도록 적절한 조치를 취하여야 한다.
② 배관은 전 계통이 연결된 후 배관 내부에 있는 찌꺼기 등 온수순환의 장애물을 깨끗이 청소하여야 한다.

(4) 순환 펌프

순환 펌프를 설치할 경우에는 당해 보일러에서 발생되는 온수를 충분히 순환시킬 수 있는 용량의 것을 다음의 방법에 따라 설치하여야 한다. 다만, 순환 펌프가 내장된 보일러의 경우는 예외로 한다.

① 순환 펌프는 보일러 본체 연도 등에 의한 방열에 의해 영향을 받을 우려가 없는 곳에 설치하여야 한다.
② 순환 펌프에는 바이패스회로를 설치하여야 한다. 다만, 하향식 구조 및 자연순환이 곤란한 구조에서는 이를 설치하지 아니할 수 있다.
③ 순환 펌프와 전원콘센트 간의 거리는 가능한 한 최소로 하고, 누전 등의 위험이 없어야 한다.
④ 순환 펌프의 흡입 측에는 여과기를 설치하여야 하며, 펌프의 양측에는 밸브를 설치하여야 한다.
⑤ 순환 펌프는 방출관 및 팽창관의 작용을 폐쇄하거나 차단하여서는 아니되며, 환수주관에 설치함을 원칙으로 한다.
⑥ 순환 펌프의 모터 부분은 수평으로 설치함을 원칙으로 한다.

(5) 급수 탱크

팽창 탱크 및 급탕용 급수가 부족할 때 이를 자동으로 보충하는 구조의 급수 탱크를 설치하여야 한다. 이 경우 급수 탱크의 구조는 KS B 5122(온수 보일러용 시스템)에 따른다.

(6) 온수 탱크

급탕이 필요하여 온수 탱크를 설치할 경우에는 다음의 조건을 만족시켜야 한다.

① 내식성 재료를 사용하거나 내식처리된 온수 탱크를 설치하여야 한다.
② KS F 2803(보온·보냉공사 시공표준)에 정하는 방법에 따라 보온을 하여야 한다.
③ 100[℃]의 온수에도 충분히 견딜 수 있는 재료를 사용하여야 한다.
④ 탱크 밑부분에는 물빼기관 또는 물빼기 밸브가 있어야 한다.
⑤ 밀폐식 온수 탱크의 경우에는 팽창흡수장치 또는 방출 밸브를 설치하여야 하며, 이때 방출 밸브는 KS B 6155(온수기용 방출 밸브)에 정한 것 또는 동등 이상의 것을 사용하여야 한다.

(7) 팽창관 및 방출관

보일러 내의 물의 팽창 및 증기 발생에 대비하여 다음 조건을 만족시키는 팽창관 및 방출관(또는 방출밸브)을 설치하여야 한다.

① 팽창관 및 방출관의 크기는 보일러 용량이 시간당 30,000[kcal/h] 이하인 경우 호칭지름 15[mm] 이상, 30,000[kcal/h] 이상 150,000[kcal/h] 이하인 경우 호칭지름 25[mm] 이상, 150,000[kcal/h]를 초과하는 경우에는 호칭지름 30[mm] 이상이어야 한다.
② 팽창관 및 방출관에는 물 또는 발생증기의 흐름을 차단하는 장치가 있어서는 안 된다.
③ 팽창관은 가능한 한 굽힘이 없고 어는 것을 방지할 수 있는 조치가 되어 있어야 한다.

(8) 팽창 탱크

팽창관의 상부에 다음 조건을 만족시키는 팽창 탱크를 설치하여야 한다. 다만, 팽창 탱크가 보일러에 내장되었을 경우는 예외로 한다.

① 100[℃]의 온수에도 충분히 견딜 수 있으며, 수위를 용이하게 알아볼 수 있어야 한다.
② 개방식의 경우 팽창 탱크의 높이는 방열 면보다 1[m] 이상 높은 곳에 설치하여야 하며, 얼지 않도록 적절한 보온을 하여야 한다.
③ 밀폐식의 경우 배관계통 내의 압력이 제한압력 이상으로 되면 자동적으로 과잉수를 배출할 수 있도록 방출 밸브를 설치하여야 한다.
④ 팽창 탱크의 용량은 보일러 및 배관 내의 보유수량이 200[L]까지는 20[L], 보유수량이 200[L]를 초과하는 경우 그 초과량 100[L]마다 10[L]씩 가산한 용량 이상이어야 한다.

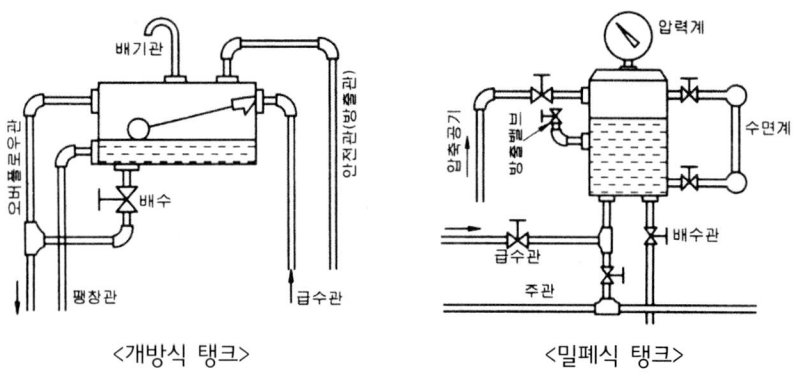

〈개방식 탱크〉　　〈밀폐식 탱크〉

⑤ 팽창관의 끝부분은 팽창 탱크 바닥 면보다 25[mm] 정도 높게 배관되어야 한다.
⑥ 팽창 탱크에 물이 부족한 때 이를 자동으로 보충할 수 있는 장치를 하여야 한다.
⑦ 팽창 탱크에는 물의 팽창에 대비하여 인체, 보일러 및 관련 부품에 위해가 발생되지 않도록 일수관(오버 플로관)을 설치하여야 한다.

(9) 공기 방출기

배관 중의 공기를 방출할 수 있는 공기방출기가 있어야 한다.

(10) 연도 및 굴뚝

① 연도 굽힘부의 수는 가능한 한 3개소 이내로 하고 수평부의 경사는 1/10 기울기 이상으로 하여야 한다. 다만, 보일러 자체가 강압통풍식으로 화실 내의 연소압력이 대기압보다 높은 경우에는 예외로 할 수 있다.
② 연도 및 굴뚝의 재료는 보일러 배기가스 온도에 충분히 견딜 수 있는 것이어야 한다.
③ 연도 및 굴뚝은 주위의 가연물과 접촉되지 않도록 하여야 한다.
④ 강제 급배기식(FF형) 보일러를 설치할 때에는 연소용 공기를 예열하여 공급할 수 있는 구조의 연도를 설치하여야 한다. 다만, 보일러실의 구조상 부득이할 경우에는 예외로 한다.
⑤ 제④항에 의한 연도의 재질은 연소가스에 충분한 내식성을 갖는 것이어야 한다.
⑥ 연도 및 굴뚝의 규격은 보일러 배기가스 출구와 접속되는 부분의 유효 단면적 이상이어야 한다.
⑦ 자연배기식 보일러의 경우 굴뚝의 옥상 돌출부는 지붕 면으로부터 1[m] 이상이어야 한다. 다만, 건축물의 기존 굴뚝과 연결하는 경우에는 예외로 한다.
⑧ 연도 및 굴뚝은 배기가스의 온도가 적정치를 유지할 수 있도록 충분한 보온을 하는 것을 원칙으로 한다.

5. 연료 배관

① 연료 탱크의 위치에 따라서 단관식 또는 복관식으로 배관하여야 한다.
  - 단관식 : 연료 탱크의 위치가 버너의 펌프 위치보다 높을 때 사용하는 방식으로 공기 배출장치가 필요하다.
  - 복관식 : 복관식 연료 배관법은 연료 탱크와 오일 펌프의 사이에 2개의 배관으로 하는 방법으로 연료 탱크가 오일 펌프보다 낮은 위치에 있을 때 사용하는 배관방식으로 공기 배출장치가 필요없다.
② 보일러와 연료 탱크 사이의 배관에는 기름과 물을 분리할 수 있는 유수 분리기가 있어야 하며, 유수 분리기에는 물빼기 밸브가 있어야 한다.
③ 연료 탱크와 버너 사이의 배관에는 여과기가 있어야 한다.
④ 연료 배관은 KS D 3507(배관용 탄소강관) 또는 동등 이상의 것을 사용하여야 한다.

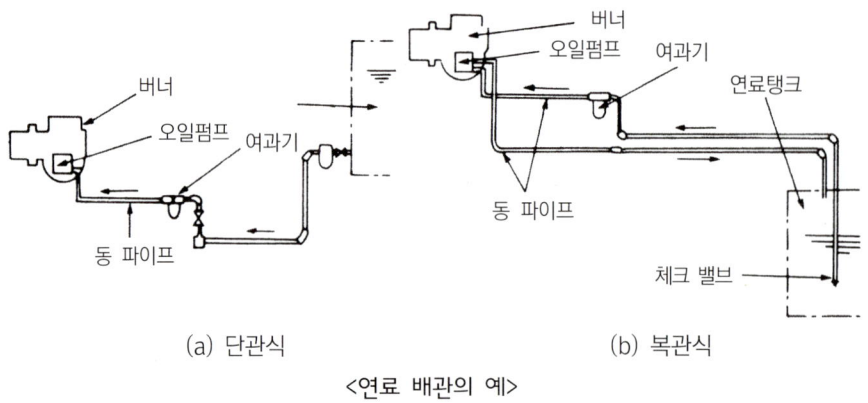

<연료 배관의 예>

6. 설치·시공 기록 등의 보존

(1) 시공표지판

시공업자는 그가 설치한 시설에 관하여 시공표지판을 부착하여야 하며, 시공표지판의 규격, 재료, 기재사항, 기재방법 및 부착방법은 다음과 같다.

① **규격** : 20[cm]×9[cm]

② **재료** : 100[g/m^2]의 노랑색 아트지 스티커

③ **기재사항**

- 시공자의 상호
- 시공자의 지정번호
- 사무소 소재지
- 시공자의 성명 및 전화번호
- 보일러 제조업체명
- 보일러 기종 및 제조번호
- 시공 연월일
- 특기사항

④ **기재방법** : 기재사항이 쉽게 지워지지 않도록 명확하게 기재하여야 한다.

⑤ **부착방법** : 쉽게 떨어지지 않도록 단단히 부착하여야 한다.

(2) 설치·시공기록의 보존

시공업자는 그가 설치한 시설에 관하여 설치·시공 기록부를 작성하여 3년 동안 보존하여야 하며, 그 기재사항은 다음과 같다.

① 시공기간
② 건축주 성명 및 전화
③ 건축주 주소 및 건축물 소재지
④ 보일러 종류 및 제조업체명
⑤ 보일러 용량 및 대수
⑥ 특기사항

(3) 배관도면의 작성 및 보존

시공업자는 그가 설치한 시설에 관하여 다음 사항을 표시한 설치·시공 도면을 작성하여 3년 동안 보존하여야 한다.

① 모든 배관의 크기, 치수 및 경로
② 배관을 매설할 경우 매설 위치와 연결부
③ 밸브의 종류 및 설치 위치
④ 안전장치의 설치 위치
⑤ 작성 연월일
⑥ 특기사항

7. 설치·시공 확인

시공업자는 보일러를 설치한 후 가동 전에 다음 사항에 대하여 적합여부를 확인하여야 한다.

(1) 수압 및 안전장치

① 보일러 설치가 끝난 후 실제사용 최고압력의 2배(그 값이 0.2MPa(2[kg/cm^2]) 이하일 경우는 0.2MPa(2[kg/cm^2])의 수압을 가하여 누설 및 변형이 없어야 한다.
② 본 기준이 (2)항 내지 (4)항에 적합한지 확인한다.

(2) 보일러의 연소 및 배기성능 관계

보일러를 점화하여 정상연소가 이루어지는지 확인하고 연도 접속부의 가스 누설 및 매연의 발생 유무를 확인한다.

(3) 연소계통의 누설 상태

보일러의 가동 시 연료배관계통에 누설이 발생하는지를 확인한다.

(4) 온수순환

순환 펌프를 가동하여 온수의 순환 상태를 확인한다.

(5) 자동제어에 의한 성능 관계

실내온도 조절기의 지시에 따른 순환 펌프의 작동 및 정지 버너의 작동 및 정지 상태를 확인하며, 실내온도 조절기를 부착하지 않았을 때는 Hi-Lo 또는 On-Off 시 버너의 정지 및 작동, 순환 펌프의 작동과 정지 상태가 원활한가를 확인한다.

(6) 보온 상태

배관 및 온수 탱크는 적절한 보온이 되었는지 확인한다.

[04] KS 배관 도시기호

구분	유별	도시기호	구분	유별	도시기호
배관부호 · 관지름 · 관재료	직교하는 관의 표시		공기조화	냉매흡입관	—RS—RD—
				냉각수송부관	—CD—CD—
				냉각수반송관	—CDR—CDR—
	입관			냉수송수관	—C—C—
				냉수반송관	—CR—CR—
	파이프앵커	×		온수송관	—H—H—
	관구배			온수반송관	—HR—HR—
	관지름			냉온수송관	—CH—CH—
				냉온수반송관	—CHR—CHR—
				브라인송관	—B—B—
				브라인반송관	—BR—BR—
	관재료			드레인관	—D—D—
	• 납관	L	급수 · 급탕	상수	————
	• 구리관	Cu		우물물	—·—·—
	• 황동관	B		급수주철관	—(—(—
	• 스테인리스관	SUS		급탕송관	—ǀ—ǀ—
	• 콘크리트관	C		급탕반송관	—ǁ—ǁ—
	• 석면시멘트관	A		팽창관	—E—E—
	• 도관	T		공기빼기관	----A----A----
	• 경질염화비닐관	V	배수	음용냉수송관	—C---C—
	• 폴리에틸렌관	P		음용냉수반송관	—CR---CR—
	• 비닐라이닝강관	VL		배수관	————
	• 코팅강관	CT		배수주철관	—(—(—
난방 · 급기	고압증기송부관	—#—#—#—	소화	통기관	········
	고압증기반송관	--#-#-#--		연결송수관	—XS—XS—
	중압증기송부관	—/—/—/—		연결살수관	—XB—XB—
	중압증기반송관	---/-/-/---		소화전수관	—X—X—
	저압증기송부관	————		스프링클러주관 소화관	—S—S—
	저압증기반송관	----------		물분무소화관	—WS—WS—
	공기릴리프관	---A----A---		포말소화관	—F—F—
	연료유송부관	—O—O—		이산화탄소소화관	—CO_2—CO_2—
	연료유반송관	—OR—OR—		분말소화관	—D—D—
	기름탱크통기관	—OV—OV—		할로겐화물소화관	—HL—HL—
	압축공기관	—A—A—	가스	드레인관	--------
	온수난방송부관	————		가스공급관	—G—G—
	온수난방반송관	----------		액화석유가스관	—PG—PG—
	냉매토출관	—RD—RD—	기타	진공배관	—V—V—
	냉매액관	—RL—RL—		산소배관	—O_2—O_2—

<기기>

구분	유별	도시기호	구분	유별	도시기호
난방용 기기	방열기	⊸⊶	난방용 기기	컨벡터표시형식	(C-케이싱의 길이 / 형식×너비×높이 / 태핑 / 방열능력)
	고압증기트랩	⊗			
	저압증기트랩	⊗			
	사이렌서	⊳⊲			
	빨아올림이음쇠	⊸⊸⊸		베이스보드 히터표시형식	(B-엘리멘트의 길이 / 종별×크기×핀의피치×단수 / 태핑 / 방열능력)
	기수분리기	⊸(SS)⊸			
	유량계	⊸[OM]⊸			
	주철방열시표시형식	(절수 / 종류·모양 / 태핑)			

명칭	기호	비고	명칭	기호	비고
송기관	————	증기 및 온수	편심조인트	⊳⊲	주철이형관
복귀관	---------	증기 및 온수	팽창곡관	⌒⌒	
증기관	—/—/—	증기	배관고정점	✕	
응축수관	--/--/--	증기	급탕관	—ǀ—	
기타관	=A=A=		온수복귀관	—ǁ—	
급수관	—·—·—		가스분리기	⊸(SS)⊸	
상수도관	—··—··—		리프트피팅	⊸∞⊸	
우물급수관	—···—···—		분기가열기	◀	
Y자관	⊥⊥	주철이형관	주형방열기	▬▬	
곡관	⌐	주철이형관	티	⊥	
T자관	⊥⊥	주철이형관	증기트랩	⊸⊗⊸	
Y자관	⊥⌐	주철이형관	스트레이너	⊸(S)⊸	
90°Y자관	⌐⌐		바닥상자	⊸(B)⊸	
배수관	————		유분리기	⊸(OS)⊸	

명칭	기호	비고	명칭	기호	비고
통기관	- - - -		그리스트랩	—(GT)—	
소화관	—✕—		배압 밸브		
주철관(급수)	75[mm] —>—	관지름 75[mm]	감압 밸브		
주철관(배수)	100[mm] —>—	관지름 100[mm]	압력계		
연관(급수)	13[l] ————	관지름 13[mm]	연성계		
연관(배수)	100[l] —>—	관지름 100[mm]	온도계		
콘크리트관(급수)	150[l] —>—		송기도 단면		
콘크리트관(배수)	150[l] —>—	관지름 150[mm]	배기도 단면		
도관	100T —>—	관지름 100[mm]	송기댐퍼 단면		
수직관			배기댐퍼 단면		
수직상향			송기구		
하향부			배기구		
곡관			바닥배수		
플랜지	—∥—		벽걸이방열기		
유니언	—∦—		핀방열기		
엘보			대류방열기		
청소구			소화전		
하우스트랩			기구배수	○	
양수기	[M]				

명칭	기호	명칭	기호
절연		트랩	
보온관		벤트	
인체안전용 보온관		탱크용 벤트	
분리가능관		<관지지 기호>	

<관지지 기호>

관지지	기호		
앵커			
가이드			
슈			
행거			
스프링행거			
바닥지지			
스프링지지			

명칭	기호
원뿔형여과막	
평면형여과막	
증기가열관	
Y형 여과기 - 맞대기용접	
Y형 여과기 - 소켓용접	
Y형 여과기 - 플랜지	
Y형 여과기 - 나사식	

(1) 관 이음 및 밸브

구분	플랜지 이음 (FLANGED)	나사 이음 (SCREWED)	턱걸이 이음 (BELL&SPIGOT)	용접 이음 (WELDED)	땜 이음 (SOLDERED)
1. 부싱 (BUSHING)		⊐	⇁	●	●
2. 캡 (CAP)		⊣	⇁		
3. 크로스 (CROSS)					
3.1 줄임크로스 (REDUCING)					
3.2 크로스 (STRAIGHT SIZE)					
4. 엘보 (ELBOW)					
4.1 45° 엘보 (45-DEGREE)					
4.2 90° 엘보 (90-DEGREE)					
4.3 가는 엘보 (TURNED DOWN)					
4.4 오는 엘보 (TURNED UP)					
4.5 받침 엘보 (BASE)					
4.6 쌍가지 엘보 (DOUBLE BRANCH)					
4.7 긴반지름 (LONG RADIUS)					
4.8 줄임 엘보 (REDUCING)					
4.9 옆가지 엘보 [SIDE OUTLET (OUTLET DOWN)]					
4.10 옆가지 엘보 (오는 것) [SIDE OUTLET (OUTLET UP)]					

구분	플랜지 이음 (FLANGED)	나사 이음 (SCREWED)	턱걸이 이음 (BELL&SPIGOT)	용접 이음 (WELDED)	땜 이음 (SOLDERED)
5. 조인트					
5.1 조인트 (CONNECTING PIPE)	─╫─	─┼─	─⊂	─●─	─●─
5.2 팽창 조인트 (EXPANSION)	─╫[ ]╫─	─┤[ ]├─	─⊃[ ]⊂─	─●[ ]●─	─●[ ]●─
6. 와이(Y)타이 (LATERAL)	⤻	⤻	⤻		
7. 오리피스 플랜지 (ORIFICE FLANGE)	─╫│╫─				
8. 줄임 플랜지 (REDUCING FLANGE)	─╢▷╟─				
9. 플러그 (PLUGS)	─╢▷				
9.1 벌 플러그 (BULL PLUG)		─◁	⊃		
9.2 파이프 플러그 (PIPE PLUG)			⊂		
10. 줄이개 (REDUCER)					
10.1 줄이개 (CONCENTRIC)	─▷╫─	─▷┤─	─▷→	─▷●─	─▷●─
10.2 편심 줄이개 (ECCENTRIC)	─◿╫─	─◿┤─	─◿→	─◿●─	─◿●─
11. 슬리브 (SLEEVE)	─╫ ╫─	─┼ ┼─	─⊃ ⊂─	─● ●─	─● ●─
12. 티 (TEE)					
12.1 티 (STRAIGHT) SIZE	─┬─	─┬─	⤻	─●┬●─	─●┬●─
12.2 오는 티 (OUTLET UP)	─╫⊙╫─	─┤⊙├─	─⊃⊙⊂─	─●⊙●─	─●⊙●─
12.3 가는 티 (OUTLET DOWN)	─╫○╫─	─┤○├─	─⊃○⊂─	─●○●─	─●○●─
12.4 쌍스위프 티 (DOUBLE SWEEP)	⤻	⤻			
12.5 줄임티 REDUCING	⤻	⤻	⤻	─●┬●─	─●┬●─
12.6 스위프티 (SINGLE SWEEP)	⤻	⤻			

구분	플랜지 이음 (FLANGED)	나사 이음 (SCREWED)	턱걸이 이음 (BELL&SPIGOT)	용접 이음 (WELDED)	땜 이음 (SOLDERED)
12.7 옆가지 티(가는 것) [SIDE OUTLET (OUTLET DOWN)]					
12.8 옆가지 티(오는 것) [SIDE OUTLET (OUTLET UP)]					
13. 유니온 (UNION)					
14. 앵글 밸브 (ANGLE VALVE)					
14.1 앵글 체크 밸브 (CHECK)					
14.2 슬루스 앵글 밸브 (수직) [GAGE(ELEVATION)]					
14.3 슬루스 앵글 밸브 (수평) [GAGE(PLAN)]					
14.4 글로브 앵글 밸브 (수직) [GLOBE(ELEVATION)]					
14.5 글로브 앵글 밸브 (수평) [GLOBE(PLAN)]					
14.6 호스 앵글 밸브 [HOSE ANGLE]	기호 22.1과 같다.				
15. 자동 밸브 (AUTOMATIC VALVE)					
15.1 바이패스 자동 밸브 (BY PASS)					
15.2 거버너 자동 밸브 (GOVERNOR- OPERATED)					
15.3 줄임 자동 밸브 (REDUCING)					

구분	플랜지 이음 (FLANGED)	나사 이음 (SCREWED)	턱걸이 이음 (BELL&SPIGOT)	용접 이음 (WELDED)	땜 이음 (SOLDERED)
16. 체크 밸브 (CHECK VALVE)					
16.1 앵글 체크 밸브 (ANGLE CHECK)					
16.2 체크밸브 (STRAIGHT WAY)					
17. 콕 (COCK)					
18. 다이어프램 밸브 (DIAPHRAGM VALVE)					
19. 플로우트 밸브 (FLOAT VALVE)					
20. 슬루스 밸브 (GATE VALVE)					
20.1 슬루스 밸브					
20.2 앵글 슬루스 밸브 (ANGLE GATE)	기호 14.2 및 14.3과 같다.				
20.3 호스 슬루스 밸브 (HOSE GATE)	기호 22.2과 같다.				
20.4 전동 슬루스 밸브 (MOTOR OPERATED)					
21. 글로브 밸브 (GLOBE VALVE)					
21.1 글로브 밸브					
21.2 앵글 글로브 밸브 (ANGLE GLOBE)	기호 14.4 및 14.5과 같다.				
21.3 호스 글로브 밸브 (HOSE GLOBE)	기호 22.3과 같다.				
21.4 전동 글로브 밸브 (MOTOR OPERATED)					
22. 호스 밸브 (HOSE VALVE)					
22.1 앵글 호스 밸브 (ANGLE)					
22.2 슬루스 호스 밸브 (GAGE)					
22.3 글로브 호스 밸브 (GLOBE)					

구분	플랜지 이음 (FLANGED)	나사 이음 (SCREWED)	턱걸이 이음 (BELL&SPIGOT)	용접 이음 (WELDED)	땜 이음 (SOLDERED)
23. 봉합 밸브 (LOCKSHIELD VALVE)					
24. 지렛대 밸브 (QUICK OPENING VALVE)					
25. 안전 밸브 (SAFETY VALVE)					
26. 스톱 밸브 (STOP VALVE)	기호 20.1과 같다				
27. 감압 밸브 (REDUCING PRESSURE VALVE)	기호 20.1과 같다				

[05] 도면 해독

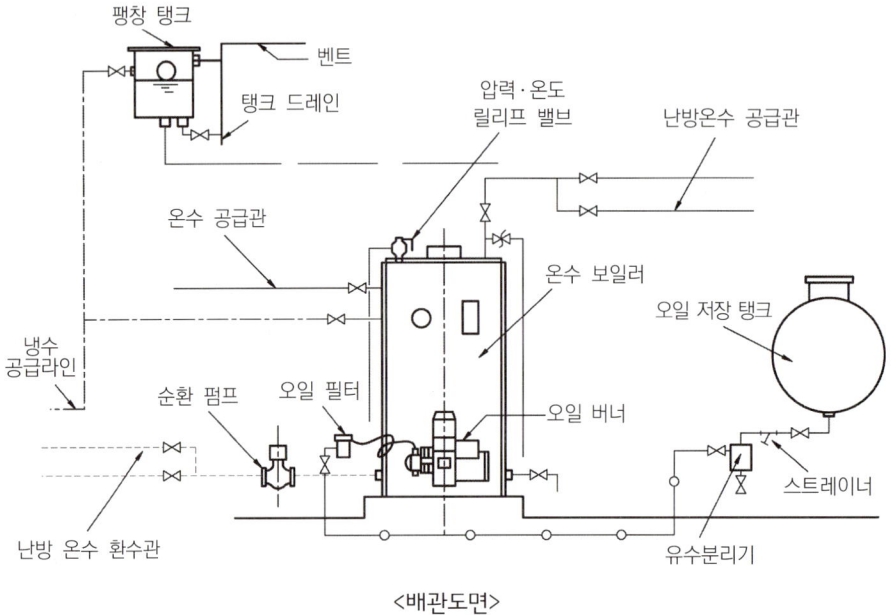

<배관도면>

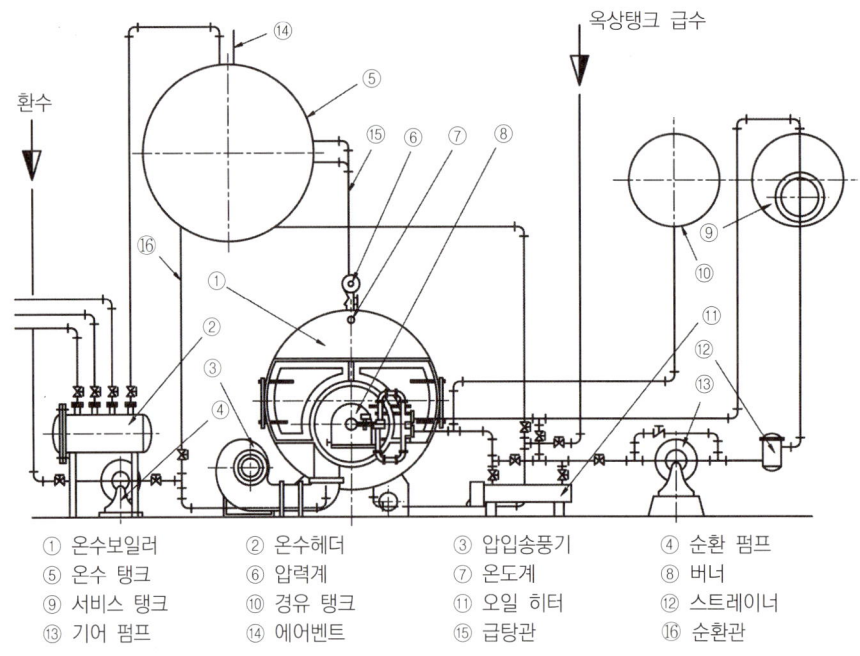

① 온수보일러　② 온수헤더　③ 압입송풍기　④ 순환 펌프
⑤ 온수 탱크　⑥ 압력계　⑦ 온도계　⑧ 버너
⑨ 서비스 탱크　⑩ 경유 탱크　⑪ 오일 히터　⑫ 스트레이너
⑬ 기어 펌프　⑭ 에어벤트　⑮ 급탕관　⑯ 순환관

<배관도면>

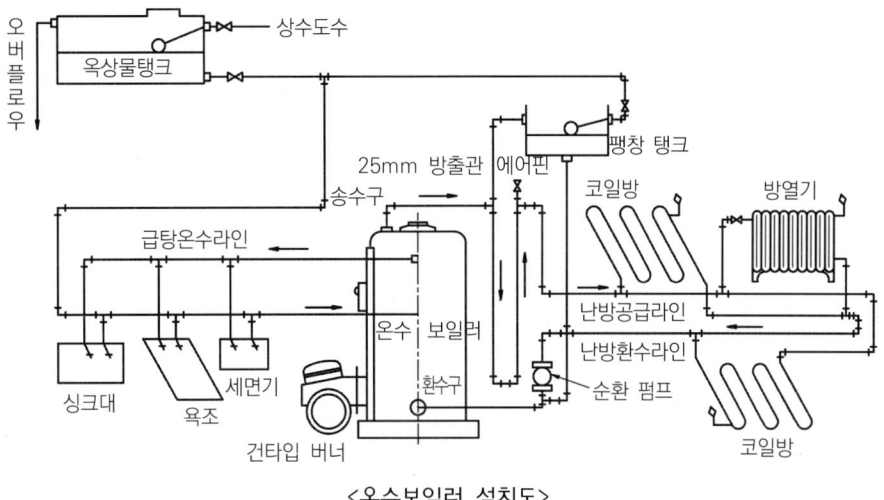

<온수보일러 설치도>

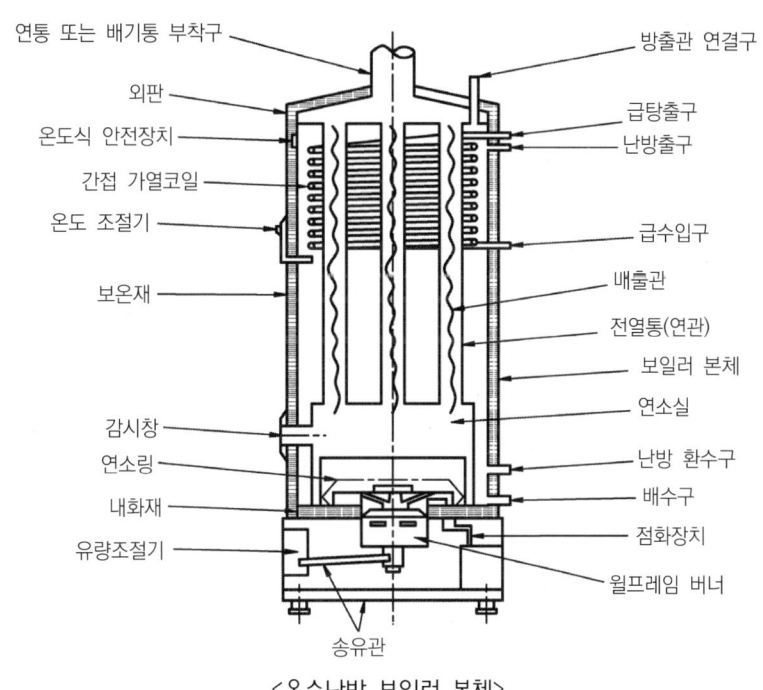

<온수난방 보일러 본체>

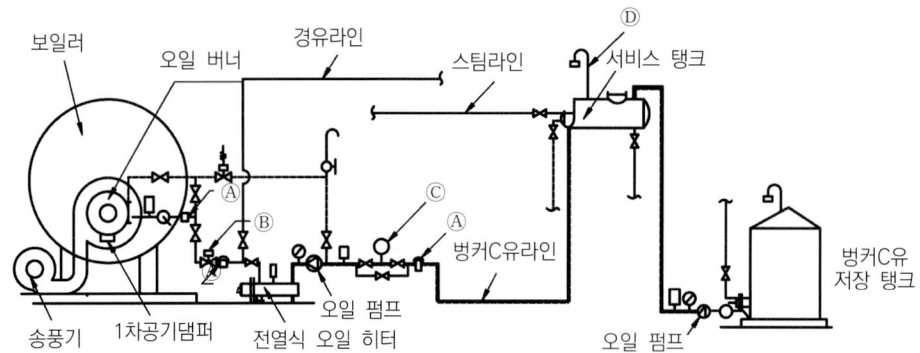

Ⓐ : 여과기(스트레이너)
Ⓑ : 전자 밸브
Ⓒ : 유량계
Ⓓ : 공기방출관 = 에어밴드 송기(送氣)배기(排氣)

<증기난방 보일러 설치도>

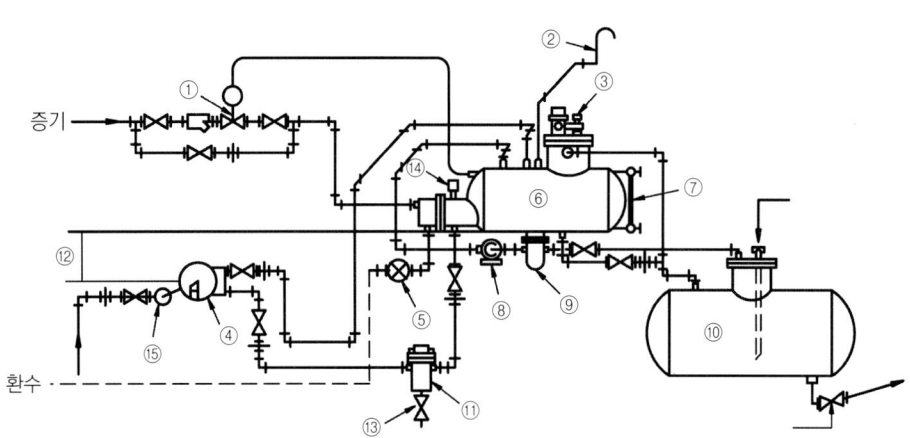

① 온도 조절 밸브　② 통기관(air vent)　③ 플로트 스위치(float swich)
④ 오일 버너(oil burner)　⑤ 환수 트랩　⑥ 서비스(oil service) 탱크
⑦ 유면계　⑧ 급유 펌프(oil pump)　⑨ 기름여과기(oil strainer)
⑩ 저유조(oil storage tank)　⑪ 유수분리기　⑫ 1500[mm] 이상(1.5[m] 이상)
⑬ 드레인 밸브(drain valve)　⑭ 온도계　⑮ 가스점화장치(착화장치)

<급유장치도>

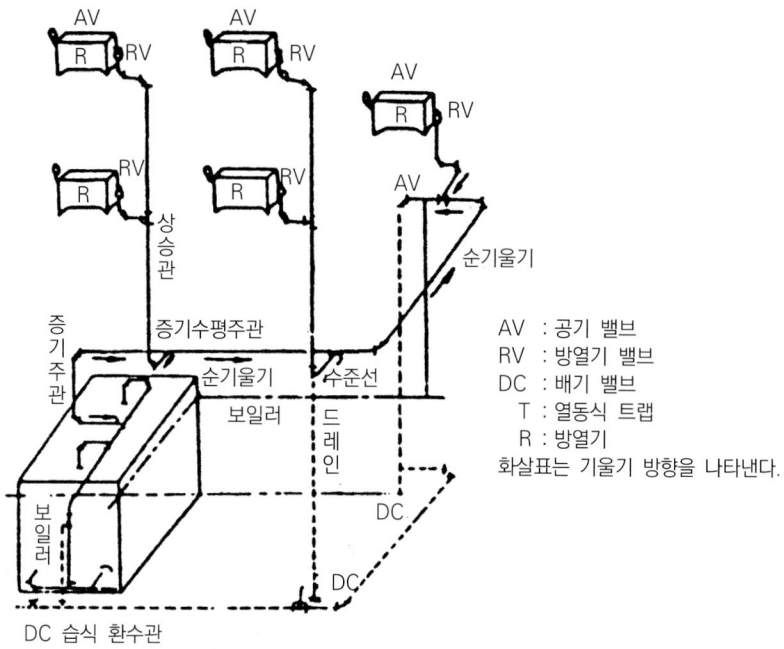

<중력환수식 증기난방(단관식)>

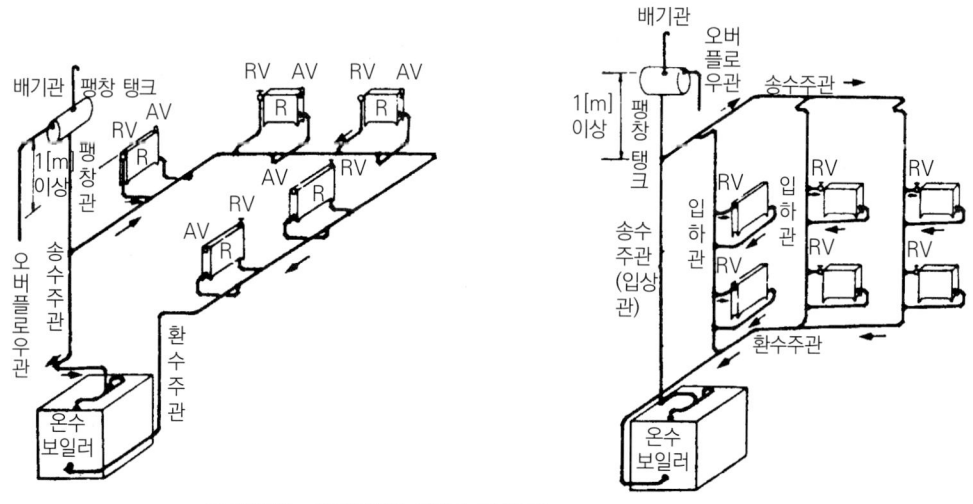

※ 화살표는 내림구배의 방향을 표시한다.

<복관 중력순환식 온수난방법(상향공급)>   <복관 중력순환식 온수난방법(하향공급)>

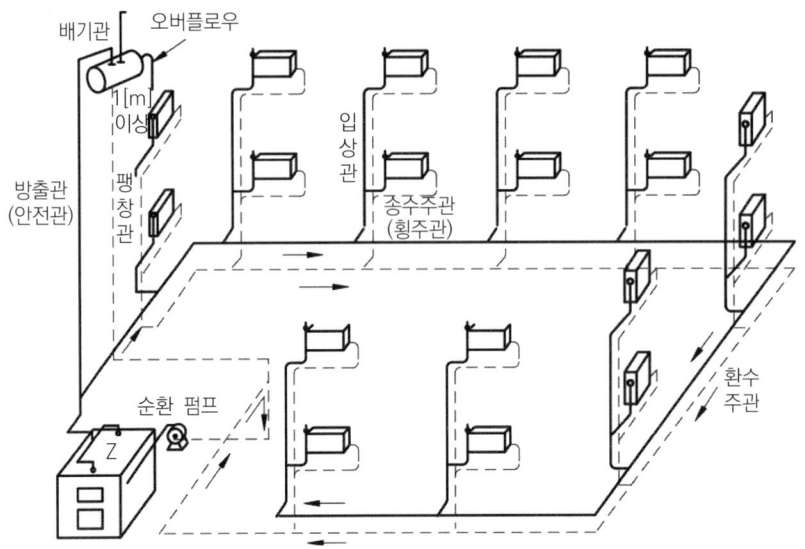

※ 화살표는 흐름의 방향을 표시한다.

<복관 강제순환식 온수난방법(역반환관식) 리버스 리턴 배관방식>

Memo

Chapter 08

실기도면 실습

Chapter 08 실기도면 실습

에너지관리기능사 실기

[각 부속품별 공간치수 산정표]

부속명 \ 관경	15A($\frac{1}{2}$B)	20A($\frac{3}{4}$B)	25A(1B)	32A($1\frac{1}{4}$B)
관나사부(산)	13mm(9산)	15mm(9산)	17mm(8산)	19mm(8산)
나사삽입길이	11	13	15	17
관 외경	21.7	27.2	34	42.7

부속명 \ 관경	15A	20A	25A	32A
90° 엘보	27-11=16	32-13=19	38-15=23	46-17=29
T(티이)				
45° 엘보	21-11=10	25-13=12	29-15=14 유니언 : 12	34-17=17 유니언 : 14
유니언				
소켓	18-11=7	20-13=7	22-15=7	25-17=8

부속명 \ 관경	15A	20A	25A	32A
이경티 T	25A : 32-15=17	25A : 34-15=19	32A : 38-17=21	32A : 40-17=23
	15A : 33-11=22	20A : 35-13=22	20A : 40-13=27	25A : 42-15=27
레듀셔	25A : 24-15=9	25A : 22-15=7	32A : 26-17=9	32A : 25-17=8
	15A : 20-11=9	20A : 20-13=7	20A : 22-13=9	25A : 23-15=8
이경 90° 엘보	25A : 34-15=19	25A : 34-15=19	32A : 38-17=21	32A : 40-17=23
	15A : 35-11=24	20A : 35-13=22	20A : 40-13=27	25A : 42-15=27
이경 90° 엘보	20A×15A : 20A=16, 15A=20			
이경 45° 엘보	20A×15A : 20A=19, 15A=18			
부싱	약 10mm			

※ 여기에 없는 부속품은 중심 길이를 실측한 후 각 나사 삽입길이를 뺀 후 공간치수로 산정하면 됩니다.

❖ 실기작업 익히기

1. 각 부속품별 공간치수 산정표를 이용하여 관길이 계산하기

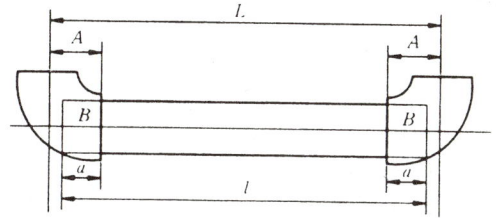

① $l = L - 2(A - a)$
  즉, 관의 실제 절단길이
  = 전체길이 $-2\times$(부속의 중심길이 - 관의 삽입길이)

② 경사진 배관인 경우 배관 절단길이
  $b = \sqrt{a^2 + c^2}$ 이며
  * 가로, 세로의 높이가 동일할 경우에는 전 길이에
    $b = a \times 1.414$
  즉, 실제 배관 절단길이는 아래의 식으로 계산한다.
  ∴ $l = b - 2(A - a)$

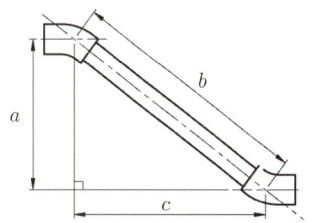

2. 강관 절단하기

① 실제 절단길이를 마킹한다.

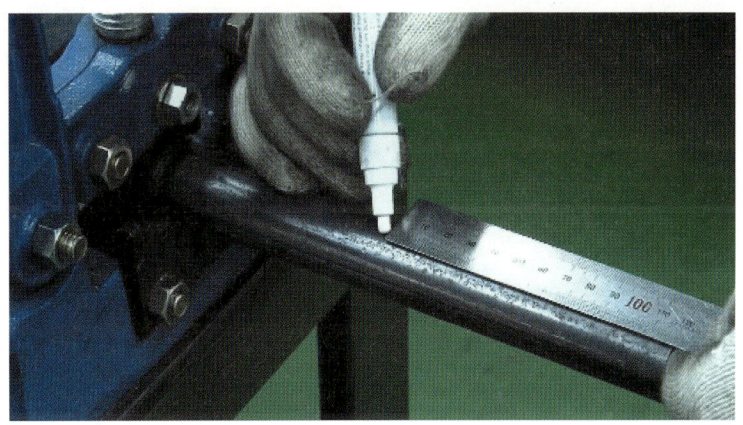

② 파이프 커터를 서서히 조여 3~4회전 시킨다. 이와 같은 방법으로 여러 번 반복하여 파이프를 절단한다.

3. 나사 절삭하기

① 체이서가 관의 지름에 적당한 것인지 먼저 확인한다.

즉, 아래와 같이 체이서에 "1/2-3/4"는 1/2(15A)와 3/4(20A) 관에 나사 절삭이 가능하며, 체이서에 "1-2"는 1(25A), $1\frac{1}{4}$(32A) 등의 관에 나사 절삭이 가능하다.

② 관의 지름에 맞게 손잡이를 앞으로 당겨 놓고 눈금을 중앙에 맞춘다.
즉, 20A의 경우 아래와 같이 3/4에 눈금을 맞춘다.

③ 나사의 깊이는 손잡이를 밀고 당기면서 조정하고, 나사산의 수는 보통 8~9산을 낸다.

④ 나사의 깊이는 부속품을 손으로 조여 4산 정도 들어갈 정도로 낸다.

4. 강관 조립하기

① 실링테이프(테이프론)를 시계방향으로 약 10회 정도 나사 끝 쪽으로 감아준다.

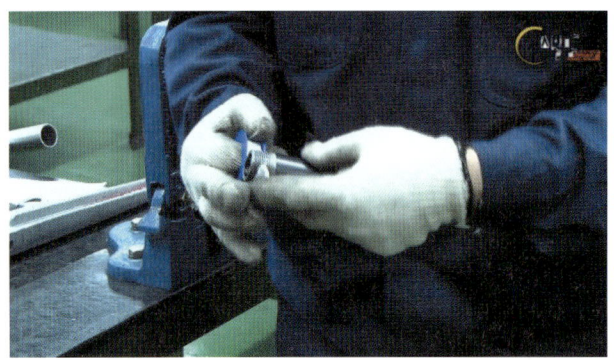

② 관을 파이프 바이스에 고정한 후 파이프렌치를 이용하여 나사산을 1.5~2산 정도 남기고 수압에 누수가 되지 않도록 힘 있게 조여 조립한다.

② 유니언에 누수가 되지 않도록 고무패킹을 끼우고 조립한다.

5. 동관 조립하기

① 동관과 C×M어댑터를 납땜할 경우에는 동관에 플럭스를 바른다.

② 가스토치의 가연성가스 밸브를 1/4 정도 열고 점화 후 산소 밸브를 열어 중성불꽃으로 조정하여 동관과 C×M어댑터를 빨갛게 가열한 후 은납봉 또는 인동납을 이용하여 납땜을 한다.

③ 납땜된 C×M어댑터에 실링테이프를 감은 후 몽키 스패너를 이용하여 조립한다.

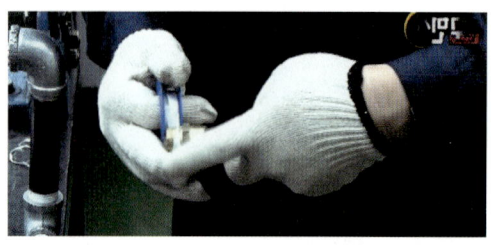

④ 조립 후 치수에 맞게 실측하여 동관길이를 절단한다.

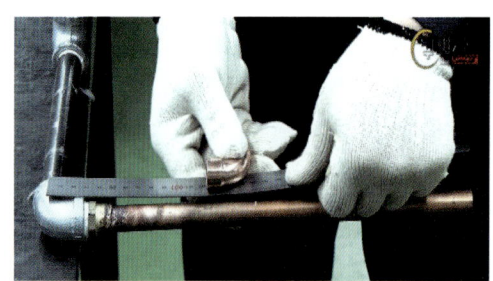
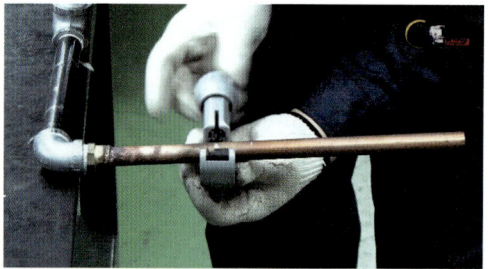

⑤ 동관 확관 및 벤딩하기, 15A벤딩기의 반지름(60mm)을 실측한다.

⑥ 만약 벤딩부의 길이를 200[mm]로 하고자 한다면 [200-60]을 하여 140[mm]을 벤딩기의 "0" 점에 맞춘 후 90°로 벤딩한다.

⑦ 동관의 길이를 실측하여 절단 후 납땜을 한다.

좌 　　　　　　　　　　　　　　　우

⑧ 조립된 강관 및 동관에 동 엘보우를 끼우고 납땜하여 작품을 완성한다.
　이 때 테이프론이 열에 의해 녹지 않도록 주의한다.

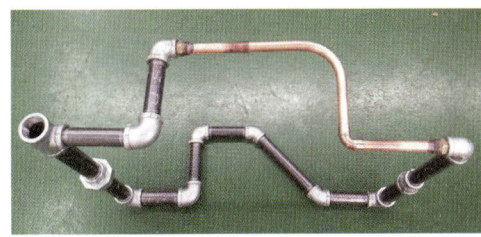 

[완성작품]

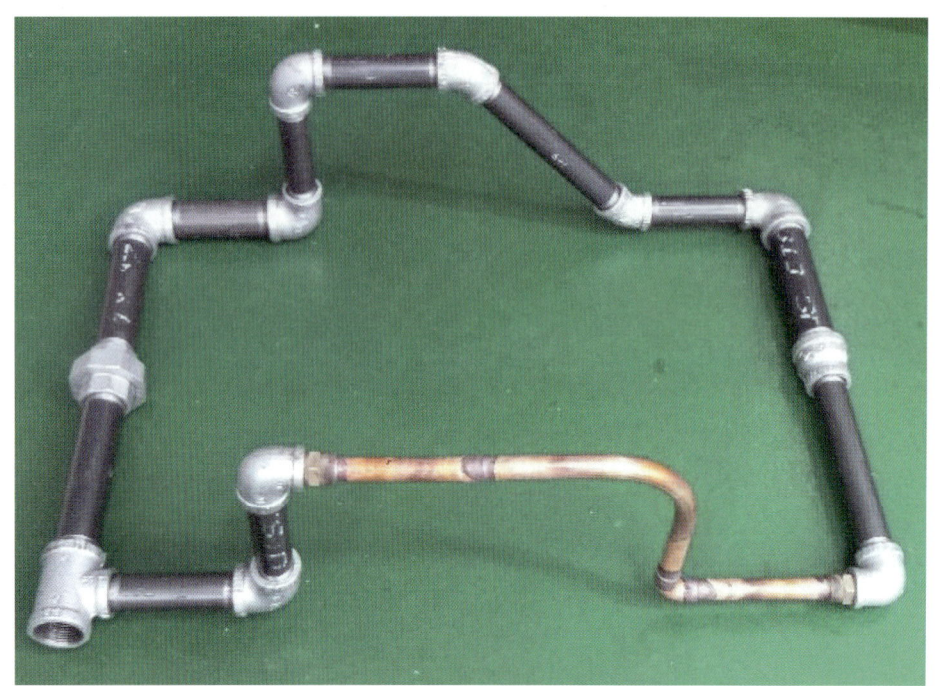

Memo

Chapter 09

작업형 과년도 도면

Chapter 09 작업형 과년도 도면

에너지관리기능사 실기

[국가기술자격 검정 실기도면]

자격종목	에너지관리기능사	과제명	강관 및 동관 조립
비번호			

시험시간 I 표준시간 : 3시간 20분

1. 요구사항

지급된 재료를 이용하여 도면과 같이 강관 및 동관을 조립작업을 하시오.

2. 수험자 유의사항

(1) 수험자가 지참한 공구와 지정된 시설만을 사용하며, 안전수칙을 준수해야 합니다.
(2) 재료의 재지급은 허용되지 않으며, 도면은 작업이 완료된 후 작품과 동시에 제출해야 합니다.
(3) 동관의 접합은 가스용접으로 해야 합니다.
(4) 관을 절단할 때는 수험자가 지참한 수공구(파이프 커터, 튜브 커터, 쇠톱)를 사용하여 절단한 후 파이프 내의 거스러미를 제거해야 합니다.
(5) 시험종료 후 작품의 수압시험 시 누수여부를 감독위원으로부터 확인받아야 합니다.
(6) 지급된 재료 중 이음쇠 부속품이 불량품일 경우에는 교환이 가능하나, 조립 중 무리한 힘을 가하여 파손된 경우에는 교환할 수 없습니다.
(7) 복장상채, 작업 시 안전보호구 착용여부 및 사용법, 재료 및 공구 등의 정리정돈과 안전수칙 준수 등도 시험 중에 채점하므로 준수해야 합니다.
(8) 다음 사항에 해당하는 작품은 미완성 또는 오작으로 채점대상에서 제외합니다.

[미완성]

  가. 시험시간을 초과한 작품

[오작품]

  가. 부분치수가 ±15[mm] 이상 차이 나는 작품
     (단, 전체 길이는 가로, 세로 ±30[mm] 이상)
  나. 수압시험 시 0.3MPa(3[kg/cm^2]) 미만에서 누수가 되는 작품
  다. 평행도가 30[mm] 이상 차이 나는 작품
  라. 도면과 상이하게 조립된 작품
  마. 외관 및 기능도가 극히 불량한 작품

[국가기술자격검정 실기시험 표준 채점기준표]

주요항목	세부항목	항목번호	항목별 채점방법					배점
치수 정밀도	길이치수 8개소 8개소×3점 =24점	1	각 측정개소마다 최대 오차를 측정하여					24
			오차(mm)	3 이하	3 초과 4 미만	4 초과 5 이하	기타	
			배점	3	2	1	0	
	※ 부분치수가 ±15mm(전체길이는 가로 또는 세로 ±30mm) 이상 차이 나는 작품은 오작 처리							
외관	강관의 외관	2	강관 표면의 흠집이나 일그러진 곳을 점검하여					3
			결함개소	1개소 이하	2개소	3개소	4개소 이상	
			배점	3	2	1	0	
	동관의 외관	3	동관 표면의 흠집이나 일그러진 곳을 점검하여					3
			결함개소	없음	1개소	2개소	3개소 이상	
			배점	3	2	1	0	
	※ 외관 및 기능도가 극히 불량한 작품은 오작 처리							
조립 상태	강관의 조립상태	4	잔류 나사산이 없거나 3산 이상인 곳을 점검하여					3
			결함개소	2개소 이하	3~4개소	5~6개소	기타	
			배점	3	2	1	0	
	동관의 조립상태	5	용접 비드 폭이 균일하고 상태가 양호하면 2점, 이음쇠 표면까지 납땜 자국(덧땜자국)이 있거나 불량한 경우 등, 기타 0점					2
	※ 도면과 상이하게 조립된 작품은 오작 처리							
수압	수압시험	6	각 단계마다 최소 1분 이상 수압을 건 상태에서 누수 여부를 점검하여					9
			수압 (kgf/cm^2)	9 이상	9 미만 6 이상	6 미만 3 이상		
			배점	9	6	3		
	※ 수압시험 시 0.3MPa(3kgf/cm^2) 미만에서 누수가 되는 작품은 오작 처리							
평행도	평행도	7	작품을 정반 위에 올려 놓고 평면도상에서 평행도 오차가 가장 큰 곳을 측정하여					3
			오차(mm)	10 이하	10 초과 20 이하	20 초과		
			배점	3	1	0		
	※ 평행도가 30mm 이상 차이 나는 작품은 오작 처리							
안전 관리	작업복장 및 정리정돈 상태	8	복장상태 및 지급 재료, 공구 등 정리정돈 상태가 올바르면 1점, 기타 0점					3
	안전보호구 착용 여부		보호구를 올바르게 착용하고 작업하면 1점, 기타 0점					
	안전수칙 준수 여부		안전수칙을 준수하면 1점, 기타 0점					

[수검자 지참 공구 목록]

일련번호	재료명	규격	단위	개
1	파이프 렌치	12" 이상	개	2
2	파이프 커터	15A~32A	개	1
3	철자(30cm, 60cm) or 줄자	30cm, 60cm	개	1
4	몽키스패너	25A×20A	개	1
5	동관 커터	동관절단용	개	1
6	쇠 톱	300m/m	개	1
7	확관기(익스팬더)	5/8"	개	1
8	동관벤더기	5/8", 16m/m	개	공용
9	계산기	공학용	개	1
10	석 필	20×80×12	개	1
11	보안경	가스용접용	개	1
12	점화라이터	가스용접용	개	1

지참 공구 목록은 작품에 따라서 바뀔 수 있습니다.

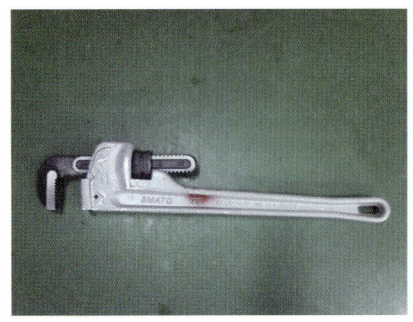

<파이프 렌치>

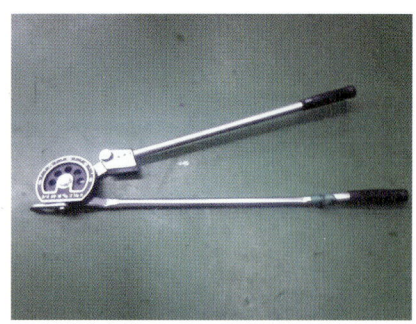

<동관벤더기>

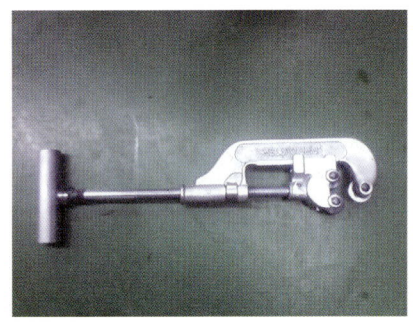

<파이프 커터>

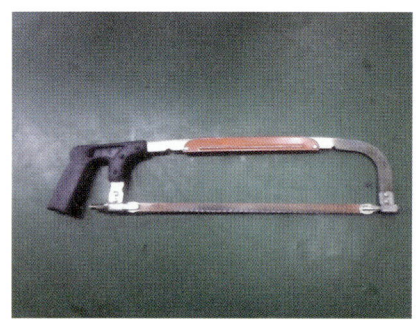

<쇠 톱>

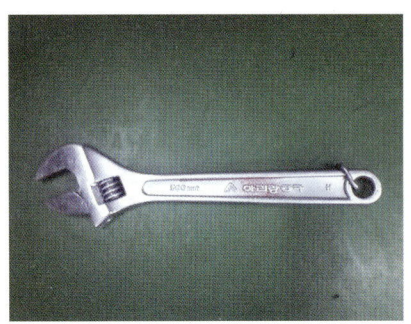

<몽키스패너>

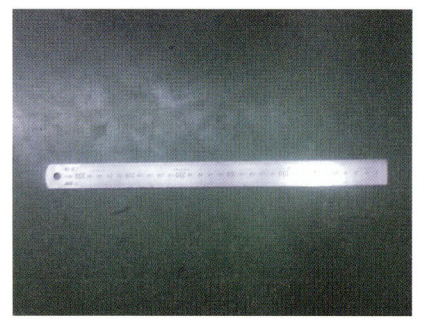

<철 자>

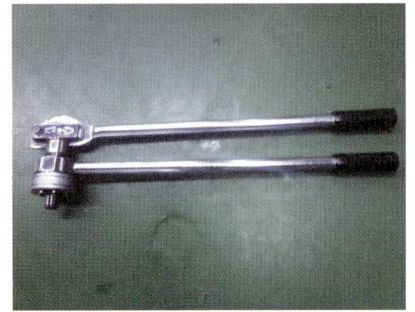

<확관기(익스팬더)>

<동관 커터>

[국가기술자격 실기시험문제]

| 자격종목 | 에너지관리기능사 | 과제명 | 강관 및 동관 조립 |

시험시간 : 3시간 20분

1. 요구사항

지급된 재료를 이용하여 도면과 같이 강관 및 동관의 조립작업을 하시오.

2. 수험자 유의사항

(1) 수험자 인적사항 및 계산식을 포함한 답안작성은 흑색 필기구만 사용해야 하며, 그 외 연필류, 빨간색, 청색 등 필기구 및 수정테이프(액)를 사용해 작성한 답항은 0점 처리되오니 불이익을 당하지 않도록 유의해 주시기 바랍니다.
(2) 수험자가 지참한 공구와 지정된 시설만을 사용하며, 안전수칙을 준수해야 합니다.
(3) 재료의 재지급은 허용되지 않으며, 도면은 작업이 완료된 후 작품과 동시에 제출해야 합니다.
(4) 동관의 접합은 가스용접으로 해야 합니다.
(5) 관을 절단할 때는 수험자가 지참한 수공구(파이프 커터, 튜브 커터, 쇠톱)를 사용하여 절단한 후 파이프 내의 거스러미를 제거해야 합니다.
(6) 시험종료 후 작품의 수압시험 시 누수여부를 감독위원으로부터 확인 받아야 합니다.
(7) 지급된 재료 중 이음쇠 부속품이 불량품인 경우에는 교환이 가능하나, 조립 중 무리한 힘을 가하여 파손된 경우에는 교환할 수 없습니다.
(8) 복장상태, 작업 시 안전보호구 착용여부 및 사용법, 재료 및 공구 등의 정리정돈과 안전수칙 준수 등도 시험 중에 채점하므로 준수해야 합니다.
(9) 다음 사항에 대해서는 채점 대상에서 제외하니 특히 유의하시기 바랍니다.
  ① 기권
    • 수험자 본인이 수험 도중 시험에 대한 포기의사를 표하는 경우
  ② 미완성 : 시험시간 내 작품을 제출하지 못했을 경우
  ③ 오작품
    • 도면 치수 중 부분치수가 ±15mm(전체길이는 가로 또는 세로 ±30mm) 이상 차이나는 경우
    • 수압시험 시 0.3MPa(3kgf/cm^2) 이하에서 누수가 되는 경우
    • 평행도가 30mm 이상 차이나는 경우
    • 외관 및 기능도가 극히 불량한 경우
    • 도면과 상이한 경우
    • 지급된 재료 이외의 다른 재료를 사용했을 경우

[지급재료 목록]

일련번호	재료명	규격	단위	수량	비고
1	강관(SPP), 흑관	25A×1000	개	1	KS 규격품
2	강관(SPP), 흑관	20A×1500	개	1	KS 규격품
3	동관(연질 L형, 직관)	15A×1000	개	1	KS 규격품
4	90° 엘보(가단주철제)	20A	개	2	KS 규격품
5	90° 엘보(가단주철제)(백)	25A	개	1	KS 규격품
6	90° 이경 엘보(가단주철제)(백)	25A×20A	개	2	KS 규격품
7	90° 이경 엘보(가단주철제)(백)	20A×15A	개	2	KS 규격품
8	45° 엘보(가단주철제)(백)	20A	개	2	KS 규격품
9	이경티(가단주철제)(백)	25A×20A	개	1	KS 규격품
10	레듀서(가단주철제)(백)	25A×20A	개	1	KS 규격품
11	유니언(가단주철제)(백)	25A(F형)	개	1	KS 규격품
12	유니언 가스킷(합성고무제품)	유니언 25A용	개	1	KS 규격품
13	동관용 어댑터(C×M형)	황동제 15A	개	2	KS 규격품
14	동관용 엘보(C×C형)	15A		1	KS 규격품
15	실링 테이프	t0.1×13×10000	롤	4	KS 규격품
16	인동납 용접봉	BCuP-3 (∅2.4×500)	개	1	KS 규격품
17	플럭스(동관 브레이징용)	200g	통	1	30명분
18	산소	120kgf/cm² (내용적40L)	병	1	30명분
19	아세틸렌	3kg	병	1	30명분
20	절삭유(중절삭용)	활성극압유(4L)	통	1	50명분
21	동력나사절삭기용 체이서	20A용	조	1	15명 공용
22	동력나사절삭기용 체이서	25A~32A용	조	1	15명 공용

| 자격종목 | 에너지관리기능사 | 과제명 | 강관 및 동관 조립 | 척도 | N·S |

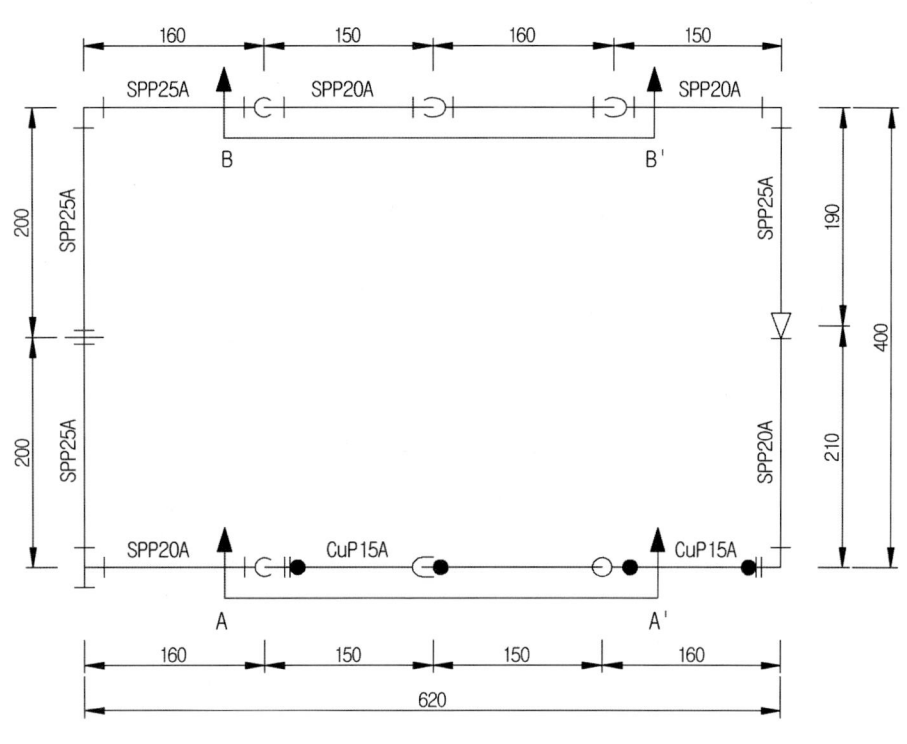

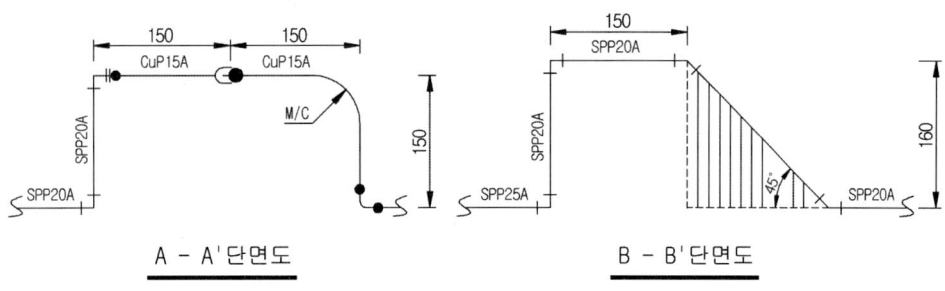

A − A' 단면도   B − B' 단면도

[완성작품]

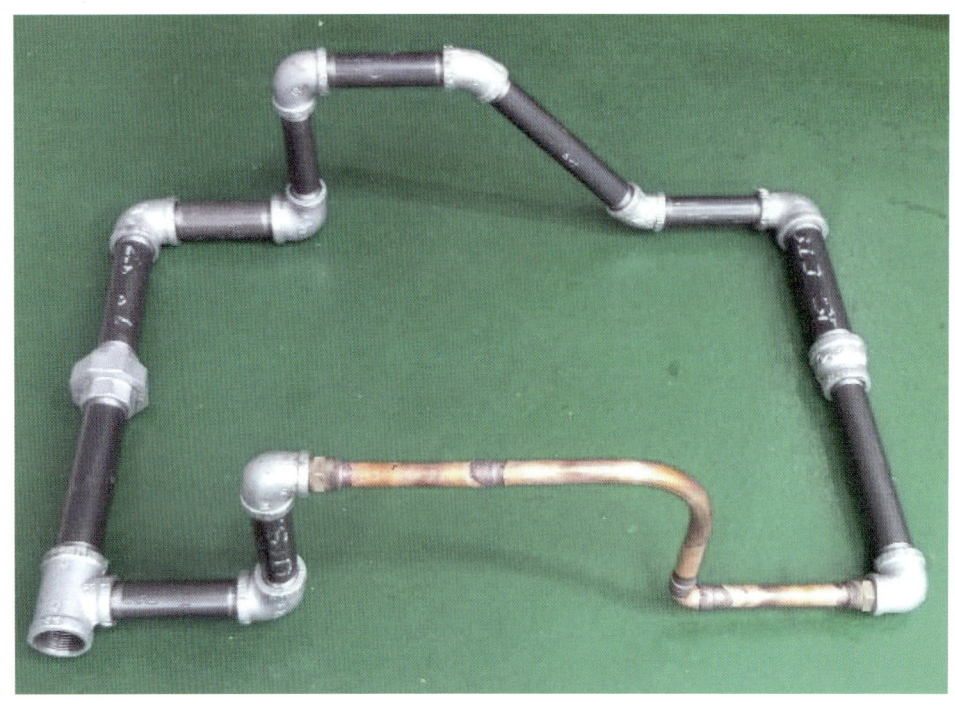

| 자격종목 | 에너지관리기능사 | 과제명 | 강관 및 동관 조립 | 척도 | N·S |

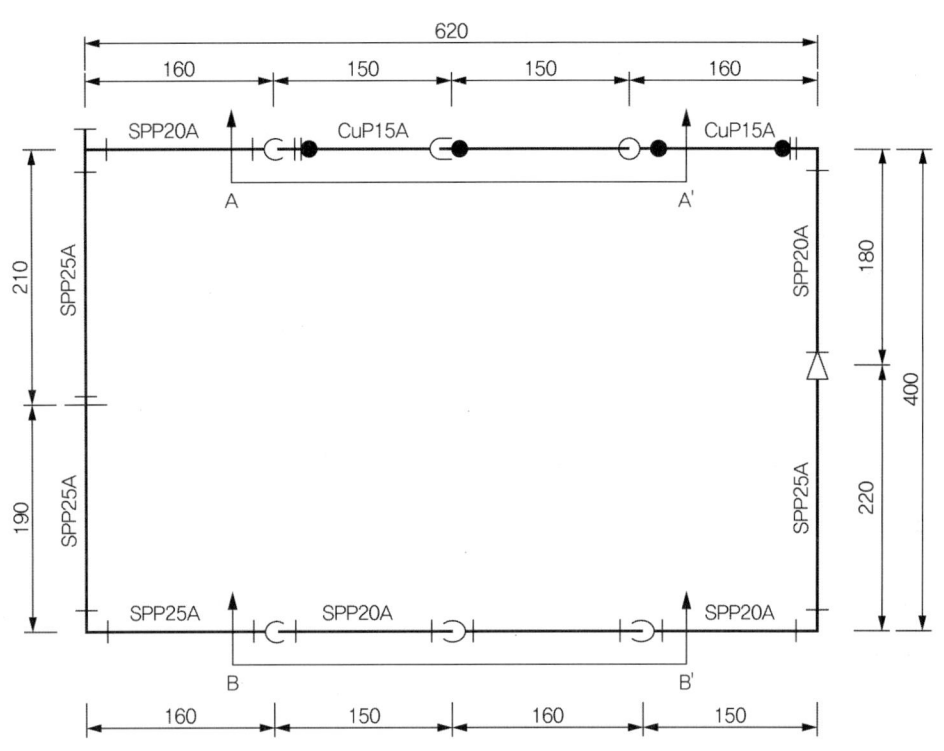

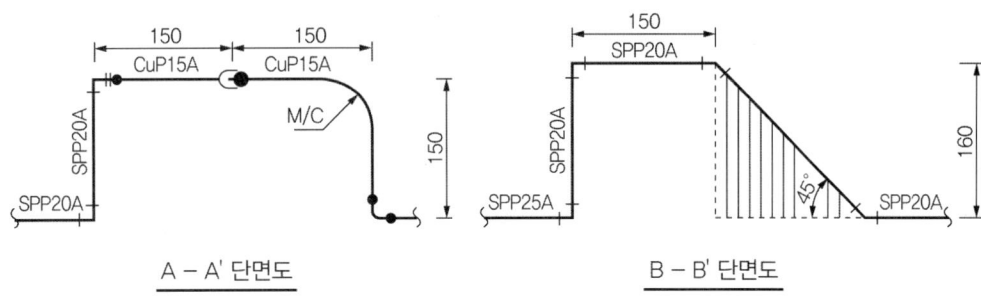

A − A' 단면도   B − B' 단면도

CHAPTER 09. 작업형 과년도 도면   177

자격종목	에너지관리기능사	과제명	강관 및 동관 조립	척도	N·S

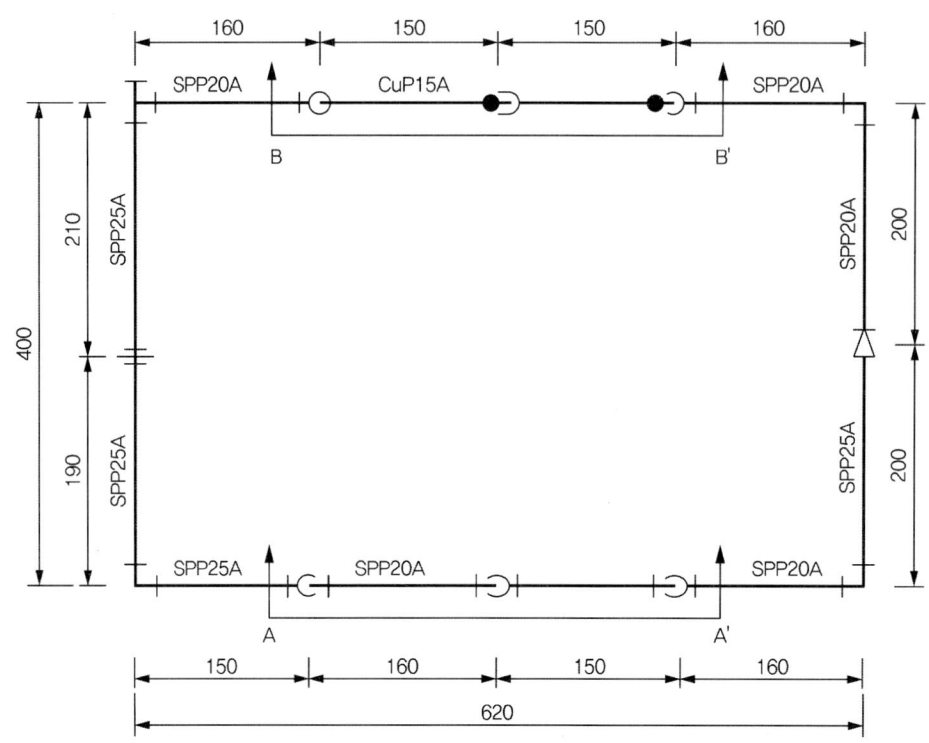

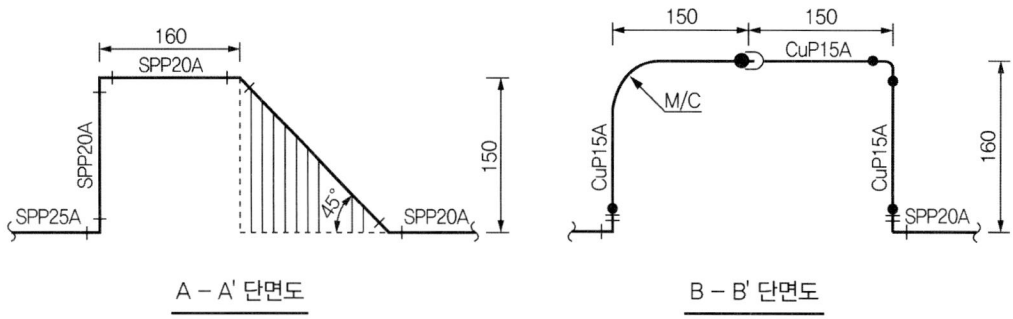

A – A' 단면도   B – B' 단면도

| 자격종목 | 에너지관리기능사 | 과제명 | 강관 및 동관 조립 | 척도 | N·S |

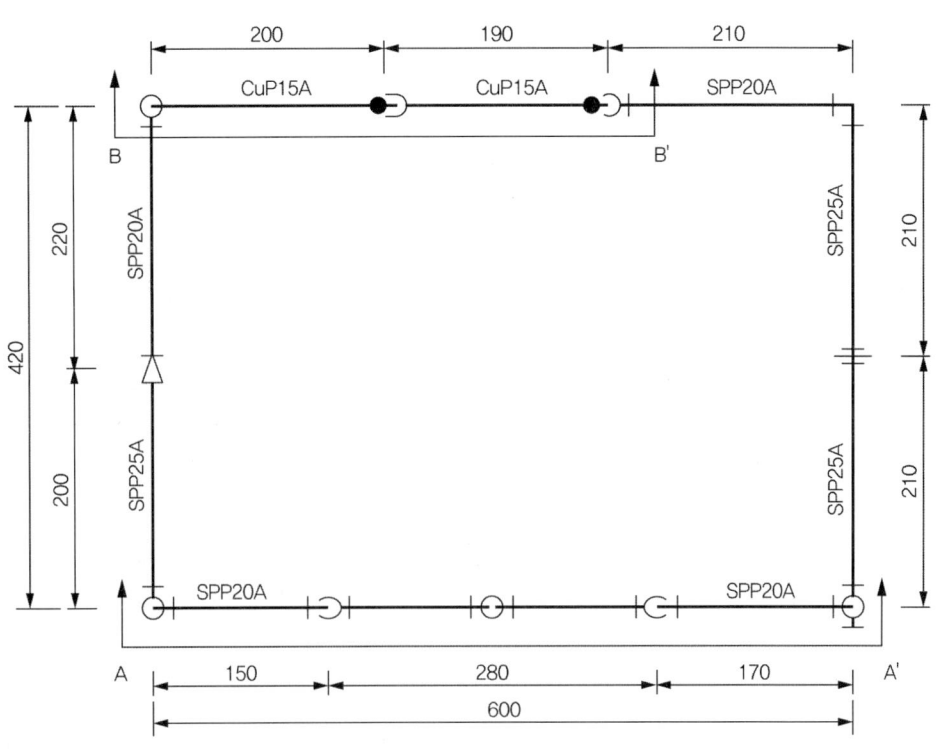

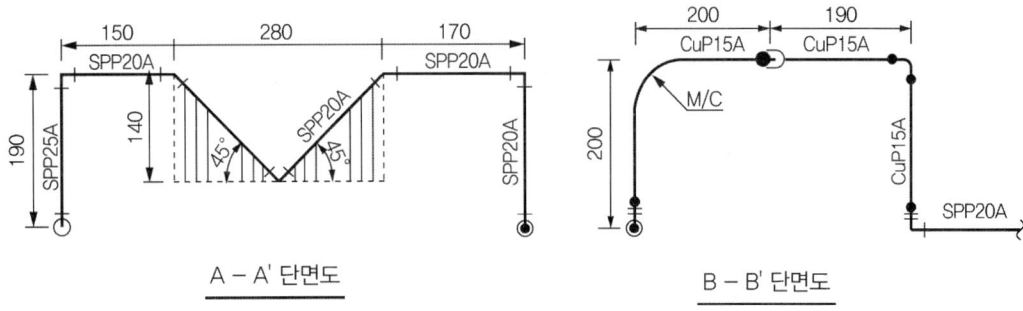

A – A' 단면도   B – B' 단면도

| 자격종목 | 에너지관리기능사 | 과제명 | 강관 및 동관 조립 | 척도 | N·S |

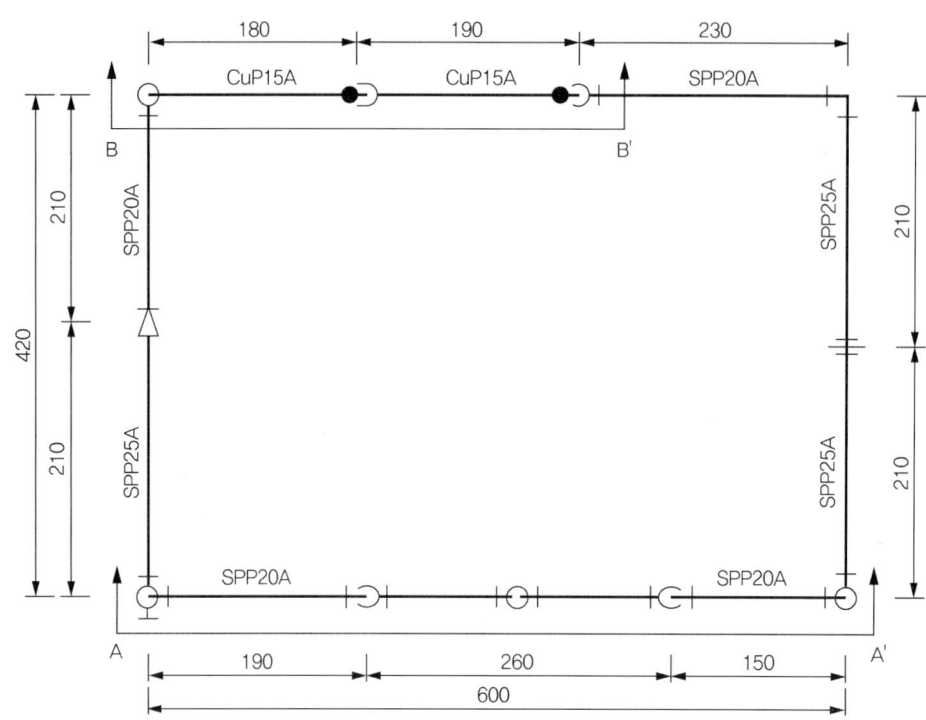

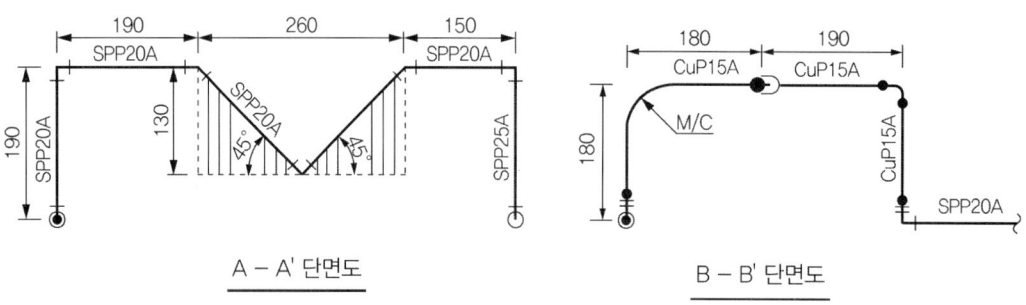

A – A' 단면도   B – B' 단면도

| 자격종목 | 에너지관리기능사 | 과제명 | 강관 및 동관 조립 | 척도 | N·S |

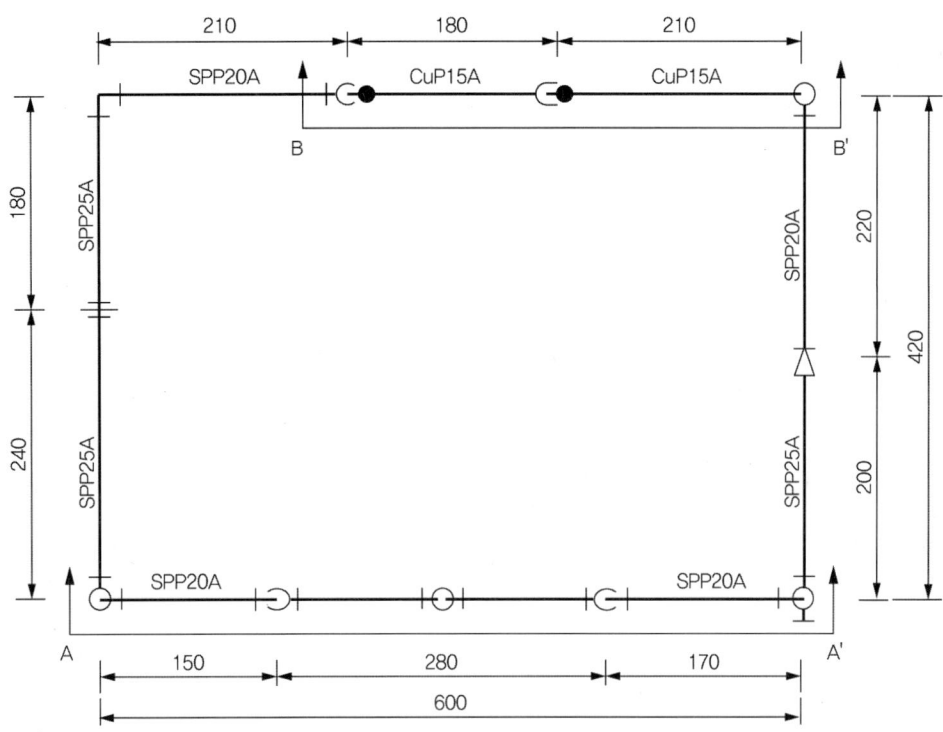

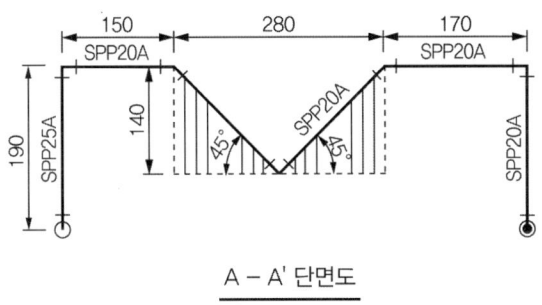

A – A' 단면도

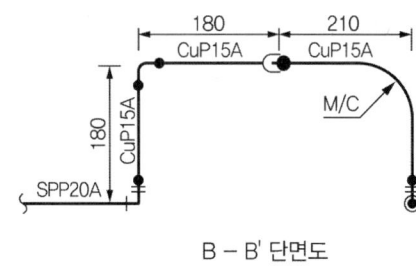

B – B' 단면도

Chapter 10

과년도 문제 풀이

2012
1회/2회/4회/5회 과년도 문제
2013
1회/2회/4회/5회 과년도 문제
2014
1회/2회/4회/5회 과년도 문제
2015
1회/2회/4회/5회 과년도 문제

2016
1회/2회/4회/5회 과년도 문제
2017
1회/2회/4회/5회 과년도 문제
2018
1회/2회/4회/5회 과년도 문제
2019
1회/2회/4회/5회 과년도 문제

에너지관리기능사 실기 필답 과년도 문제 01회

2012.3.24 시행

2012년 시공기능사와 취급기능사가 통합된 후 출제된 과년도 문제입니다.
출제는 약 10 ~ 11문항 정도가 출제됩니다. (2014년 에너지관리기능사로 명칭만 변경)

※ 다음 물음의 답을 해당 답란에 답하시오. (배점 : 50)

001 전열면적이 12[m^2]이고, 최고사용압력이 0.25[MPa]일 때 온수보일러의 수압시험 압력은 몇 MPa로 해야 하는지 쓰시오.

[풀이]
- 계산과정 : 0.25×2 = 0.5
- 답 : 0.5MPa

[참고]
유류용 온수보일러의 수압시험 압력은 최고사용압력의 2배로 실시한다.

002 관을 죄거나 풀 때 사용하는 파이프 렌치의 종류를 2가지만 쓰시오.

[풀이]
- 보통형
- 체인형

[참고] 파이프 렌치 종류
보통형, 강력형, 체인형

003 온수보일러의 용량(출력) 결정 시 고려하는 부하의 종류를 3가지만 쓰시오.

[풀이]
- 난방부하
- 급탕부하
- 배관부하

[참고]
보일러의 출력 = 난방부하 + 급탕부하 + 배관부하 + 시동(예열)부하

004   열손실량이 5000[kcal/h]인 어떤 온수 배관에 보온 피복을 하였더니 손실열량이 1000[kcal/h]가 되었다. 시공된 보온재의 보온 효율은 몇 %인지 구하시오.

> **풀이**
>
> - 계산과정 : $\eta = \dfrac{Q_0 - Q}{Q_0} \times 100 = \dfrac{5000 - 1000}{5000} \times 100 = 80$
> - 답 : 80%

005   온수보일러의 연소실 내 연소온도를 높이기 위한 조건 3가지만 쓰시오.

> **풀이**
>
> - 연료를 완전연소
> - 발열량이 높은 연료 사용
> - 연료와 공기 예열

[참고]
그 외 노벽을 통한 열손실을 줄임, 공급공기는 이론공기에 가깝게 하여 연소

006   배관의 하중을 아래에서 위로 떠받치는 서포트(support)의 종류 4가지를 쓰시오.

> **풀이**
>
> - 파이프 슈
> - 롤러 서포트
> - 리지드 서포트
> - 스프링 서포트

007   보일러의 배관 시공 시 신축이음을 이용하여 관의 신축을 흡수한다. 이 중 설치공간도 적게 들고 평면상의 변위뿐만 아니라 입체적 변위도 안전하게 흡수할 수 있는 신축이음쇠 명칭(종류)을 쓰시오.

> **풀이**
>
> 볼 조인트

008 15[℃]의 물 160[kg]에 75[℃]의 온수 몇 kg을 혼합하면 40[℃]의 온수를 얻을 수 있는지 구하시오.

> **풀이**
> - 계산과정 : $160 \times 1 \times (40-15) = x \times 1 \times (75-40)$
> $\therefore \ x = 114.29$
> - 답 : 114.29kg

009 난방이 되고 있는 사무실 벽의 면적이 120[m²]이고, 열통과율은 0.18[kcal/m²h℃]이다. 이 벽을 통해 손실되는 열량[kcal/h]을 구하시오. (단, 실내 온도 20℃, 외기 온도 -5℃이다.)

> **풀이**
> - 계산과정 : $0.18 \times 120 \times (20+5) = 540$
> - 답 : 540[kcal/h]

010 다음 조건에 맞게 아래의 방열기 도시기호를 완성하시오.

- 조건 -
- 방열기 형식 : 5세주형
- 유입 측 관경 : 25mm
- 소요 쪽수 : 20개
- 방열기 높이 : 650mm
- 유출 측 관경 : 20mm

> **풀이**
>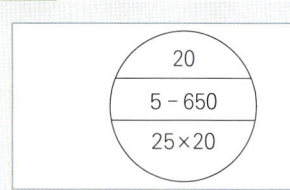

에너지관리기능사 실기 필답 과년도 문제 02회

2012.5.26 시행

※ 다음 물음의 답을 해당 답란에 답하시오. (배점 : 50)

001 다음은 보일러설치기술규격에 규정된 가스용 소형 온수보일러의 수압시험 압력에 대한 설명이다. ( )에 들어갈 알맞은 용어 또는 숫자를 쓰시오.

> 가스용 소형 온수보일러의 수압시험 압력은 최고사용압력이 0.43Mpa 이하에서는 그 (①)의 (②)배로 한다. 다만 그 시험압력이 (③)Mpa 미만인 경우는 (④) Mpa로 한다.

풀이

① 최고사용압력, ② 2, ③ 0.2, ④ 0.2

002 1일 온수 순환량이 12[ton], 방열기의 입구온도 80[℃], 출구온도 65[℃], 온수비열이 1[kcal/kg℃]일 때 이 건물의 난방부하는 몇 [kcal/h]인가?

풀이

- 계산과정 : $\dfrac{12000}{24} \times 1 \times (80 - 65) = 7500$
- 답 : 7500kcal/h

003 주철제 방열기의 형식 중 세주형 방열기와 벽걸이 방열기의 종류 2가지를 각각 쓰시오.

가. 세주형 :

나. 벽걸이형 :

풀이

가. ① 3세주형, ② 5세주형
나. ① 벽걸이 종형, ② 벽걸이 횡형

004 통풍방식에는 자연통풍과 기계적 방법에 의한 압입통풍, 흡입통풍, 평형통풍이 있다. 통풍방식은 각각 어느 통풍방식의 특징을 설명하는지 쓰시오.

가. 노앞과 연돌하부에 송풍기를 두어 노내압을 대기압보다 -3 ~ -5mmAq 정도가 되도록 약간 낮게 조절한다.

나. 연소용 공기를 송풍기로 노입구에서 대기압보다 높은 압력으로 밀어 넣고 굴뚝의 통풍작용과 같이 통풍을 유지하는 방법이다.

다. 연돌의 끝이나 연돌하부에 송풍기를 설치하여 연소가스를 빨아내는 것으로 연소가스의 압력은 대기압 이하가 된다.

라. 연돌 내의 연소가스와 외부공기의 밀도 차로 발생하는 20 ~ 30mmAq의 통풍력이 발생한다.

> 풀이

가. 평형통풍
나. 압입통풍
다. 흡입통풍
라. 자연통풍

005 어떤 보일러의 난방부하가 45000[kcal/h]이고, 송수온도가 80[℃], 환수온도 30[℃]일 때 온수의 순환량은 몇 kg/h인지 구하시오. (단, 온수의 비열은 1[kcal/kg℃]이다.)

> 풀이

- 계산과정 : $\dfrac{45000}{1 \times (80 - 30)} = 900$
- 답 : 900kg/h

006 다음은 온수온돌 시공층의 단면도이다. ②, ③, ⑤, ⑥, ⑦은 각각 어떤 층인지 그 명칭을 쓰시오. (단, 그림에서 ①은 장판, ④는 방열관의 받침대이다.)

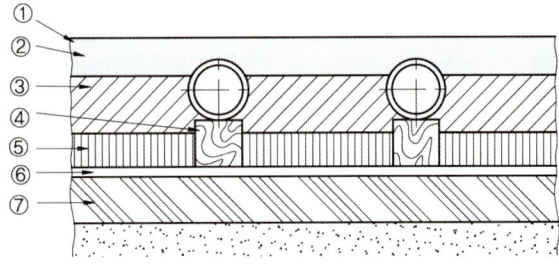

풀이

② 시멘트 모르타르층, ③ 자갈층, ⑤ 단열보온층, ⑥ 방수층, ⑦ 콘크리트층

007 α_1 = 내표면 열전달률(kcal/m²h℃), α_2 = 외표면 열전달율(kcal/m²h℃), α = 공기층의 열전달율(kcal/m²h℃), λ : 벽을 구성하는 재료의 열전도율(kcal/mh℃), d = 벽을 구성하는 재료의 두께(m)라고 할 때 열관류율(kcal/m²h℃) K를 구하는 공식을 쓰시오.

풀이

$$K = \dfrac{1}{\dfrac{1}{\alpha} + \dfrac{1}{\alpha i} + \dfrac{d}{\lambda} + \dfrac{1}{\alpha o}}$$

008 호칭지름 20A의 강관을 곡률반경 200[mm], 90°로 구부릴 때의 곡선부의 길이는 몇 mm인지 구하시오. (단, π는 3.14로 계산하시오.)

풀이

- 계산과정 : $3.14 \times 400 \times \dfrac{90}{360} = 314$ 또는 $3.14 \times 2 \times 200 \times \dfrac{90}{360} = 314$
- 답 : 314mm

009 다음 관련 있는 것끼리 줄을 그어 연결하시오.

봄브열량계 •　　　　　　　　• 기체연료 및 기화하기 쉬운 액체연료
융커스식열량계 •　　　　　　• 고체연료 및 점도가 큰 액체연료

풀이

봄브열량계 •╲╱• 기체연료 및 기화하기 쉬운 액체연료
융커스식열량계 •╱╲• 고체연료 및 점도가 큰 액체연료

[참고]
융커스식, 시그마 열량계는 기체연료 발열량계로 주로 사용된다.

010 아래 그림에서 온수난방 및 급탕설비 등에 대한 배관 라인을 완성하시오. (단, 방바닥의 방열관은 직렬식 배관이며, 주방 및 목욕탕의 냉수라인 도시는 생략한다.)

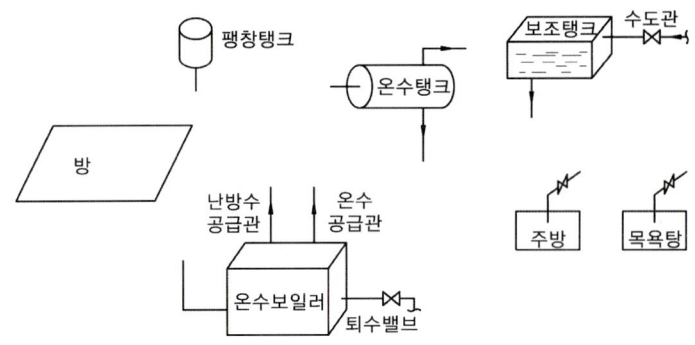

풀이

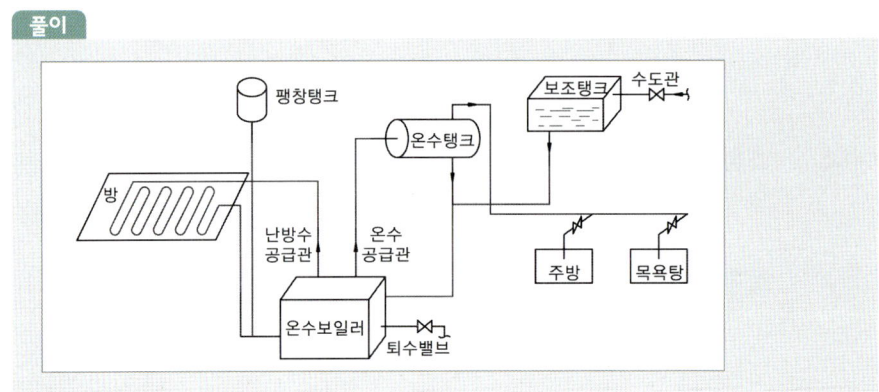

[참고]
아래 그림은 주방 및 욕실의 냉수라인이 생략된 일반적인 온수난방 및 급탕설비의 배관라인이다.

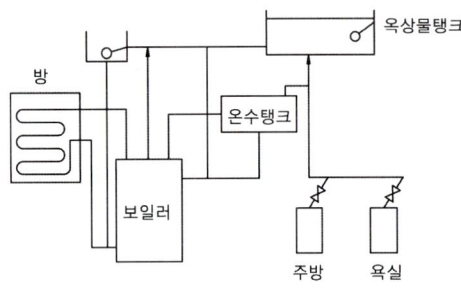

011　다음 보기의 내용은 난방배관에 대해 설명한 것이다. (　) 안에 들어갈 알맞은 말을 써 넣으시오.

가. 집단주택 등 소속구 내의 각 건물 혹은 시가지에서 특정지역 전부에 걸쳐 특정의 보일러에서 열매체를 보내 전체를 난방하는 일종의 중앙식 난방법은 (　) 난방법이다.

나. 응축수 환수법에 따라 증기난방법을 분류하면 중력 환수식, 기계 환수식, (　)으로 나눌 수 있다.

다. 보통 고온수 난방은 (　)℃ 이상의 고온수를 사용하며, 밀폐식 팽창탱크를 설치한다.

풀이

가. 지역난방
나. 진공 환수식
다. 100

[참고]
보통온수는 85 ~ 90℃이고 개방식 팽창 탱크를, 고온수는 100℃ 이상으로 밀폐식 팽창 탱크를 사용한다.

에너지관리기능사 실기 필답 과년도 문제 04회

2012.9.9 시행

※ 다음 물음의 답을 해당 답란에 답하시오. (배점 : 50)

001 LNG(액화천연가스)의 주성분 2가지를 쓰시오.

> [풀이]
> - CH_4(메탄)
> - H_2(수소)

[참고]
① 액화천연가스(LNG) 주성분 : CH_4(메탄), H_2(수소)
② 액화석유가스(LPG) 주성분 : C_3H_8(프로판), C_4H_{10}(부탄)

002 자동제어에서 피드백 제어부의 종류 4가지를 쓰시오.

> [풀이]
> - 검출부
> - 비교부
> - 조절부
> - 조작부

[참고] 자동제어계의 동작순서
검출 → 비교 → 판단 → 조작

003 온수난방의 종류는 순환방식에 따라 (①) 순환식, (②) 순환식으로 구분되며, 송수관과 환수관을 동일관으로 하느냐 또는 별개의 관으로 하느냐에 따라 (③)식, (④)식으로 분류할 수 있고, (⑤) 방향에 따라 상향식과 하향식이 있다.

> [풀이]
> ① 자연(중력), ② 강제, ③ 단관, ④ 복관, ⑤ 순환(공급)

[참고]
① 배관방식에 의한 분류
  - 단관식 : 송수관과 환수관을 동일관으로 하는 배관방식
  - 복관식 : 송수관과 환수관을 별개의 관으로 하는 배관방식

② 온수공급방식(순환방향)에 의한 분류
- 상향 순환식 : 수평주관을 보일러 바로 위에 설치하고 여기에 수직관 또는 분기관을 연결하여 위층의 방열기에 증기를 공급하는 방식
- 하향 순환식 : 증기 수평주관을 가장 높은 층의 천장에 배관하고 이 수평주관에서 방열기에 공급하는 방식이다.

③ 순환방식에 의한 분류
- 자연 순환식 : 온수의 온도 차에 의한 비중력 차로 순환하는 방식
- 강제 순환식 : 펌프를 사용하여 온수를 순환하는 방식

004 온수보일러의 용량(출력) 결정 시 고려하는 부하의 종류를 4가지 쓰시오.

[풀이]

- 난방부하
- 급탕부하
- 배관부하
- 시동(예열)부하

[참고]
정격출력 = 난방부하 + 급탕부하 + 배관부하 + 시동(예열)부하

005 개방식 팽창탱크 주위 배관도에 따른 (가) ① ~ ⑥ 각 관의 명칭을 쓰고, 팽창관의 끝부분은 팽창탱크 바닥 면보다 (나)mm 정도 높게 하는지 쓰시오.

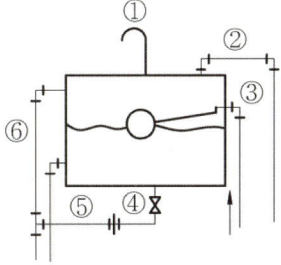

[풀이]

가. ① 배기관, ② 방출관, ③ 급수관, ④ 배수관, ⑤ 팽창관, ⑥ 오버플로관
나. 25

006 동관을 절단한 후 생기는 거스러미를 제거하는 공구의 명칭을 쓰시오.

> **풀이**
>
> 동관용 리머

[참고] 동관용 공구
① 토치 램프 : 납땜, 벤딩 등의 작업을 하기 위해 가열용으로 사용하는 가열공구
② 사이징 툴 : 동관의 끝을 정확하게 원형으로 가공하는 공구
③ 튜브 벤더 : 동관 굽힘용 공구
④ 익스팬더 : 동관의 확관용 공구
⑤ 플레어링 툴 : 동관의 압축 접합용 공구(나팔관 모양으로 가공하는 공구)

007 주형방열기에는 2주형, 3주형 방열기가 있으며, 세주형방열기 또한 2개가 있다. 세주형 방열기의 종류 2가지만 쓰시오.

> **풀이**
>
> • 3세주형
> • 5세주형

[참고] 방열기의 도시기호

종별	기호
2주형	II
3주형	III
3세주형	3
5세주형	5
벽걸이형(횡)	W-H
벽걸이형(종)	W-V

008 보일러 화염검출기의 종류를 보기에서 골라 쓰시오.

• 보기 •

① 프레임 로드   ② 스택 스위치   ③ 콤비네이션 릴레이
④ 프레임 아이   ⑤ 아쿠아 스탯

가. 화염이 발광체이므로 화염 중의 적외선이나 자외선을 광전관 등으로 검출하여 화염의 유무를 판단하는 것

나. 화염의 이온화를 이용하는 것으로, 이온화되면 전기전도성을 갖게 되고 따라서 화염의 유무를 전류 흐름과 연관시켜 검출하며 주로 가스버너에 적용
다. 보일러 연도에 설치하는 것으로, 배기가스의 열에 의하여 작동하는 바이메탈을 이용하여 화염을 검출하며 주로 소용량보일러에 사용되는 것

> **풀이**
>
> 가. ④ 프레임 아이
> 나. ① 프레임 로드
> 다. ② 스택 스위치

009 벽의 두께가 150[mm], 열전도율이 0.2[kcal/mh℃], 내측 열전달률이 8[kcal/m²h℃], 외측 열전달률이 20[kcal/m²h℃]일 때 열관류율은 몇 [kcal/m²h℃]인가?

> **풀이**
>
> $$k = \frac{1}{R} = \frac{1}{\frac{1}{8} + \frac{0.15}{0.2} + \frac{1}{20}} = 1.08 \text{kcal/m}^2 \cdot h \cdot ℃$$

010 가스보일러의 시간당 열출력이 15,300[kcal]이고, 효율이 85%, 저위발열량이 6,000[kcal/kg]일 때 이 보일러의 가스사용량(kg/h)은 얼마인가?

> **풀이**
>
> $$Gf = \frac{15,300}{0.85 \times 6,000} = 3 \text{kg/h}$$

[참고]

보일러효율 = $\dfrac{\text{매시간당 증발량} \times (\text{증기엔탈피} - \text{급수엔탈피})}{\text{연료 사용량} \times \text{연료의 발열량}} \times 100$

연료사용량 = $\dfrac{\text{매시간당 증발량} \times (\text{증기엔탈피} - \text{급수엔탈피})}{\text{보일러 효율} \times \text{연료의 발열량}}$

011 아래 방열기의 난방수를 역환수관(리버스리턴) 배관방식으로 그리시오. (완성된 도면임)

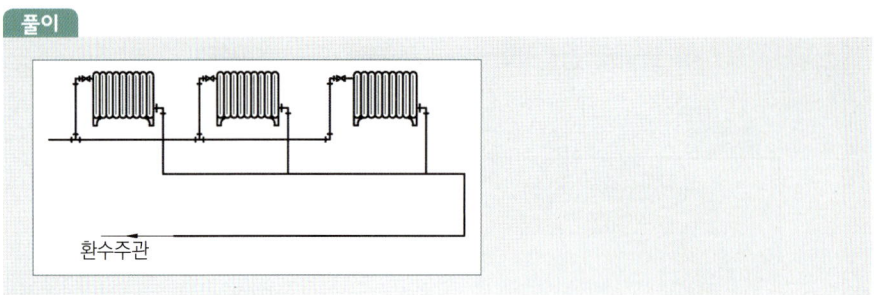

[참고] 배관방식에 의한 분류
① 단관식
② 복관식
③ 역귀환방식(Reverse return) : 온수의 분배량을 균일하게 하기 위함

에너지관리기능사 실기 필답 과년도 문제 05회

2012.12.2 시행

※ 다음 물음의 답을 해당 답란에 답하시오. (배점 : 50)

001 복사난방의 단점 3가지를 쓰시오.

> **풀이**
> - 예열이 길어 부하에 대응하기 어렵다.
> - 설비비가 많이 든다.
> - 매입배관으로 고장수리, 점검이 어렵다.

[참고] 복사난방의 장단점
① 장점
- 높이에 따른 온도분포가 균일하다.
- 방열기 등의 설치공간이 불필요하여 실내 공간의 이용률이 높다.
- 공기 등의 미진을 태우지 않아 쾌감도가 좋다.
- 동일 방열량에 대해 열손실이 적다.

② 단점
- 예열이 길어 부하에 대응하기 어렵다.
- 설비비가 많이 든다.
- 매입배관으로 고장수리, 점검이 어렵디.
- 표면부(모르타르층)의 균열 발생이 쉽다.

002 동관용 공구 5가지를 쓰시오.

> **풀이**
> - 토치 램프
> - 사이징 툴
> - 튜브 벤더
> - 익스팬더
> - 플레어링 툴

[참고] 동관용 공구
① 토치 램프 : 가열용으로 사용하는 가열공구
② 사이징 툴 : 동관의 끝을 정확하게 원형으로 가공하는 공구
③ 튜브 벤더 : 동관 굽힘용 공구
④ 익스팬더 : 동관의 확관용 공구
⑤ 플레어링 툴 : 동관을 나팔관 모양으로 가공하는 공구

003 보일러 수위 변동에 따른 수위제어 방식 3가지를 쓰시오.

> **풀이**
> - 1요소식(단요소식)
> - 2요소식
> - 3요소식

[참고] 수위검출기(수위제어기) 종류
① 전극봉식(전기 전도성 이용)
② 플로트식(플로트의 부력이용)
③ 코프스식(금속의 열팽창력 이용)

수위제어 방식
① 1요소식 : 수위만을 이용 제어하는 방식
② 2요소식 : 수위, 증기량을 이용 제어하는 방식
③ 3요소식 : 수위, 증기량, 급수량을 이용 제어하는 방식

004 지역난방의 특징 3가지를 쓰시오.

> **풀이**
> - 한 곳에 집중 설비하므로 건물의 공간을 유효하게 사용할 수 있다.
> - 폐열의 회수 및 쓰레기의 소각 등으로 연료비가 적게 든다.
> - 고압의 증기 및 고온수이므로 관지름을 적게 할 수 있다.

[참고]
① 장점
 - 대규모 설비로 인한 우수한 장치의 확보로 열발생 설비의 고효율화, 대기오염의 방지를 효과적으로 시행할 수 있다.
 - 한곳에 집중 설비하므로 건물의 공간을 유효하게 사용할 수 있다.
 - 폐열의 회수 및 쓰레기의 소각 등으로 연료비가 적게 든다.
 - 작업인원 절감으로 인건비를 줄일 수 있다.
 - 고압의 증기 및 고온수이므로 관지름을 적게 할 수 있다.
② 단점
 - 시설비가 많이 든다.
 - 설비가 길어지므로 배관 손실이 있다.
 - 고압의 증기, 고압의 고온수를 사용하므로 취급에 어려움이 있다.

005 온수 보일러 난방부하가 18000[kcal/h], 방열기 쪽수 20, 1쪽수당 전열면적 0.2[m²]일 때 방열기 개수를 구하시오. (단, 방열량은 표준방열량으로 한다.)

풀이

- 계산과정 : $\dfrac{18000}{450 \times 0.2} = 200$ ∴ $\dfrac{200}{20} = 10$
- 답 : 200쪽, 10개

[참고]

방열기 쪽수 = $\dfrac{\text{난방부하}}{\text{방열량} \times \text{쪽당방열면적}}$

006 다음 조건에 맞게 아래의 방열기 도시기호를 완성하시오.

• 조건 •

- 방열기 형식 : 3세주형
- 유입 측 관경 : 25mm
- 소요 쪽수 : 20개
- 방열기 높이 : 650mm
- 유출 측 관경 : 20mm

풀이

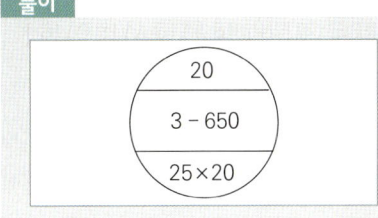

007 관의 나사 가공, 프레스 가공, 용접을 하지 않고 청동제 주물제 이음새 본체에 스테인리스 강관을 삽입하고, 동합금제 링(ring)을 캡 너트(cap nut)로 죄어 고정시켜 접속하는 결합방법을 쓰시오.

풀이

MR 조인트 이음

008 이론 통풍력이 10[mmAq], 배기가스의 평균온도 150[℃], 배기가스 비중량 1.34[kg/m³], 외기 온도 20[℃], 외기 비중량 1.29[kg/m³]일 때 굴뚝의 높이를 구하시오.

[풀이]

- 계산과정 : $\dfrac{10}{\left(\dfrac{273 \times 1.29}{273+20} - \dfrac{273 \times 1.34}{273+150}\right)} = 29.66$

- 답 : 29.66m

[참고]

$$Z = \left(\dfrac{273 \times r_a}{273+t_a} - \dfrac{273 \times r_g}{273+t_g}\right) \times H$$

$$H = \dfrac{Z}{\left(\dfrac{273 \times r_a}{273+t_a} - \dfrac{273 \times r_g}{273+t_g}\right)}$$

(실제 통풍력은 이론 통풍력에 0.8을 곱하여 계산한다.)

009 관을 지지하는 행거의 종류 3가지를 쓰시오.

[풀이]

- 리지드 행거
- 스프링 행거
- 콘스탄트 행거

[참고] 행거의 종류
배관의 하중을 위에서 잡아주는 장치이다.
① 리지드 행거(rigid hanger) : I빔에 턴버클을 이용 지지하는 것으로 상하방향의 변위에 없는 곳에 사용한다.
② 스프링 행거(spring hanger) : 턴버클 대신 스프링을 사용한 것이다.
③ 콘스탄트 행거(constant hanger) : 배관의 상하이동에 관계없이 관지지력이 일정한 것으로 중추식과 스프링식이 있다.

010 온수 보일러의 난방부하 12,000[kcal/h], 배관부하 6,000[kcal/h], 급탕부하 8,000[kcal/h], 시동부하 5,000[kcal/h]일 때 보일러의 정격용량을 계산하시오.

> **풀이**
> - 계산과정 : 12,000+8,000+6,000+5,000 = 31,000
> - 답 : 31,000kcal/h

[참고]
정격용량 = 난방부하 + 급탕부하 + 배관부하 + 시동부하

에너지관리기능사 실기 필답 과년도 문제 01회

2013.3.17 시행

※ 다음 물음의 답을 해당 답란에 답하시오. (배점 : 50)

001 온수방열기의 유입온도가 90[℃], 유출온도가 70[℃], 실내온도가 18[℃]이고, 방열계수가 7[Kcal/m²·h·c]일 경우 방열기 방열량[Kcal/m²·h]을 계산하시오.

> **풀이**
> - 계산과정 : 소요방열량 = 방열계수×(방열기 내 평균온도 - 실내온도)
> $$\therefore 평균온도 = (\frac{입구+출구}{2}) = 7\times(\frac{90+70}{2} - 18) = 434$$
> - 답 : 434Kcal/m²·h

002 다음 주어진 배관 부속품을 이용하여 유량계의 바이패스(By-pass) 회로를 배관 도시하시오.

- 유량계(F1) : 1개
- 스트레이너 : 1개
- 티 : 2개
- 밸브 : 3개
- 유니언 : 3개
- 엘보 : 2개

> **풀이**
>
>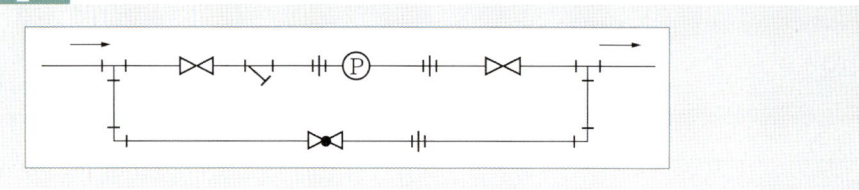

003 다음의 내용 중에서 사용되는 공구 명칭을 쓰시오.

가. 동관 원형복원 공구 :
나. 관전용 절단 공구 :
다. 관 나팔관 작업 공구 :
라. 관 거스러미 제거 공구 :
마. 관 확관용 공구 :

> **풀이**
>
> 가. 사이징 툴
> 나. 튜브 커터
> 다. 플레어링 툴
> 라. 리머
> 마. 익스팬더(확관기)

004   연돌 높이가 50[m], 배기가스의 평균온도가 200[℃], 외기온도가 25[℃], 대기의 비중량이 1.29[kg/Nm³], 가스의 비중량이 1.34[kg/Nm³]이다. 이 경우 이론 통풍력은 몇 [mmH₂O]인가?

> **풀이**
>
> - 계산과정 : $Z = H \times (\dfrac{273 \times r_a}{273+t_a} - \dfrac{273 \times r_g}{273+t_g})$
>
> $= 50 \times (\dfrac{273 \times 1.29}{273+25} - \dfrac{273 \times 1.34}{273+200}) = 20.42$
>
> - 답 : 20.42mmH₂O

005   열전도도가 λ, 벽 두께가 b, 열전달률이 각각 a_1, a_2일 때 열통과율 K를 구하는 식을 쓰시오.

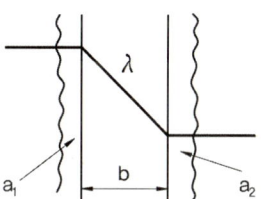

> **풀이**
>
> $$K = \dfrac{1}{\dfrac{1}{a_1} + \dfrac{b}{\lambda} + \dfrac{1}{a_2}}$$

006 자연 통풍력을 증가시키는 방법 3가지를 쓰시오.

> **풀이**
> - 연돌높이를 높게 한다.
> - 배기가스 온도를 높인다.
> - 연돌 상부 단면적을 크게
> - 연도의 굴곡부를 줄인다.

007 가스 보일러 화염검출기의 종류를 보기에서 골라 번호를 쓰시오.

> **보기**
> ① CdS셀　　　② PbS셀　　　③ 적외선광전관
> ④ 자외선광전관　⑤ 프레임 로드

> **풀이**
> ② PbS셀, ④ 자외선광전관, ⑤ 프레임 로드

[참조]
① CdS셀(황화카드뮴셀) : 중유용
② PbS셀(황화납셀) : 가스, 오일용

008 보일러출력이 20,000[kcal/h]이고, 연료의 발열량은 10,000[kcal/kg], 효율 80%일 때 시간당 연료소비량[kg/h]을 계산하시오.

> **풀이**
> - 계산과정 : 효율 $= \dfrac{보일러출력}{연료소비량 \times 연료의\ 발열량} \times 100$
>
> $\therefore$ 연료소비량 $= \dfrac{20,000}{10,000 \times 0.8} = 2.5$
>
> - 정답 : 2.5kg/hr

009 동력용 나사 절삭기 종류 3가지를 쓰고, 한 번에 3가지 작업을 할 수 있는 절삭기 명칭을 쓰시오.

> **풀이**
> - 동력용 나사 절삭기 종류 : ① 다이헤드식, ② 오스터식, ③ 호브식
> - 다이헤드식

[참고] 다이헤드식 동력나사 절삭기가 할 수 있는 작업
① 나사 절삭
② 관절단
③ 리머 기능

010 온수 난방방식에서 가. 배관방식과 나. 온수공급방식에 따른 종류를 2가지씩 쓰시오.

가. 배관방식에 따른 분류 :

나. 온수공급방식에 따른 분류 :

> **풀이**
> 가. ① 단관식, ② 복관식
> 나. ① 상향순환식, ② 하향순환식

[참고]
① 단관식 : 송수주관과 환수주관을 동일관으로 배관한 형식
② 복관식 : 송수주관과 환수주관을 별개로 하여 배관한 형식
③ 상향순환식 : 송수주관을 상향구배로 하고, 방열 면이 보일러보다 높을 때, 온수를 순환시키는 배관방식
④ 하향순환식 : 방열 면이 보일러보다 낮을 때, 송수주관을 최상층 천장에 배관하여 수직관을 하향 분기한 방식

에너지관리기능사 실기 필답 과년도 문제 02회

2013.5.26 시행

※ 다음 물음의 답을 해당 답란에 답하시오. (배점 : 50)

001 터보형 원심식 송풍기의 풍량을 조절하는 방법 3가지를 쓰시오.

풀이
- 회전수 조절법
- 토출 베인의 각도조절법
- 흡입 베인의 각도조절법
- 바이패스에 의한 방법
- 베인 컨트롤에 의한 방법

002 인터록 제어의 종류 5가지를 쓰시오.

풀이
- 압력초과인터록
- 저연소인터록
- 불착화인터록
- 저수위인터록
- 프리퍼지인터록

003 주철제 온수방열기 입구의 온도가 93℃, 출구의 온도가 71℃, 실내공기 온도가 18℃이고, 표준방열량 450[kcal/m²h], 온도차가 62℃일 때 방열량은 몇 [kcal/m²h]인지 계산하시오. (단. 소수점 첫째자리에서 반올림하시오.)

풀이

- 계산과정 : 소요방열량 = $450 \times (\dfrac{\text{방열기 내 평균온도} - \text{실내온도}}{62})$

$$= 450 \times \left(\dfrac{[\dfrac{(93+71)}{2} - 18]}{62}\right) = 464.52$$

- 정답 : 465kcal/m²h

004   자연순환식 온수배관에서 저항받는 3곳을 쓰시오.

> **풀이**
> - 엘보, 티 등 부속품 연결부
> - 순환펌프 및 기기류 부착부
> - 온수배관의 곡관부

005   가스절단기를 제외한 강관 절단방법 4가지를 쓰시오.

> **풀이**
> - 파이프 커터기를 사용하여 절단
> - 쇠톱을 사용하여 절단
> - 고속 숫돌절단기를 사용하여 절단
> - 기계톱을 이용한 절단

006   나관에서 열손실이 5,000[kcal/h]인 관에서 보온재를 시공하였으나 보온 후 열손실이 1,000[kcal/h]로 감소하였다. 이 경우 보온 후 효율은 몇 %인가?

> **풀이**
> - 계산과정 ; 보온효율 $= \dfrac{Q_0 - Q}{Q_0} \times 100 = \dfrac{5,000 - 1,000}{5,000} \times 100 = 80$
> - 정답 : 80%

007   어느 주택에서 1일당 부하를 측정한 결과 난방부하가 246,000[kcal/day], 시동부하가 47,400[kcal/day], 배관부하가 59,400[kcal/day], 급탕부하가 7,200[kcal/day]일 때 보일러 최소용량은 몇 [kcal/h]인지 구하시오.

> **풀이**
> - 계산과정 : 보일러출력 = 난방부하 + 급탕부하 + 배관부하 + 시동부하
> $= \dfrac{246,000 + 47,400 + 59,400 + 7,200}{24} = 15,000$
> - 답 : 15,000kcal/h

008 다음은 압력계에 관한 사항이다. ( ) 안에 알맞은 내용을 써 넣으시오. (5점)

> 압력계와 연결된 증기관은 최고사용압력에 견디는 것으로서 그 크기는 황동관 또는 (①) 을 사용할 때에는 안지름 6.5mm 이상으로 하고 (②)을 사용할 때에는 12.7mm 이상이어야 하며 증기온도가 (③)를 넘을 때에는 황동관 또는 (④)을 사용하여 서는 안 된다.

풀이

① 동관, ② 강관, ③ 210℃(483K), ④ 동관

009 안전 밸브 및 압력방출장치의 크기는 호칭지름 (①) 이상으로 한다. 다만, 최고사용압력 0.1Mpa 이하의 보일러에서는 호칭지름 (②) 이상으로 할 수 있다.

풀이

① 25A, ② 20A

[참고]

전열면적	방출관의 안지름
10m² 이하	25A 이상
10 ~ 15m²	30A 이상
15 ~ 20m²	40A 이상
20m² 이상	50A 이상

010 다음과 같은 도시기호의 물음에 답하시오.

$$\bigcirc \begin{array}{c} 30 \\ \hline 3-650 \\ \hline 25 \times 20 \end{array} \times 5$$

가. 종별 :

나. 1조당 쪽수 :

다. 형(치수) :

라. 유입관경 :

마. 시공에 소요되는 방열기 총 쪽수 :

> **풀이**
> 가. 3세주형
> 나. 30쪽
> 다. 방열기 높이치수 650mm
> 라. 25mm
> 마. 150쪽

에너지관리기능사 실기 필답 과년도 문제 04회

2013.9.1 시행

※ 다음 물음의 답을 해당 답란에 답하시오. (배점 : 50)

001 관의 내경이 20mm, 유속 1.5m/s일 때 유량 [Q]는 몇 m^3/hr 인지 계산하시오. (단, 소수점 셋째자리에서 반올림하여 둘째자리까지 구하시오.)

풀이

- 계산과정 : $Q = A \times V = \dfrac{\pi D^2}{4} \times V = \dfrac{3.14 \times 0.02^2}{4} \times 1.5 \times 3,600 = 1.69 ≒ 1.70$
- 정답 : $1.70 m^3/h$

002 다음 ( ) 안을 채우시오.

> 팽창 탱크는 (①)℃ 이상의 온도에 견디는 재질로 하여야 하며, 개방식일 경우 최고의 높이는 방열관이나 방열코일 면보다 (②)m 이상 높게 설치한다. 또한 밀폐식 팽창 탱크의 경우 배관계통 내의 압력이 제한압력 이상 되면 자동적으로 과잉수를 배출할 수 있도록 (③)를 설치하여야 한다. 팽창 탱크의 용량은 보일러 및 배관 내의 보유수량이 200[ℓ] 이하인 경우에는 20[ℓ] 이상으로 하고, 100[ℓ]씩 초과할 때마다 (④)[ℓ]를 가산한 용량으로 한다. 팽창관의 끝부분은 팽창탱크 바닥 면보다 (⑤)mm 높게 설치한다.

풀이

① 100, ② 1, ③ 릴리프 밸브, ④ 10, ⑤ 25

003 효율이 80%인 보일러의 부하가 25,600[kcal/hr]일 때 시간당 연료소비량[kg/hr]을 계산하시오. (단, 연료의 발열량은 10,000kcal/kg이다.)

> **풀이**
>
> - 계산과정 : 효율 = $\dfrac{보일러출력}{연료소비량 \times 연료의\ 발열량} \times 100$
>
>   ∴ 연료소비량 = $\dfrac{25,600}{10,000 \times 0.8} = 3.2$
>
> - 정답 : 3.2kg/hr

004 나관에서 열손실이 30,000[kcal/hr]인 관에서 보온재를 시공하였으나 보온 후 열손실이 4,500[kcal/hr]로 감소하였다. 이 경우 보온 후 효율은 몇 %인가?

> **풀이**
>
> - 계산과정 : 보온효율 = $\dfrac{Q_0 - Q}{Q_0} \times 100 = \dfrac{30,000 - 4,500}{30,000} \times 100 = 85$
>
> - 정답 : 85%

005 다음 주어진 이경티(T)의 크기를 순서대로 표시하시오.

> **풀이**
>
> 32A×32A×25A

006 다음 주어진 도면을 참고하여 RV, AV의 명칭을 쓰시오.

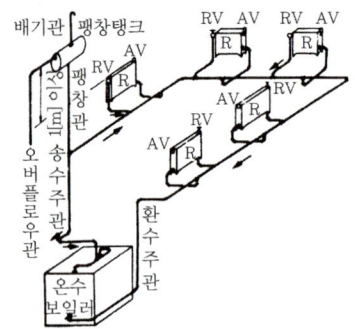

가. RV :
나. AV :

> **풀이**
>
> 가. 방열기 밸브
> 나. 에어벤트

007 개방식 입형 배수펌프 설치 시 사용되는 것을 순서대로 나열하시오.

(①) - 글로브 밸브 - (②) - (③) - 배수 펌프 - (④) - (⑤) - 게이트 밸브

> **풀이**
>
> ① 풋 밸브, ② 스트레이너, ③ 플렉시블 이음
> ④ 플렉시블 이음, ⑤ 체크 밸브

[참고] 개방식 입형 배수펌프 설치
① 흡입배관 : 풋 밸브 → 글로브 밸브 → 스트레이너 → 플렉시블 이음 → 티 → 배수 펌프
② 토출배관 : 배수 펌프 → 플렉시블 이음 → 체크 밸브 → 게이트 밸브

008 플레이트 송풍기의 특징을 4가지 쓰시오.

> **풀이**
> - 효율이 비교적 높다.
> - 구조가 간단하고 강도가 크다.
> - 마모나 부식에 강하다.
> - 분진이 많은 가스의 통풍이나 분체의 수송에 적합하다.
> - 대용량에 적합하다.

009 복사난방에서 가열 면의 위치에 따른 패널의 종류 3가지를 쓰시오.

> **풀이**
> - 천장패널
> - 바닥패널
> - 벽패널

010 동관의 이음쇠 명칭을 쓰시오.

가. 외부에 수나사로 되어 있고 강관 부속에 나사 이음 되고, 다른 한쪽은 동관이 삽입되고 용접하도록 되어 있는 이음쇠 :

나. 내부에 암나사로 되어 있고 강관외 수나사와 연결되고, 다른 한쪽은 동관이 삽입되어 용접하도록 되어 있는 이음쇠 :

> **풀이**
> 가. CM 어댑터
> 나. CF 어댑터

에너지관리기능사 실기 필답 과년도 문제 05회

2013.11.23 시행

※ 다음 물음의 답을 해당 답란에 답하시오. (배점 : 50)

001 온수가 배관 내를 흐를 때 관 내부와 마찰을 일으켜 압력손실을 가져오게 되는데 이러한 손실을 줄이기 위하여 다음 각각을 어떻게 해야 하는지 간단히 쓰시오.

가. 굽힘개소 :
나. 관경 :
다. 배관 길이 :
라. 유속 :
마. 유체 점도 :

> **풀이**
> 가. 적게
> 나. 크게
> 다. 짧게(단거리)
> 라. 느리게
> 마. 낮게

002 방열기를 실내에 설치할 때에 외기에 접한 창문 아래에 설치한다. 그 이유를 2가지만 쓰시오.

> **풀이**
> • 창문 아래의 낮은 공기의 온도를 높여 위로 올려 보내 대류작용을 촉진시킨다.
> • 벽 쪽에 설치 시 냉기가 방바닥으로 흘러 사람에게 굉장히 추위를 느끼게 한다.

003 　보일러 통풍방법 중 강제통풍의 종류 3가지를 쓰시오.

풀이
- 압입통풍
- 흡입통풍
- 평형통풍

[참고] 통풍력이 큰 순서
평형통풍 > 흡입통풍 > 압입통풍

004 　실내온도조절기(room thermostat)를 구조에 따라 분류하여 2가지만 쓰시오.

풀이
- 바이메탈식
- 다이어프램식(다이어프램 팽창식)

005 　내경 20mm인 관을 통하여 보일러에 시간당 250L의 급수를 하는 경우 관내 급수의 유속은 몇 m/s인지 구하시오. (단, 1m³는 1,000L이다.)

풀이
- 계산과정 : $Q = A \times V$

$$\therefore V = \frac{Q}{A} = \frac{Q}{\frac{3.14 \times d^2}{4}} = \frac{0.25}{\frac{3.14 \times (0.02)^2}{4} \times 3,600} = 0.22$$

- 정답 : 0.22m/s

006 　어떤 보일러 외부 표면으로부터 보일러실 내로 열전달이 되고 있다. 보일러 외부의 표면적이 40m²이고, 온도가 80℃이며, 실내 온도가 20℃이면 열전달량은 몇 kcal/h인지 구하시오. (단, 보일러 외면과 실내 공기와의 열전달계수는 0.25kcal/m²·h·℃이다.)

풀이
- 계산과정 : $Q = K \times A \times (t_2 - t_1) = 0.25 \times 40 \times (80 - 20) = 600$
- 정답 : 600kcal/h

007 다음은 방열기 주위의 신축 이음 배관으로 적용되는 스위블 이음에 대한 설명이다. ( )에 알맞은 내용을 아래에 기입하시오.

> 스위블 이음은 최소한 (①)개 이상의 (②)를(을) 사용하여 이음부의 (③)를(을) 이용한 것으로 비교적 간편한 신축 이음 형태이다. 그러나 (④)가(이) 헐거워져 누수의 원인이 될 수 있고, 굴곡부에서 내부 유체의 (⑤) 강하를 가져온다.'

풀이

① 2, ② 엘보, ③ 나사회전, ④ 나사 이음부, ⑤ 압력

[참고] 스위블형 신축 이음재

주로 증기 및 온수 난방용 배관에 많이 사용되며, 2개 이상의 엘보를 사용하여 이음부의 나사회전을 이용해서 배관의 신축을 이 부분에서 흡수한다. 스위블 이음의 결점은 굴곡부에서 압력 강하를 가져오는 점과 신축량이 너무 큰 배관에서는 나사 이음부가 헐거워져 누설의 염려가 있다. 그러나 설치비가 싸고 쉽게 조립해서 만들 수 있는 장점이 있다. 또 흡수할 수 있는 신축의 크기는 회전관의 길이에 따라 정해지며 직관길이 30m에 대하여 회전관 1.5m 정도로 조립하면 된다.

008 용기 내의 어떤 가스의 압력이 6kg/cm², 체적 50L, 온도 5℃였는데 이 가스가 단열상태로 상태변화를 일으킨 후 압력이 6kg/cm², 온도가 35℃로 되었다면 체적은 몇 리터(ℓ)인지 구하시오.

풀이

- 계산과정 : $\dfrac{V}{T} = \dfrac{V'}{T'}$

$$\therefore V' = \dfrac{VT'}{T} = \dfrac{50 \times (273+35)}{273+5} = 55.40$$

- 정답 : 55.40ℓ

009 배관 도면에 다음과 같은 표시기호가 있을 때 기기의 명칭을 보기에서 골라 쓰시오.

· 보기 ·

팬코일 유닛, 콘벡터, 공기 빼기 밸브, 체크 밸브

가. F.C.U :
나. CONV :
다. A.V :

풀이

가. 팬코일 유닛
나. 콘벡터
다. 공기 빼기 밸브

010 유체를 일정한 방향으로만 흐르게 하고 역류를 방지하는 데 사용하는 체크 밸브를 구조에 따라 분류하는 명칭 4가지로 쓰시오.

풀이

- 스윙형
- 리프트형
- 볼 풋형
- 해머리스형

[참고] 체크(역류방지) 밸브 종류
스윙형, 리프트형, 볼 풋형, 볼형, 해머리스형, 이중 플레이트형 등

에너지관리기능사 실기 필답 과년도 문제 01회

2014.03.22 시행

※ 다음 물음의 답을 해당 답란에 답하시오. (배점 : 50)

001 다음 보기의 공기조화부하 중 현열과 잠열이 모두 발생하는 것에 해당되는 번호를 모두 쓰시오.

• 보기 •

① 벽 유리창 등 구조체를 통한 관류열부하
② 틈새바람에 의한 열부하
③ 사람 몸으로부터 발생되는 인체부하
④ 형광등에서 발생되는 기기부하
⑤ 송풍기, 덕트로부터의 장치부하
⑥ 외기도입부하

풀이

②, ③, ⑥

[참고]
공기조화부하의 구성

부하요소		구분	
		현열	잠열
실내부하	유리창의 관류열부하	○	
	유리창의 일사열부하	○	
	외벽 및 지붕의 열부하	○	
	바닥, 칸막이벽의 열부하	○	
	지중벽의 열부하	○	
	침입외기(틈새바람)에 의한 열부하	○	○
	인체 발열에 의한 열부하	○	○
	조명 발열에 의한 열부하	○	
	기기 발열에 의한 열부하	○	○
장치부하	외기도입부하	○	○
	송풍기, 덕트에서의 전열부하	○	
	재열부하	○	
열원부하	펌프부하	○	
	배관에서의 전열부하	○	

002 증기난방에서의 응축수 환수방식 3가지를 쓰시오.

> **풀이**
> - 중력 환수식
> - 기계 환수식
> - 진공 환수식

003 난방부하가 2,250kcal/h인 어떤 거실을 주철제 방열기로 온수난방을 하려고 한다. 방열기 1 섹션(쪽)당 방열면적이 0.2m²일 때 방열기의 소요 섹션 수는 몇 개인지 구하시오. (단, 방열기의 방열량은 표준방열량으로 한다.)

> **풀이**
> - 계산과정 : $\dfrac{2,250}{450 \times 0.2} = 25$
> - 정답 : 25쪽

[참고]

방열기 섹션수 = $\dfrac{\text{난방부하}}{\text{방열량} \times \text{쪽당방열면적}}$

004 보일러 자동제어의 종류들이다. 다음 각 제어의 제어량이 무엇인지 1가지씩 쓰시오. (단, 조작량으로 답을 쓰면 틀림)

- 자동연소제어(A.C.C) :
- 급수제어(F.W.C) :
- 증기온도제어(S.T.C) :

> **풀이**
> - 자동연소제어(A.C.C) : 증기압력
> - 급수제어(F.W.C) : 보일러수위
> - 증기온도제어(S.T.C) : 증기온도

[참고]
제어량과 조절량과의 관계

종류	제어량	조작량
증기온도제어(S.T.C)	증기온도	전열량
급수제어(F.W.C)	보일러수위	급수량
자동연소제어(A.C.C)	증기압력	연료량, 공기량
		노내압력

005 관의 결합방식 표시방법에서 나사 이음, 플랜지 이음, 소켓 이음, 유니언 이음을 각각 그림 기호로 도시하시오.

가. 나사 이음 :

나. 플랜지 이음 :

다. 소켓 이음 :

라. 유니언 이음 :

> **풀이**
>
> 가. 나사 이음 : ─┼─
>
> 나. 플랜지 이음 : ─┼┼─
>
> 다. 소켓 이음 : ─⊂⊃─
>
> 라. 유니언 이음 : ─┼┼┼─

006 온수온돌을 시공할 때 방열관의 병렬식 배관 방법 중 미완성된 분리 주관식과 인접 주관식을 간단히 도시하시오.

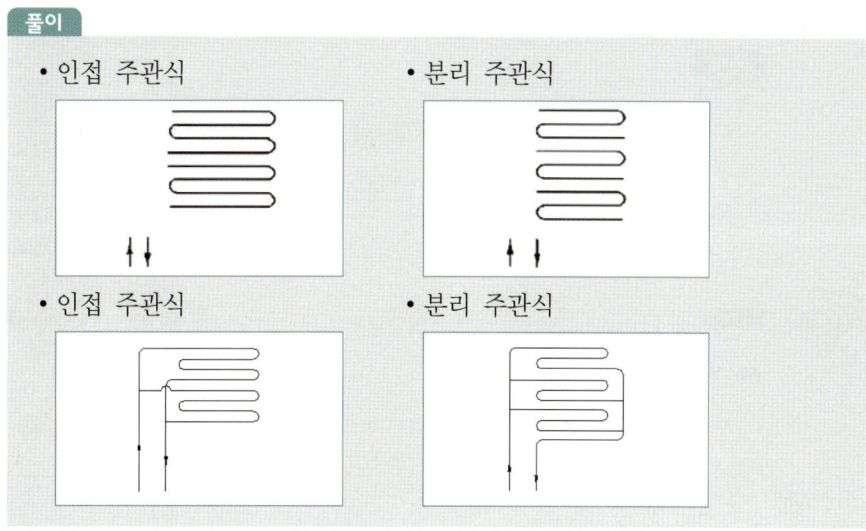

007 증기난방과 비교한 온수난방의 특징을 4가지만 쓰시오.

> **풀이**
> - 예열시간이 길다.
> - 방열량의 조절이 쉽다.
> - 동결의 위험이 적다.
> - 방열면적이 넓고, 취급이 쉽다.

[참고] 증기난방과 비교한 온수난방의 특징
① 예열시간이 길다.
② 방열량의 조절이 쉽다.
③ 동결의 위험이 적다.
④ 방열면적이 넓고, 취급이 쉽다.
⑤ 건축물의 높이에 제한을 받는다.

008 온수난방설비에서 밀폐식 팽창탱크가 운전 중 받는 수두압(mAq)을 구하시오.
(단, 밀폐식 탱크의 수면과 가장 높은 배관까지의 수직 높이 12m, 공급 온수온도 105℃에서의 포화증기압력 1.23kg/cm², 순환펌프의 양정 10m이다.)

풀이

- 계산과정 : $12+12.3+\dfrac{1}{2}\times 10+2 = 31.3\text{mAq}$

    $\therefore$ $1.23\text{kg/cm}^2 \fallingdotseq 12.3\text{mAq}$ 이므로
- 정답 : 31.3mAq

[참고]

$$Hr = h + h_t + \dfrac{1}{2}h_p + 2$$

- Hr : 수두압(mAq)
- h : 최고부의 높이(m)
- h_p : 펌프의 양정(m)
- h_t : 공급온도에서의 포화증기압력(mAq)

009 주철제 5세주형 방열기의 높이가 650mm, 쪽수가 24개, 방열기의 유입 측 관경이 25mm, 유출 측 관경이 20mm일 때 아래 방열기 도시기호를 완성하시오.

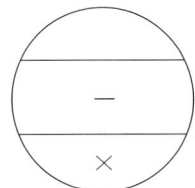

풀이

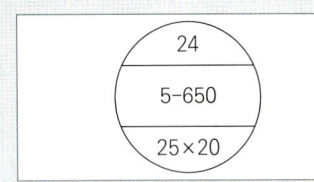

010 다음은 유류용 온수보일러의 설치 개략도이다. 아래 각 부품에 맞는 번호를 개략도에서 찾아 쓰시오.

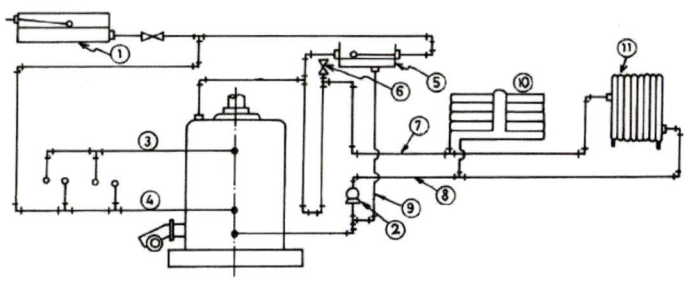

풀이

가. 급탕용 온수공급관 : ③
나. 난방용 온수환수관 : ⑧
다. 급수 탱크 : ①
라. 팽창관 : ⑨

[참고]

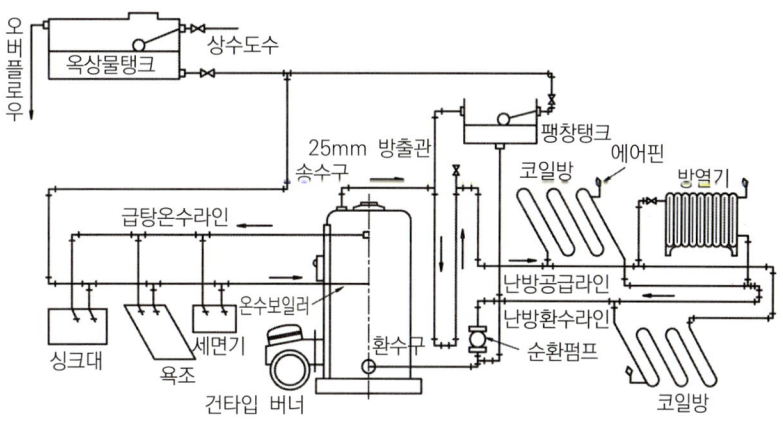

에너지관리기능사 실기 필답 과년도 문제 02회

2014.05.24 시행

※ 다음 물음의 답을 해당 답란에 답하시오. (배점 : 50)

001 다음 도면과 같이 배관작업을 하고자 한다. 아래 표를 보고 품목별 소요수량을 기재하시오.

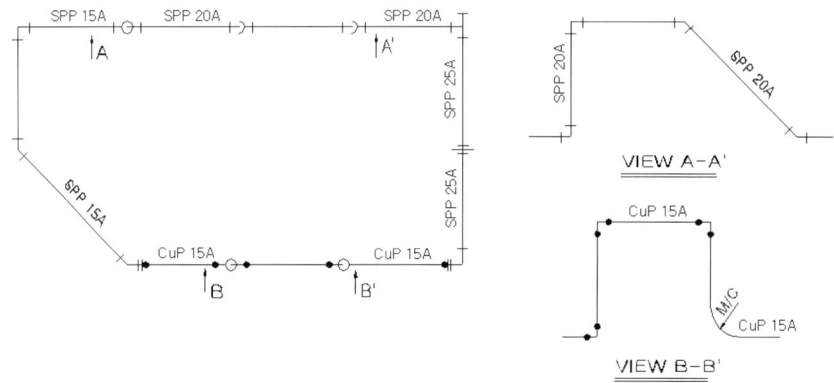

번호	품명	규격	수량
1	강 90° 이경 엘보	20A×15A	①
2	강 90° 엘보	15A	②
3	강 45° 엘보	20A	③
4	동 90° 엘보	15A	④
5	동 CM 어댑터	15A	⑤

풀이

① 1, ② 1, ③ 2, ④ 3, ⑤ 2

[참고] 배관도면의 총 부속품명 및 수량
① 90° 이경 엘보(25A×15A) : 1개
② 유니언(25A) : 1개
③ 이경 티(25A×20A) : 1개
④ 45° 이경 엘보(20A) : 2개
⑤ 90° 엘보(20A) : 1개
⑥ 90° 이경 엘보(20A×15A) : 1개
⑦ 90° 엘보(15A) : 1개

⑧ 45° 엘보(15A) : 2개
⑨ 동 CM 어댑터(15A) : 2개
⑩ 동 90° 엘보(15A) : 3개

002   주철관 이음법 중 소켓이음에 대한 설명이다. (　) 안에 알맞은 용어를 보기에서 골라 쓰시오.

> • 보기 •
>
> 배수관, $\frac{1}{3}$, 경납, 소형관, $\frac{2}{3}$, 노허브(no hub), $\frac{1}{4}$, 연납, 급수관, $\frac{3}{4}$, 허브(hub)

(①) 이음이라고도 하며, 주로 건축물의 배수·배관 및 (②)에 많이 사용된다. 주철관의 (③) 쪽에 스피것(spigot)이 있는 쪽을 넣어 맞춘 다음 얀을 단단히 꼬아 감고 정으로 박아 넣는다. 얀 삽입의 길이는 수도관의 경우에는 삽입 길이의 (④), 배수관의 경우에는 (⑤) 정도가 알맞다.

풀이

① 연납, ② 소형관, ③ 허브, ④ $\frac{1}{3}$, ⑤ $\frac{2}{3}$

[참고]
- 주철관의 소켓 이음에서 얀은 기밀유지, 납은 얀 이탈방지를 방지할 목적으로 사용된다.
- 급수관(얀 $\frac{1}{3}$, 납 $\frac{2}{3}$), 배수(얀 $\frac{2}{3}$, 납 $\frac{1}{3}$)

003   자동제어를 2가지로 구분하여 설명하시오.

풀이

- 피드백 제어 : 자동제어 방식의 기본적인 것으로 출력 측의 신호를 입력 측으로 되돌려 보내 진행하는 방식
- 시퀀스 제어 : 피드백 제어에 의하지 않고 정해진 순서에 따라 제어단계를 순차적으로 진행하는 방식

004 보일러에 사용하는 원심송풍기의 종류를 3가지 쓰시오.

> **풀이**
> - 터보형
> - 플레이트형
> - 다익형

005 관을 보온 피복하지 않았을 때 방열량이 650kcal/m²h이고, 보온 피복하였을 때 방열량이 390kcal/m²h이라면, 이 보온재에 의한 보온효율은 몇 %인지 계산하시오.

> **풀이**
> - 계산과정 : $\dfrac{650 - 390}{650} \times 100 = 40$
> - 정답 : 40%

[참고]

보온효율 = $\dfrac{Q_0 - Q}{Q_0} \times 100$

006 사무실에 온수용 3세주 650mm 주철제 방열기를 설치하고자 한다. 난방부하가 6,750kcal/h일 때 방열기의 섹션 수는 얼마가 되어야 하는가? (단, 방열기 방열량은 표준으로 하고 방열기의 섹션당 표면적은 0.15m²)

> **풀이**
> - 계산과정 : $\dfrac{6,750}{450 \times 0.15} = 100$
> - 정답 : 100쪽

[참고]

섹션 수(쪽수) 계산식 = $\dfrac{\text{난방부하}}{\text{방열량} \times \text{방열기 쪽당 방열면적}}$

[표준방열량(온수 450kcal/m²h, 증기 650kcal/m²h)]

007 다음은 강관과 비교한 동관의 특징을 설명한 것이다. (   ) 속의 말 중 옳은 것을 "O" 표시하시오.

> 동관은 강관에 비하여 유연성이 (크고, 작고), 유체 흐름에 대한 마찰저항이 (크다, 작다). 또한 내식성이 (작으며, 크며), 열전도율이 (크고, 작고), 같은 호칭경으로 비교할 경우 무게가 (가볍다, 무겁다).

풀이

크고, 작다, 크며, 크고, 가볍다

008 보일러의 통풍력을 측정하는 데 이용하는 액주식 압력계의 종류를 3가지만 쓰시오.

풀이
- U자관식
- 단관식
- 경사관식

009 효율이 90%인 보일러에 발열량이 11,000kcal/kg인 연료를 시간당 60kg를 사용한다면 보일러의 유효 열량(kcal/h)을 계산하시오.

풀이
- 계산과정 : 11,000×60×0.9 = 594,000
- 정답 : 594,000kcal/h

010 비동력 급수장치인 인젝터에 대한 설명이다. 인젝터의 각 밸브 및 핸들을 작동 순서대로 번호를 쓰시오.

• 보기 •

① 급수 밸브를 연다.
② 증기 밸브를 연다.
③ 출구 정지 밸브를 연다.
④ 핸들을 연다.

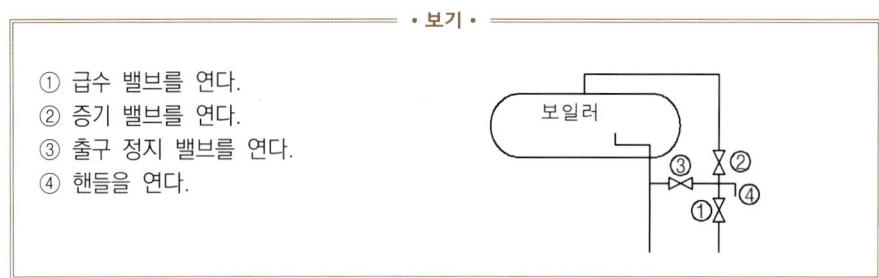

풀이

③ → ① → ② → ④

[참고] 인젝터 작동순서
① 출구 정지 밸브를 연다.
② 급수 밸브를 연다.
③ 증기 밸브를 연다.
④ 핸들을 연다.

에너지관리기능사 실기 필답 과년도 문제 04회

2014.09.13 시행

※ 다음 물음의 답을 해당 답란에 답하시오. (배점 : 50)

001 다음 설명에 맞는 밸브 명칭을 아래에 쓰시오.

가. 유체를 한쪽 방향으로만 흐르게 하는 밸브로서 별도의 조작 없이 유체의 압력에 의해서 스스로 개폐되는 밸브

나. 파이프의 횡단면과 평행하게 개폐되는 밸브로, 일명 게이트 밸브라고도 하며, 유량 조절용으로는 부적합하고, 밸브를 완전히 열면 유체 흐름의 저항이 다른 밸브에 비하여 아주 작은 밸브

다. 다른 밸브보다 리프트(lift)가 작아서 개폐 시간이 짧고, 누설의 염려가 적지만 밸브 내에서 유체의 흐름 방향이 급격히 변경되므로 압력손실이 크고, 일명 스톱 밸브라 고도 하는 밸브

> **풀이**
>
> 가. 역류 방지 밸브(체크 밸브)
> 나. 슬로스 밸브
> 다. 글로브 밸브

[참고]
① 역류 방지 밸브(체크 밸브) : 유체의 흐름을 한쪽 방향으로만 흐르게 하여 역류를 방지한다.
② 슬로스 밸브 : 일명 게이트 밸브라고도 하며 유량 조절용으로는 부적합하다. 유체의 흐름 저항이 작고, 주로 개·폐용으로 사용된다.
③ 글로브 밸브 : 기밀도가 양호하며 유량 조절용에 적합하고, 개폐시간이 짧은 편이나 유체의 압력손실이 크다.

002 다음 도면은 온수보일러의 배관 계통도이다. ①~⑤의 명칭을 쓰시오.

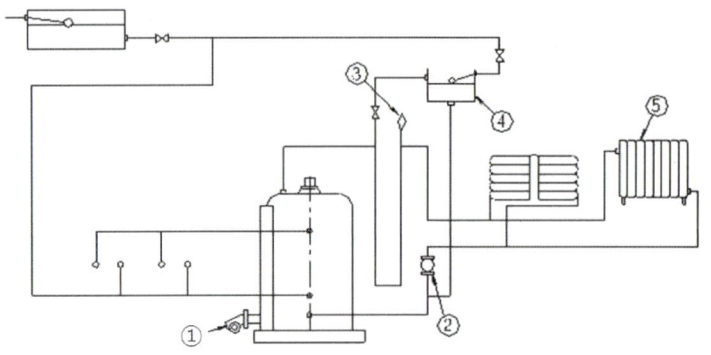

> **풀이**
> ① 버너, ② 순환 펌프, ③ 공기 빼기 밸브, ④ 팽창 탱크, ⑤ 방열기

003 다음은 보일러에서 화염의 유무를 검출하는 화염 검출기에 대한 설명이다. 각각의 설명에 해당되는 화염검출기의 종류를 1가지씩 쓰시오.

가. 광전관을 통해 화염의 적외선을 검출하는 것 :

나. 화염의 이온화를 이용한 전기 전도성으로 검출하는 것 :

다. 연도에 설치되어 연소가스의 온도 차에 의한 바이메탈을 이용한 것 :

> **풀이**
> 가. 플레임 아이
> 나. 플레임 로드
> 다. 스택 스위치

[참고] 화염검출기의 종류
① 플레임 아이 : 화염의 광학적 성질을 이용하여 검출하는 방식
② 플레임 로드 : 화염의 이온화 즉, 전기 전도성을 이용하여 검출하는 방식
③ 스택 스위치 : 연도에 설치되어 감지속도가 늦고 화염의 열적변화 즉, 온도 차에 의한 바이메탈을 이용하여 검출하는 방식

004 관을 회전하거나 이음쇠를 죄고 풀 때 사용하는 파이프 렌치의 종류를 2가지만 쓰시오.

> **풀이**
> - 보통형
> - 체인형

[참고] 파이프 렌치의 종류
강력형, 보통형, 체인형

005 가정용 온수보일러의 연돌 시공 시 자연 통풍력을 증대할 수 있는 방법을 3가지 쓰시오.

> **풀이**
> - 연돌의 높이를 높게 한다.
> - 연돌의 상부 단면적을 크게 한다.
> - 연도는 짧고 굴곡부는 적게 한다.

[참고] 자연 통풍력을 증가시키는 방법
① 연돌의 높이를 높게 한다.
② 연돌의 상부 단면적을 크게 한다.
③ 연도는 짧고 굴곡부는 적게 한다.
④ 굴뚝을 단열 조치하여 배기가스의 온도를 높게 유지한다.

006 호칭 20A 동관을 곡률 반지름 120mm로 90° 벤딩할 때 굽힘부의 길이는 몇 mm인지 계산하시오.

> **풀이**
> - 계산과정 : $3.14 \times 240 \times \dfrac{90}{360} = 188.4$
>   (R(반지름) = 120이므로 D(지름) = 240)
> - 답 : 188.4mm

[참고]
벤딩부 길이계산 = $\pi \times D \times \dfrac{각도}{360}$

007 아래에 열거된 온수온돌 배관작업 요소들을 시공 순서대로 그 번호를 아래에 쓰시오.

·보기·
① 골재 충진작업   ② 기초시공   ③ 배관작업
④ 온수보일러 설치   ⑤ 단열·보온처리   ⑥ 수압시험
⑦ 시멘트 모르타르 바르기 ⑧ 방수처리   ⑨ 받침재 설치

② → (　) → ⑤ → (　) → (　) → ④ → (　) → (　) → ⑦

풀이
⑧ 방수처리, ⑨ 받침재 설치, ③ 배관작업, ⑥ 수압시험, ① 골재 충진작업

[참고] 시공순서
① 배관의 기초공사 → ② 방수처리 → ③ 단열처리 → ④ 받침재 설치 → ⑤ 배관작업 → ⑥ 공기방출기 설치 → ⑦ 보일러 설치 → ⑧ 팽창탱크 설치 → ⑨ 굴뚝 설치 → ⑩ 수압시험 → ⑪ 온수 순환시험 및 경사조정 → ⑫ 골재 충진작업 → ⑬ 시멘트 모르타르 바르기 → ⑭ 양생 건조작업

008 동관을 작업할 때 티분기관(돌출형) 이음부를 성형하려고 한다. 이때 필요한 공구를 5가지만 쓰시오.

풀이
- 티 뽑기 헤드
- 티 뽑기 헤드 홀더
- 유니 드릴
- 라쳇
- 캠 핀서

[참고] 동관 티 뽑기 작업 시 필요한 공구
① 티 뽑기 헤드   ② 티 뽑기 헤드 홀더
③ 유니 드릴   ④ 라쳇
⑤ 그립 렌치   ⑥ 캠 핀서

<캠 핀서>

<티 뽑기 헤드>

<라쳇>

<유니 드릴>

009 두께 300mm인 벽돌의 열전도율이 0.03kcal/m·h·℃이고, 내벽의 온도 300℃, 외벽의 온도가 30℃이다. 이 벽 1m²를 통하여 전달되는 열량은 몇 kcal/h인지 계산하시오.

> **풀이**
> - 계산과정 : $\dfrac{0.03 \times 1 \times (300 - 30)}{0.3} = 27$
> - 정답 : 27kcal/h

[참고]
전도전열량 = $\dfrac{\lambda \times A \times (t_2 - t_1)}{b}$

010 호칭지름 15A 일반배관용 탄소 강관과 90° 엘보 2개를 그림과 같이 나사 이음 할 때 실제 강관의 절단 길이는 몇 mm인지 계산하시오. (단, 엘보의 끝단에서 엘보 중심까지 길이는 27mm이고, 엘보의 나사 물림부 길이는 11mm이다.)

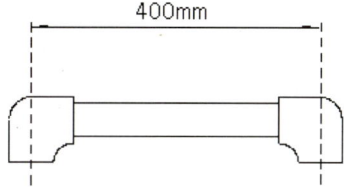

> **풀이**
> - 계산과정 : 400 - 2×(27 - 11) = 368
> - 정답 : 368mm

에너지관리기능사 실기 필답 과년도 문제 05회

2014.11.22 시행

※ 다음 물음의 답을 해당 답란에 답하시오. (배점 : 50)

001 다음 각 ( ) 안에 알맞은 용어를 쓰시오.

> 원심력에 의하여 양수되는 원심식 펌프로서 안내날개가 없는 것을 (①) 펌프라고 하며, 안내날개가 있는 것을 (②) 펌프라고 한다.

풀이

① 벌류트, ② 터빈

[참고] 원심펌프의 종류
① 벌류트 펌프 : 원심력을 이용하여 양수하는 펌프로 20[m] 이하의 저양정용으로 주로 사용되며 안내깃이 없다.
② 터빈 펌프 : 원심력을 이용하여 양수하는 펌프로 20[m] 이상의 고양정용으로 안내깃이 있다.

002 다음 그림은 2회로식 온수보일러의 단면도이다. 각 화살표(가~마)가 지시하는 부위의 명칭을 아래 보기에서 선택하여 그 번호를 쓰시오.

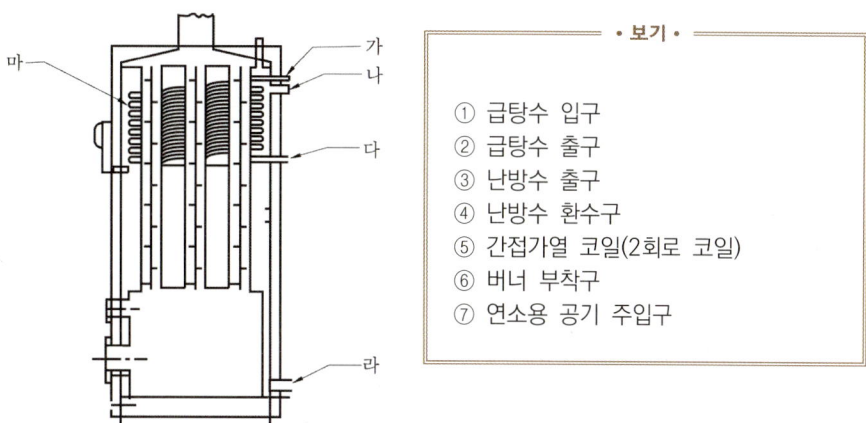

• 보기 •

① 급탕수 입구
② 급탕수 출구
③ 난방수 출구
④ 난방수 환수구
⑤ 간접가열 코일(2회로 코일)
⑥ 버너 부착구
⑦ 연소용 공기 주입구

풀이

가. 급탕수 출구
나. 난방수 출구
다. 급탕수 입구
라. 난방수 환수구
마. 간접가열 코일

[참고] 온수난방 보일러 본체

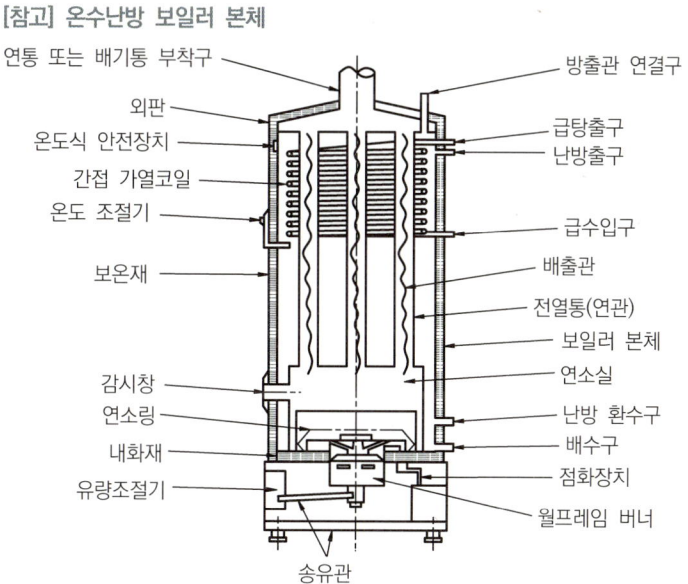

003 다음은 온수온돌의 시공 순서이다. 순서에 맞게 ( ) 안에 알맞은 작업명을 아래 보기에서 골라 쓰시오.

• 보기 •

배관작업, 수압시험, 방수처리, 골재 충진작업, 보일러 설치

배관기초 → (①) → 단열처리 → 받침재 설치 → (②) → 공기방출기 설치 → (③) → 팽창탱크 설치 → 굴뚝 설치 → (④) → 온수 순환시험 및 경사조정 → (⑤) → 시멘트 모르타르 바르기 → 양생 건조 작업

풀이

① 방수처리, ② 배관작업, ③ 보일러 설치, ④ 수압시험, ⑤ 골재 충진작업

[참고] 시공순서
① 배관의 기초공사 → ② 방수처리 → ③ 단열처리 → ④ 받침재 설치 → ⑤ 배관작업 → ⑥ 공기 방출기 설치 → ⑦ 보일러 설치 → ⑧ 팽창탱크 설치 → ⑨ 굴뚝 설치 → ⑩ 수압시험 → ⑪ 온수 순환시험 및 경사조정 → ⑫ 골재 충진작업 → ⑬ 시멘트 모르타르 바르기 → ⑭ 양생 건조작업

004 온수 보일러에서 보온 시공을 하기 전 열손실이 10,000kcal/h, 보온 시공을 한 후 손실 열량이 2,000kcal/h라면 보온 효율은 몇 %인지 계산하시오.

풀이

- 계산과정 : $\dfrac{10{,}000 - 2{,}000}{10{,}000} \times 100 = 80$
- 정답 : 80%

[참고]

보온 효율 = $\dfrac{Q_0 - Q}{Q_0} \times 100$

005 보일러의 자동제어장치(A.B.C)에서 다음 약어들의 명칭을 한글로 쓰시오.

- A.C.C. :
- F.W.C. :

> **풀이**
> - A.C.C. : 연소 자동제어
> - F.W.C. : 급수 자동제어

[참고]
① A.B.C : 보일러 자동제어
② A.C.C : 연소 자동제어
③ F.W.C : 급수 자동제어
④ S.T.C : 증기온도 자동제어

006 난방 면적이 120[m²]인 사무실에 온수로 난방을 하려고 한다. 열손실지수가 150kcal/m²·h일 때 난방부하(kcal/h)와 방열기 소요 쪽수를 계산하시오. (단, 방열기의 방열량은 표준으로 하고, 쪽당 방열면적은 0.2[m²]이다.)

> **풀이**
> 가. 난방부하
> - 계산과정 : 150×120 = 18,000
> - 정답 : 18,000kcal/h
> 나. 방열기 쪽수
> - 계산과정 : $\frac{18,000}{450 \times 0.2} = 200$
> - 정답 : 200쪽

[참고]
- 난방부하 = 방열량(열손실지수) × 난방면적
- 방열기 쪽수 = $\frac{난방부하}{방열량 \times 쪽당\ 방열면적}$ [표준 방열량(온수 : 450, 증기 : 650)]

007 관의 높이 표시기호에서 BOP·EL 100에서 BOP·EL의 뜻은 무엇인가?

> **풀이**
>
> 지름이 서로 다른 관의 높이를 나타낼 때 적용되며 관 바깥지름의 아랫면까지를 기준으로 하여 도시한 것

[참고] 높이 표시
① EL : 배관의 높이를 관의 중심을 기준으로 표시한 것
② BOP : 지름이 서로 다른 관의 높이 표시방법으로 관 바깥지름의 아랫면까지의 높이를 기준으로 표시한 것
③ TOP : 관의 바깥지름의 윗면을 기준으로 표시한 것
④ GL : 포장된 지면을 기준으로 하여 배관장치의 높이를 표시할 때 적용된다.
⑤ FL : 각층 바닥을 기준으로 하여 높이를 표시한 것

008 프로판(C_3H_8) 1[kmol] 연소 시 이론 산소(O_2)량과 탄산가스(CO_2) 발생량[Nm^3]을 계산하시오. (단, $C_3H_8 + 5O_2 \rightarrow 3CO_2 + 4H_2O + 24,370[kcal/Nm^3]$)

> **풀이**
>
> 가. 이론 산소(O_2)량
> - 계산과정 : 5×22.4 = 112
> - 답 : 112Nm^3
>
> 나. 탄산가스(CO_2)량
> - 계산과정 : 3×22.4 = 67.2
> - 답 : 67.2Nm^3

[참고]
$C_3H_8 + 5O_2 \rightarrow 3CO_2 + 4H_2O$
1kmol : 5×22.4Nm^3 즉, 5×22.4 = 112Nm^3
$C_3H_8 + 5O_2 \rightarrow 3CO_2 + 4H_2O$
1kmol : 3×22.4Nm^3 즉, 3×22.4 = 67.2Nm^3

• Nm^3
표준상태에서의 체적[m^3]을 말하며 0[℃], 1.0332[kg/cm^2](760[mmHg])일 때의 기체체적이다.(아보가드로의 법칙에 의해 모든 기체의 1분자량의 체적은 1[kmol]당 22.4[Nm^3]임)

009 [보기 1]은 보온재의 구비조건을 적은 것이다. ( ) 안에 적당한 용어 또는 단어를 [보기 2]에서 선택하여 찾아 쓰시오.

• 보기 1 •
가. (①)이 작고 (②)이 커야 한다. ………
나. 어느 정도 (③) 강도를 가져야 한다. ………
다. 가볍고 비중이 (④) 한다. ………
라. 흡습성이나 흡수성이 (⑤) 한다. ………

• 보기 2 •
ㄱ. [보온능력, 열전도율]
ㄴ. [화학적, 기계적]
ㄷ. [커야, 작아야, 같아야]
ㄹ. [커야, 작아야, 같아야]

풀이

가. ① 열전도율, ② 보온능력
나. ③ 기계적
다. ④ 작아야, ⑤ 작아야

[참고] 보온재의 구비조건(단열재, 보냉재)
① 열전도율이 작아야 한다.
② 사용온도에 있어서 내구성이 있어야 하며, 변질되지 말아야 한다.
③ 부피·비중이 작아야 한다.
④ 다공성이며, 기공이 균일하여야 한다.
⑤ 기계적 강도가 크고, 시공성이 좋아야 한다.
⑥ 흡수성, 흡습성이 작아야 한다.

010 다음은 온수보일러 팽창 탱크와 팽창관의 설치 시 주의사항이다. 각 ( ) 안에 가장 알맞은 수치나 용어를 아래 보기에서 찾아 쓰시오. (단, 팽창 탱크가 보일러 외부에 있는 경우임)

• 보기 •
0.1, 1, 25, 100, 300, 방출 밸브, 일수관

가. 개방식 팽창 탱크는 최고부위 방열기의 높이보다 (   )m 이상 높게 설치한다.
나. 팽창 탱크의 재료는 (   )℃의 온수에도 충분히 견딜 수 있어야 한다.
다. 팽창관의 끝부분은 팽창 탱크 바닥 면보다 (   )mm 정도 높게 배관되어야 한다.
라. 개방식 팽창 탱크에는 물의 팽창 등에 대비하여 인체, 보일러 및 관련 부품에 위해가 발생되지 않도록 (   )을(를) 설치해야 한다.
마. 밀폐식의 경우 배관 계통 내의 압력이 제한압력 이상으로 되면 자동적으로 과잉수를 배출시킬 수 있도록 (   )을(를) 설치해야 한다.

> **풀이**
>
> 가. 1
> 나. 100
> 다. 25
> 라. 일수관
> 마. 방출밸브

[참고] 팽창탱크

① 100[℃] 이상의 온도에 견디는 재질
② 온수의 수위를 쉽게 알 수 있는 재료 또는 구조일 것
③ 개방식의 경우 팽창 탱크의 높이는 최고 높이를 가진 방열기 또는 방열 코일 면보다 1[m] 이상 높은 곳에 설치하여야 하며, 얼지 않도록 적절한 보온을 하여야 한다.
④ 팽창 탱크에 연결되는 관로에는 밸브, 체크 밸브 등의 것을 설치해서는 안 된다.
⑤ 팽창 탱크의 용량은 보일러 및 배관 내의 보유수량이 200[l] 이하인 경우에는 20[l] 이상으로 하고, 보유수량이 100[l]씩 초과할 때마다 10[l]를 가산한 용량 이상이어야 한다.
⑥ 팽창관 끝부분은 팽창 탱크 바닥 면보다 25[mm] 높게 설치한다.
⑦ 개방식 팽창 탱크에는 물의 팽창 등에 대비하여 인체, 보일러 및 관련 부품에 위해가 발생되지 않도록 일수관을 설치해야 한다.
⑧ 밀폐식의 경우 배관 계통 내의 압력이 제한압력 이상으로 되면 자동적으로 과잉수를 배출할 수 있도록 방출 밸브를 설치해야 한다.

에너지관리기능사 실기 필답 과년도 문제 01회

2015.3.15 시행

※ 다음 물음의 답을 해당 답란에 답하시오. (배점 : 50)

001 다음과 같은 조건에서 오일버너의 연료 소비량은 몇 kg/h인지 계산하시오.

- 연료의 발열량 : 10,000kcal/kg
- 보일러 효율 : 85%
- 보일러 정격출력 : 20,400kcal/h
- 연료의 비중 무

풀이

- 계산과정 : $\dfrac{20,400}{10,000 \times 0.85} = 2.4$
- 정답 : 2.4kg/h

002 다음 동관의 접합 방법과 관련된 설명의 ( )에 알맞은 용어를 아래에 쓰시오.

기계의 점검, 보수 또는 관을 분해할 경우를 대비한 접합 방법은 (①) 접합이며, 용접 접합은 (②) 현상을 이용한 것으로 연납 용접과 경납 용접으로 나눌 수 있다. 이 중 용접 강도가 큰 것은 (③) 용접이며, 경납 용접의 용접재는 (④), (⑤)가(이) 사용된다.

풀이

① 플레어, ② 모세관, ③ 경납, ④ 붕사, ⑤ 붕산

003 두께 10cm, 면적 10m²인 벽돌로 된 벽이 있다. 실내외측 벽 표면의 온도차가 20℃일 때, 이 벽을 통하여 손실되는 열량은 몇 kcal/h인지 계산하시오. (단, 이 벽의 열전도율은 0.8 kcal/m·h·℃이다.)

풀이

- 계산과정 : $\dfrac{0.8 \times 10 \times 20}{0.1} = 1,600$
- 정답 : 1,600kcal/h

[참고]

$$Q = \dfrac{\lambda \times A \times \Delta t}{b} = \dfrac{0.8 \times 10 \times 20}{0.1} = 1,600 \text{kcal/h}$$

004 보일러 강제 통풍 방식에 대한 다음 설명에서 ( ) 속에 들어갈 알맞은 말을 아래에 쓰시오.

> 연소용 공기를 송풍기로 연소실 앞에서 연소실로 밀어 넣는 통풍방식을 (①)통풍이라고 하고, 연도에 배풍기를 설치하고 배기가스를 유인하여 연돌로 빨아내는 방식을 (②)통풍이라고 하며, 송풍기와 배풍기를 함께 사용하는 방식을 (③)통풍이라고 한다.

풀이

① 압입, ② 흡입(유인), ③ 평형

005 동관을 두께별 및 재질별로 분류한 다음의 ( ) 속에 알맞은 말을 쓰시오.

가. 두께별 : K형, (①)형, (②)형
나. 재질별 : 연질, (③)질, (④)질, (⑤)질

풀이

가. ① L, ② M
나. ③ 반연질, ④ 반경질, ⑤ 경질

[참고]
- 두께별 : K형, L형, M형 (두꺼운 순서 : K > L > M)
- 재질별 : 연질(O), 반연질(OL), 반경질(1/2H), 경질(H)

006 어떤 실내의 난방부하가 5400kcal/h이고, 온수방열기의 1섹션당 표면적이 0.24m²일 때 방열기의 소요 쪽수를 구하시오. (단, 방열기의 방열량은 표준방열량으로 계산한다.)

> **풀이**
>
> - 계산과정 : $\dfrac{5400}{450 \times 0.24} = 50$
> - 정답 : 50쪽

[참고]

방열기 쪽수 = $\dfrac{난방부하}{방열량 \times 쪽당면적}$ = $\dfrac{5400}{450 \times 0.24}$ = 50쪽

007 다음은 보일러의 유류연소 버너에 대한 설명이다. 각각 어떤 형식의 버너인지 쓰시오.

가. 유압펌프를 이용하여 연료유 자체에 압력을 가하여 노즐로 분무시키는 버너

나. 고속으로 회전하는 원추형 컵에 연료를 투입시켜 컵의 원심력에 의하여 연료를 비산무화시키는 버너

다. 저압이나 고압의 공기 또는 증기를 분사시켜 연료를 무화하는 버너

> **풀이**
>
> 가. 유압버너(압력분사식)
> 나. 회전분무식(로터리식)
> 다. 기류식 버너

008 온수보일러의 정격출력 계산 시에 고려되는 부하의 종류를 3가지만 쓰시오.

> **풀이**
>
> - 난방부하
> - 급탕부하
> - 배관부하

[참고]
- 정격출력 = 난방부하 + 급탕부하 + 배관부하 + 예열부하(시동부하)
- 상용출력 = 난방부하 + 급탕부하 + 배관부하

009 보일러가 연속 운전되는 동안 증기의 부하가 변하면 수위 변동이 발생한다. 이때 일정 수위를 유지하기 위해 설치하는 수위제어 검출 방식의 종류 3가지만 쓰시오.

[풀이]
- 플로트식(맥도널식)
- 전극식
- 코프스식

[참고]
- 수위제어기 종류 : 플로트식, 전극식, 코프스식
- 수위제어 방식 : 1요소식(단요소식), 2요소식, 3요소식

010 다음은 어떤 도면에 표시된 알루미늄방열기 도시기호이다. 아래 사항은 각각 무엇을 표시하는지 쓰시오.

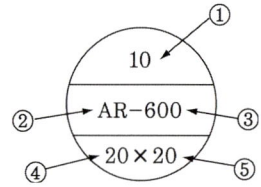

[풀이]
① 방열기 쪽수 10쪽
② 알루미늄 방열기
③ 높이치수 600mm
④ 방열기 입구 측 관경 20A
⑤ 방열기 출구 측 관경 20A

[참고]
① 방열기 쪽수 10쪽
② 알루미늄 방열기
③ 높이치수 600mm
④ 방열기 입구 측 관경 20A
⑤ 방열기 출구 측 관경 20A

에너지관리기능사 실기 필답 과년도 문제 02회

2015.5.25 시행

※ 다음 물음의 답을 해당 답란에 답하시오. (배점 : 50)

001 보일러의 자동제어장치(A.B.C)에서 다음 약어들의 명칭을 쓰시오.

> **풀이**
> - A.C.C : 연소 자동제어
> - F.W.C : 급수 자동제어
> - S.T.C : 증기온도 자동제어

[참고]
① A.C.C(Automatic Combustion Control) : 연소 자동제어
② F.W.C(Feed Water Control) : 급수 자동제어
③ S.T.C(Steam Temperature Control) : 증기온도 자동제어

002 연돌 출구에서 평균온도가 200℃인 연소가스가 시간당 300Nm³으로 흐르고 있다. 이 연돌의 연소가스 유속을 4m/sec로 유지하기 위해서는 연돌의 상부 단면적은 몇 m²로 하여야 하는지 계산하시오. (단, 노내압과 대기압은 같다.)

> **풀이**
> - 계산과정 : $A = \dfrac{Q \times (1+0.0037t℃) \times \dfrac{P_1}{P_2}}{V \times 3,600} = \dfrac{300 \times (1+0.0037 \times 200)}{4 \times 3,600} = 0.036$
>
>   또는 $= \dfrac{300 \times (\dfrac{273+200}{273})}{4 \times 3,600} = 0.036$
>
> - 정답 : 0.04m²

003 온수온돌 시공기준에서 온수온돌은 바탕층, 방수층, 단열층, 축열층, 방열관, 미장 마감층으로 구성된다. (   ) 속에 알맞은 내용을 쓰시오.

> 바탕층은 콘크리트로 설치할 때 시멘트 : 모래 : 자갈의 배합비는 (①) 비율로 하며, 그 두께는 (②)mm 이상으로 한다.

풀이

① 1 : 3 : 6, ② 30

004 보일러의 강제 통풍 방식인 압입통풍 및 흡입통풍에 있어서 송풍기의 설치 위치는 각각 어디인지 쓰시오.

풀이

가. 압입통풍 : 연소실 입구 측
나. 흡입통풍 : 연도 측

005 호칭지름 20A의 강관을 곡률반경 200mm, 90°로 구부릴 때 곡선부의 길이는 몇 mm인지 계산하시오.

풀이

- 계산과정 : 곡선부 길이 $= \pi D \times \dfrac{\theta}{360} = 3.14 \times 400 \times \dfrac{90}{360} = 314$
- 정답 : 314mm

006 방의 온수난방에서 실내온도를 20℃로 유지하려고 하는데 시간당 30,000kcal의 열량이 소요된다고 한다. 이때 송수온수의 온도가 80℃이고, 환수온수의 온도가 15℃라면 온수의 순환량은 약 몇 kg/h인지 계산하시오. (단, 온수의 비열은 0.997kcal/kg·℃이다.)

풀이

- 계산과정 : $G = \dfrac{Q}{C \times \Delta t} = \dfrac{30{,}000}{0.997 \times (80 - 15)} = 462.927$
- 정답 : 462.927kg/h

007 유류 보일러의 자동장치 점화는 전원스위치를 넣고 전환스위치를 모두 자동으로 설정한 후 기동 스위치를 넣으면, 송풍기 기동 → (가) → (나) → (다) → 주버너 착화의 순으로 시퀀스가 진행되고 자동적으로 착화한다. 보기에서 그 번호를 골라 순서에 맞게 쓰시오.

• 보기 •

① 프리퍼지   ② 점화용 버너 착화   ③ 연료펌프 기동

풀이

가. ③
나. ①
다. ②

[참고] 자동장치 점화방법
전원스위치를 넣고 전환스위치를 모두 자동으로 설정한 후 기동스위치를 넣으면, 송풍기 기동 → 연료펌프 기동 → 프리퍼지 → 점화용 버너 착화 → 주버너 착화의 순으로 시퀀스가 진행되고 자동적으로 착화한다.

008 감압 밸브를 밸브의 작동방법에 따라 분류할 때 종류 3가지를 쓰시오.

풀이

- 벨로즈형
- 다이어프램형
- 피스톤형

[참고] 작동방법에 의한 분류
벨로즈형, 다이어프램형, 피스톤형

009 다음은 콤비네이션 릴레이에 대한 설명이다. (   ) 속에 알맞은 용어를 아래에 쓰시오.

콤비네이션 릴레이는 버너의 주안전 제어장치로 고온 차단, 저온 (①), (②) 펌프 회로가 한 개의 제어기로 만들어진 것으로 내부에 Hi, Lo 설정기가 장치되어 있다. Lo 온도 이상이면 (③)가(이) 계속 작동되고, Hi 온도에 이르면 (④)가(이) 작동을 정지한다.

> **풀이**
>
> ① 점화, ② 순환, ③ 펌프, ④ 버너

[참고]
콤비네이션 릴레이는 버너의 주안전 제어장치로 고온 차단, 저온 점화, 순환 펌프 회로가 한 개의 제어기로 만들어진 것으로 내부에 Hi, Lo 설정기가 장치되어 있다. Lo 온도 이상이면 펌프가 계속 작동되고, Hi 온도에 이르면 버너가 작동을 정지한다.

010 다음은 열전달 형태와 그와 관련된 법칙을 나열한 것이다. 서로 관계있는 것끼리 연결하시오.

전도 •   • 푸리에(Fourier)의 법칙
대류 •   • 스테판-볼츠만(Stefan-Boltzman)의 법칙
복사 •   • 뉴턴(Newton)의 법칙

> **풀이**
>
>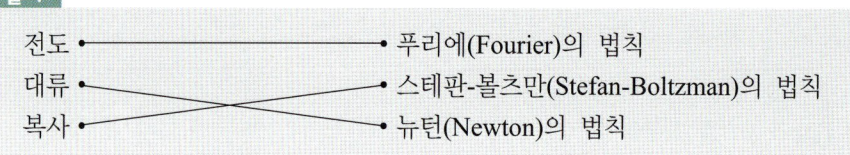

에너지관리기능사 실기 필답 과년도 문제 04회

2015.9.6 시행

※ 다음 물음의 답을 해당 답란에 답하시오. (배점 : 50)

001   방열기의 입구온도 90℃, 출구온도 72℃, 방열계수 7kcal/m^2·h·℃, 실내온도 18℃일 때, 이 방열기의 방열량은 몇 kcal/m^2·h인지 계산하시오.

> **풀이**
>
> - 계산과정 : $7 \times (\frac{90+72}{2} - 18) = 441$
> - 정답 : 441kcal/m^2h

002   다음은 팽창 탱크에 연결되는 관에 대한 설명이다. 각 설명에 해당하는 관의 명칭을 아래 보기에서 골라 쓰시오.

— **보기** —

팽창관, 오버플로관, 압축공기관, 급수관, 배기관, 배수관, 회수관

가. 팽창 탱크 내의 물이 일정 수위보다 더 올라갈 때 그 물을 배출하는 관 :
나. 보일러와 팽창 탱크를 연결하며 밸브나 체크 밸브를 설치하지 않는 관 :
다. 팽창 탱크 내에 물을 공급해 주는 관 :
라. 팽창 탱크 내의 물을 완전히 빼내기 위하여 설치하는 관

> **풀이**
>
> 가. 오버플로관
> 나. 팽창관
> 다. 급수관
> 라. 배수관

003 　높이가 650mm, 쪽수(섹션수)가 20인 5세주 방열기를 설치하고자 한다. 도면에 나타낼 도시기호를 아래의 그림에 표시하시오. (단, 유입 관경은 25A, 유출 관경은 20A이다.)

004 　강관 공작용 기계에서 동력나사 절삭기의 종류 3가지를 쓰시오.

> 풀이
>
> - 다이헤드형
> - 오스터형
> - 호브형

005 　다음은 강관의 굽힘 가공에 대한 설명이다. (　) 안에 알맞은 용어를 쓰시오.

> 강관의 굽힘 가공에 사용되는 파이프 벤딩 머신은 센터 포머, 엔드 포머, 램실린더, 유압펌프 등으로 구성된 이동식 현장용인 (①)식과, 공장에서 동일 모양으로 다량의 강관을 벤딩할 때 사용되는 (②)식으로 구분된다.

> 풀이
>
> ① 램, ② 로터리

006 　보일러 배관작업 시 같은 지름의 강관을 직선으로 연결할 때 사용할 수 있는 강관 이음쇠의 종류를 3가지만 쓰시오.

> 풀이
>
> - 유니언
> - 소켓
> - 니플

007 난방 방식은 크게 개별식 난방과 중앙식 난방으로 나눌 수 있다. 중앙식 난방법의 종류 3가지를 쓰시오.

> **풀이**
> - 직접식 난방
> - 간접식 난방
> - 복사 난방

008 하수관 등에서 발생한 유해가스나 악취 등이 실내로 들어오는 것을 방지하기 위해 설치하는 트랩의 종류를 5가지만 쓰시오.

> **풀이**
> - S트랩
> - U트랩
> - 벨트랩
> - P트랩
> - 드럼트랩

009 16℃의 물이 들어가 96℃의 물로 되는 온수 보일러가 있다. 보일러의 개방식 팽창 탱크 크기(ℓ)를 구하시오. (단, 방열기 출구의 온수 밀도 ρ_r = 0.99897kg/ℓ, 방열기 입구의 온수 밀도 ρ_f = 0.96122kg/ℓ, 전수량은 1,500ℓ, α = 2이다.)

> **풀이**
> - 계산과정 : $2 \times (\frac{1}{0.96122} - \frac{1}{0.99897}) \times 1,500 = 117.94$
> - 정답 : 117.94ℓ

010 5ton/h인 수관식 보일러에서 연돌로 배출되는 배기 가스량이 9,100Nm³/h이고, 연돌로 배출되는 배기가스온도는 250℃이다. 이 때 굴뚝의 상부 최소단면적이 0.7m²일 경우 배기가스 유속은 몇 m/s인가?

> **풀이**
> - 계산과정 : $\frac{9,100 \times (1+0.0037 \times 250)}{3,600 \times 0.7} = 6.95$
> - 정답 : 6.95m/s

에너지관리기능사 실기 필답 과년도 문제 05회

2015.11.21 시행

※ 다음 물음의 답을 해당 답란에 답하시오. (배점 : 50)

001 자동제어의 신호전달 방식을 공기압식, 유압식, 전기식으로 분류할 때 전기식 신호전달 방식의 장점을 3가지만 쓰시오.

> **풀이**
> - 배선의 용이하다.
> - 신호의 전달지연이 없다.
> - 신호의 복잡한 취급이 용이하다.

[참고]

전달방식	장점	단점
공기식	① 배관이 용이하다. ② 위험성이 없다. ③ 보존이 비교적 용이하다.	① 신호의 전달 지연이 있다. ② 조작 지연이 있다. ③ 원하는 특성을 살리기 어렵다.
유압식	① 조작속도가 크다. ② 조작력이 강대하다. ③ 원하는 특성의 것을 만드는 것이 용이	① 기름이 넘치면 더럽다. ② 인화의 위험이 있다. ③ 수기압 정도의 유압원이 필요하다.
전기식	① 배선의 용이하다. ② 신호의 전달지연이 없다. ③ 신호의 복잡한 취급이 용이하다.	① 조작속도가 빠른 비례조작부를 만드는 것이 곤란하다. ② 보존 기술을 요한다.

002 금속질 보온 피복재로 금속 특유의 반사특성을 이용하여 보온 효과를 얻을 수 있는 것으로 가장 대표적인 것은 무엇인가?

> **풀이**
> 알루미늄박

[참고] 금속질 보온재

금속 특유의 반사특성(복사열)을 이용한 것으로 가볍다.

보온재명	특성	열전도율(kcal/mh℃)	용도
알루미늄박	두께(0.007~0.01[mm])	$\lambda = 0.028 \sim 0.048$	보온재

003   급탕량이 3,000kg/h, 난방용 온수 공급량이 1,280kg/h인 온수보일러의 연료(경유) 소모량이 18kg/h이었다. 이 보일러의 효율은 몇 %인지 계산하시오. (단, 급탕용 급수의 보일러 입구온도 20℃, 급탕 공급온도 60℃, 난방용 온수 공급온도 70℃, 환수온도 40℃, 경유의 저위발열량 10,000kcal/kg, 물의 평균비열은 1kcal/kg·℃이다.)

> **풀이**
>
> - 계산과정 : $\dfrac{[3{,}000\times1\times(60-20)]+[1{,}280\times1\times(70-40)]}{10{,}000\times18}\times100=88$
> - 정답 : 88%

004   보일러에 사용되는 화염 검출기의 종류를 크게 나누어 3가지만 쓰시오.

> **풀이**
>
> - 플레임 아이   • 플레임 로드   • 스택 스위치

[참고]
① 플레임 아이 : 화염의 발광체 이용(광학적 성질 이용)
② 플레임 로드 : 화염의 이온화 이용(전기전도성 이용)
③ 스택 스위치 : 화염의 발열체 이용(열적변화 이용)

005   다음 설명은 각각 어떤 난방법인지 쓰시오.

가. 지하실 등 특정 장소에서 공기를 가열하고, 이 공기를 덕트(duct)를 통해서 각 방에 보내어 난방하는 방법
나. 방을 형성하고 있는 벽, 바닥, 천장 등에 패널을 매입하고 여기에서 나오는 열에 의해 난방하는 방법

> **풀이**
>
> 가. 간접 난방
> 나. 복사 난방(방사 난방)

[참고]
① 직접 난방 : 난방개소에 방열기를 설치하여 난방하는 형식
② 간접 난방 : 공조기를 설치 이 공기를 덕트를 통해서 난방개소에 공급하여 난방하는 형식
③ 방사(복사) 난방 : 벽, 바닥, 천장 등에 패널을 매입하고 여기에서 나오는 열에 의해 난방하는 방법

006 복관 중력순환식 온수 난방에서 송수온도가 88℃이고, 환수온도가 72℃이다. 난방부하가 8,100kcal/h인 거실의 온도를 일정하게 유지하려고 할 때 다음 물음에 답하시오.

가. 방열기로 거실을 난방할 때 필요한 온수 순환량은 몇 kg/h인지 계산하시오.
(단, 온수의 평균 비열은 1.0kcal/kg·℃로 한다.)

나. 거실의 난방을 주철제 방열기로 할 경우 방열기의 표준 섹션수는 몇 개인가?
(단, 1섹션당 방열면적은 0.36m²이며, 표준 방열량으로 계산한다.)

풀이

가. • 계산과정 : $\dfrac{8,100}{1\times(88-72)} = 506.25$

• 정답 : 506.25kg/h

나. • 계산과정 : $\dfrac{8,100}{450\times 0.36} = 50$

• 정답 : 50개

[참고]

• 온수 순환량 = $\dfrac{난방부하}{비열\times 온도차}$

• 방열기 쪽수(개) = $\dfrac{난방부하}{표준방열량\times 방열기\ 쪽당\ 면적}$

007 어떤 사무실에 설치된 온수방열기의 상당방열면적(E.D.R)이 7.5m²이었다. 난방부하는 몇 kcal/h인지 계산하시오.

풀이

• 계산과정 : 7.5×450 = 3,375

• 정답 : 3,375kcal/h

[참고]
난방부하 = E.D.R. × 표준방열량[kcal/m²h]

008 아래 그림은 스테인리스 강관 배관 시공법을 도시한 것이다. 청동 주물 본체 이음쇠에 스테인리스 강관을 삽입하고, 동합금제 링을 캡 너트로 조여 접속하는 방식의 결합법은 무엇인가?

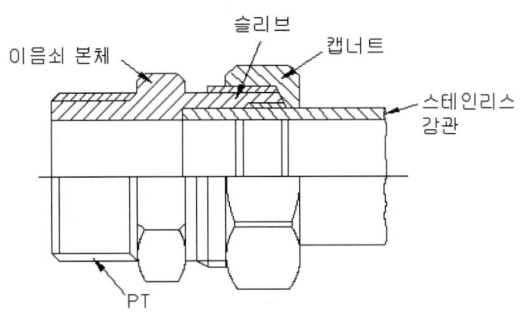

> **풀이**
>
> MR 조인트 이음

[참고] MR 조인트 이음
관의 나사 가공, 프레스 가공, 용접을 하지 않고 청동 주물제 이음새 본체에 스테인리스 강관을 삽입하고, 동합금제 링을 캡 너트로 죄어 고정시켜 접속하는 결합 방법

009 난방용 방열기의 종류를 형상에 따라 크게 나눌 때, 3가지만 쓰시오.

> **풀이**
>
> • 주형 방열기   • 벽걸이형 방열기   • 길드 방열기

[참고]
① 방열기의 종류
  • 형상에 따른 분류 : 주형 방열기, 벽걸이형 방열기, 길드 방열기, 대류 방열기 등
  • 재료에 따른 분류 : 주철제, 강판제, 기타 특수 금속제
  • 열매의 종류에 따른 분류 : 증기용, 온수용
② 주형 방열기 : 2주형, 3주형, 3세주형, 5세주형
③ 벽걸이 방열기 : 횡형(가로형), 종형(입형)
④ 길드 방열기 : 길이 1m 정도의 주철제로 된 파이프 방열기로서 방열면적을 크게 하기 위하여 관 표면에는 많은 핀을 부착한다.
⑤ 대류 방열기 : 대류 작용을 촉진하기 위하여 철제 캐비닛 속에 핀 튜브를 넣은 것으로 외관도 미려하고 열효율도 좋아 널리 사용된다. 대류 방열기는 노출형과 은폐형이 있으며 높이가 낮은 것은 베이스 보드히터라 한다. 유닛 히터는 핀 튜브의 위에 송풍기를 설치하여 대류 작용을 촉진하는 방열기이다.

010   보일러 연소 시에 통풍력 손실이 되는 원인 3가지를 쓰시오.

> **풀이**
> - 연도에 굴곡부가 너무 많을 때
> - 연도의 길이가 너무 길 때
> - 연돌의 상부 단면적이 너무 작을 때

[참고] 통풍력을 증가시키는 방법
① 연도의 길이는 짧고 굴곡부를 적게 한다.
② 연돌의 상부 단면적을 크게 한다.
③ 연돌의 높이를 높게 한다.
④ 배기가스의 온도를 높인다.

011   동관용 공구로써 압축 이음을 하고자 할 때 관 끝을 나팔형으로 만드는 데 사용되는 공구는 무엇인가?

> **풀이**
> 플레어링 툴

[참고] 동관용 공구
① 토치 램프 : 납땜, 동관접합, 벤딩 등의 작업을 하기 위해 가열용으로 사용하는 가열공구
② 사이징 툴 : 동관의 끝을 정확하게 원형으로 가공하는 공구
③ 튜브 벤더 : 동관 굽힘용 공구
④ 익스팬더 : 동관 확관용 공구
⑤ 플레어링 툴 : 동관 압축 접합용 공구 즉, 관 끝을 나팔형 모양으로 만드는 데 사용하는 공구

에너지관리기능사 실기 필답 과년도 문제 01회

2016.3.13 시행

※ 다음 물음의 답을 해당 답란에 답하시오. (배점 : 50)

001 다음 물음에 답하시오.

> • 보기 •
>
> 정해진 순서에 따라 제어단계를 순차적으로 진행하는 (①) 제어, 결과에 따라 출력을 가감하여 결과에 맞도록 수정하는 (②) 제어

[풀이]

① 시퀀스, ② 피드백

[참고]
① 시퀀스 제어(sequence control system) : 피드백 제어에 의하지 않고 정해진 순서에 따라 제어단계를 순차적으로 진행하는 방식
② 피드백 제어(feed-back control system) : 자동 제어 방식의 기본적인 것으로 신호에 의하여 주어진 목표값과 조작한 결과인 제어량이 원인이 되어 제어 동작을 되돌려 진행하는 것으로 출력 측의 신호를 입력 측으로 돌려보내는 조작으로 폐회로를 구성한다. 즉, 결과에 따라 출력을 가감하여 결과에 맞도록 수정하여 진행하는 방식

002 반지름이 80mm인 25A 강관을 90°로 굽힐 때, 굽힘부의 강관 길이는 몇 mm인지 계산하시오.

[풀이]

- 계산과정 : $3.14 \times 160 \times \dfrac{90}{360} = 125.6$
- 정답 : 125.6mm

[참고]
굽힘부 길이 계산식 = $3.4 \times 지름 \times \dfrac{각도}{360}$

003 기체 연료의 연소장치에서 확산형 가스버너의 형태 2가지를 쓰시오.

> **풀이**
> - 버너형 버너
> - 포트형 버너

[참고]
- 확산 연소 방식 : 버너형 버너, 포트형 버너
- 예혼합 연소 방식 : 저압 버너, 고압 버너, 송풍 버너

004 강관의 나사식 가단주철제 관이음쇠에 대한 설명이다. 다음 물음에 답하시오.

가. 동일 직경의 관을 직선으로 연결할 때, 사용되는 이음쇠 3가지를 쓰시오.
나. 관 끝을 막을 때, 사용되는 이음쇠 2가지를 쓰시오.

> **풀이**
> 가. ① 소켓, ② 니플, ③ 유니언
> 나. ① 캡, ② 플러그

[참고] 나사이음의 사용목적별 분류
① 배관의 방향을 바꿀 때 : 엘보, 벤드
② 관을 도중에서 분기할 때 : 티, 와이(Y), 크로스(+)
③ 같은 지름의 관(동경관)을 직선연결할 때 : 소켓, 유니언, 플랜지, 니플
④ 서로 다른 지름의 관(이경관)을 연결할 때 : 이경 소켓, 이경 엘보, 이경 티, 부싱
⑤ 관 끝을 막을 때 : 플러그, 캡

005 다음 [조건]을 참고하여 아래 [그림]과 같은 벽체의 열관류율은 몇 kcal/m²·h·℃인지 계산하시오.

[그림]	[조건]
모르타르 ▨▨ 콘크리트 실내 ┃ 실외 1cm 15cm	• 모르타르 열전도율 : 1.2kcal/m·h·℃ • 콘크리트 열전도율 : 1.3kcal/m·h·℃ • 실내 측 벽의 열전달률 : 8kcal/m²·h·℃ • 실외 측 벽의 열전달률 : 20kcal/m²·h·℃

풀이

- 계산과정 : $\dfrac{1}{\dfrac{1}{8}+\dfrac{0.01}{1.2}+\dfrac{0.15}{1.3}+\dfrac{1}{20}} = 3.35$
- 답 : 3.35kcal/m²h℃

[참고]

$$K = \dfrac{1}{\dfrac{1}{a_1}+\dfrac{b_1}{\lambda_1}+\dfrac{b_2}{\lambda_2}+\dfrac{1}{a_2}}$$

006 효율 80%인 보일러에서 발열량 10,000kcal/kg인 연료를 시간당 3.2kg로 연소시키면 보일러에서 발생하는 유효열량은 몇 kcal/h인지 계산하시오.

풀이

- 계산과정 : 10,000×3.2×0.8 = 25,600
- 답 : 25,600kcal/h

007 다음은 온수보일러 순환펌프 주위 바이패스 배관을 나타낸 것이다. 아래 물음에 답하시오.

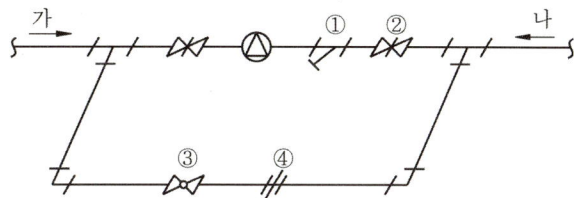

가. 부품 ① ~ ④의 명칭을 쓰시오.
나. 온수의 흐름 방향은 "가" 와 "나" 중 어느 것인가?

> **풀이**
> 가. ① 여과기, ② 게이트 밸브, ③ 글로브 밸브, ④ 유니언
> 나. "나"

008 다음 설명에 해당되는 보일러 화염검출기의 종류를 [보기]에서 골라 쓰시오.

· 보기 ·

- 플레임 로드
- 스택 스위치
- 콤비네이션 릴레이
- 플레임 아이
- 아쿠아 스탯

가. 화염이 발광체이므로 화염 중의 적외선이나 자외선을 광전관 등으로 검출하여 화염의 유무를 판단하는 것
나. 화염의 이온화를 이용하는 것으로 이온화되면 전기 전도성을 갖게 되고, 따라서 화염의 유무를 전류 흐름과 연관시켜 검출하는 것으로 주로 가스 버너에 적용되는 것
다. 보일러 연도에 설치되고 배기가스 열에 의하여 작동하는 바이메탈을 이용하여 화염을 검출하며, 주로 소용량 보일러에 사용되는 것

> **풀이**
> 가. 플레임 아이
> 나. 플레임 로드
> 다. 스택 스위치

[참고]
① 플레임 아이(flame eye) : 화염에서 나타나는 방사선을 전기적 신호로 바꾸어 화염의 정상 유무를 검출하는 형식으로 화염의 발광을 이용한 검출기이다. 종류로는 황화카드뮴셀(CdS셀), 황화납셀(PbS셀), 광전관, 자외선 광전관 등이 있다.
② 플레임 로드(flame rod, 가스 연료에만 적용된다) : 화염의 이온화현상(고온 측 : 양이온)을 통해 이때의 전기전도성을 이용하여 화염의 유무를 검출하는 형식이다.
③ 스택 스위치 : 화염의 발열현상을 이용한 것으로 내부에 바이메탈을 사용 열에 의한 팽창현상으로 화염의 정상 유무를 검출한다. 응답속도가 매우 느리므로 소용량 보일러에 사용한다.

009 다음 보일러 설비에 해당되는 기기 및 부속명을 [보기]에서 골라 각각 2개씩 적으시오.

• 보기 •

화장치, 인젝터, 과열기, 분연장치, 급수내관, 절탄기, 방폭문, 안전변

풀이

가. 급수장치 : ① 인젝터, ② 급수내관
나. 연소장치 : ① 분연장치, ② 점화장치
다. 폐열회수장치 : ① 과열기, ② 절탄기
라. 안전장치 : ① 방폭문, ② 안전변

[참고]
• 급수장치 : 인젝터, 급수내관, 급수밸브, 급수펌프 등
• 연소장치 : 점화장치, 버너, 화격자, 분연장치, 연소실, 연도 등
• 폐열회수장치 : 과열기, 재열기, 절탄기, 공기예열기
• 안전장치 : 안전 밸브, 방폭문, 방출 밸브, 화염검출기, 저수위경보장치

010 송풍기를 사용하는 강제통풍 시 통풍력을 조절하는 방법 3가지를 쓰시오.

풀이

• 송풍기 회전수 조절
• 댐퍼의 조절
• 흡입 베인의 개폐

[참고] 강제통풍 시 통풍력 조절
① 송풍기 회전수 조절
② 댐퍼 조절
③ 흡입 베인의 개폐

에너지관리기능사 실기 필답 과년도 문제 02회

2016.5.21 시행

※ 다음 물음의 답을 해당 답란에 답하시오. (배점 : 50)

001 보일러의 연돌로 배출되는 폐열 또는 여열을 이용하여 보일러의 효율을 향상시키기 위한 장치의 종류를 4가지 쓰시오.

> **풀이**
> - 과열기
> - 재열기
> - 절탄기
> - 공기예열기

002 보일러 연소장치에서 고체연료의 연소방식 3가지와 연소공기의 공급방식에 따른 기체연료 연소방식 2가지를 각각 쓰시오.

가. 고체연료의 연소방식

나. 연소공기의 공급방식에 따른 기체연료 연소방식

> **풀이**
> 가. ① 화격자 연소방식, ② 미분탄 연소방식, ③ 유동층 연소방식
> 나. ① 확산 연소방식, ② 예혼합 연소방식

003 방열기 배관을 역환수관식(reverse return) 방법으로 시공하고자 한다. 아래 그림에서 각 방열기와 환수배관(H.W.R) 사이의 배관 라인을 연결하여 도면을 완성하시오.

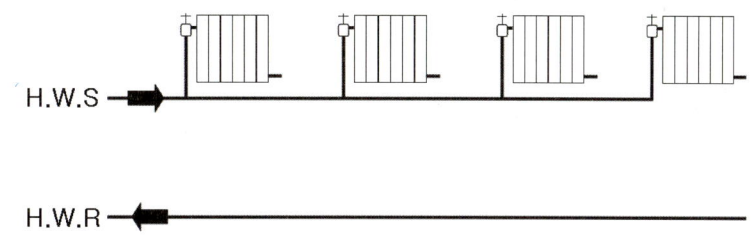

> **풀이**
> 점선 부분이 배관 라인을 연결하여 도면을 완성한 부분이다.
>
>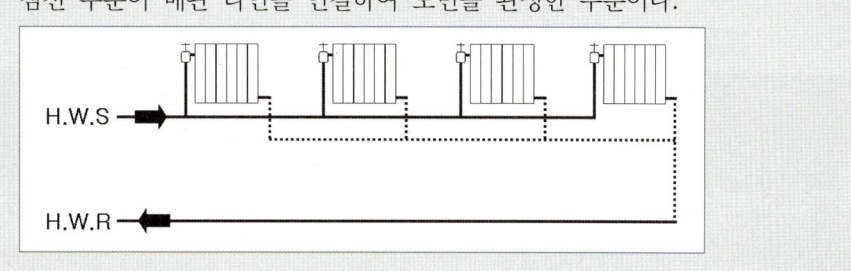

004 다음은 발열량을 측정하기 위한 열량계와 연료의 종류를 나열한 것이다. 서로 관계 있는 것끼리 연결하시오.

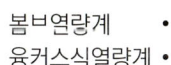

봄브열량계 •   • 기체연료 및 기화하기 쉬운 액체연료
융커스식열량계 •   • 고체연료 및 점도가 큰 액체연료

> **풀이**
>
>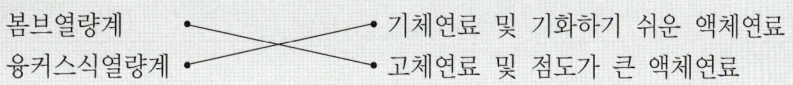

005 어떤 주택의 난방부하가 30,000kcal/h, 급탕부하가 20,000kcal/h, 배관부하가 20%, 예열부하가 25%인 경우, 보일러 정격출력(kcal/h)을 계산하시오. (단, 경유 연소 온수 보일러이다.)

풀이
- 계산과정 : $(30,000+20,000) \times (1+0.2) \times 1.25 = 75,000$
- 답 : 75,000kcal/h

006 보일러 통풍장치에 사용하는 송풍기의 종류를 3가지만 쓰시오.

풀이
① 다익형
② 플레이트형
③ 터보형

007 온수보일러 급탕량이 2.5ton/h이고, 난방용 온수공급량이 1.5ton/h인 보일러에서 경유 소모량이 18kg/h일 때, 다음의 조건을 참고하여 이 보일러 효율(%)을 계산하시오.

· 조건 ·
- 급탕수의 입구온도 : 20℃
- 급탕공급온도 : 60℃
- 난방용 송수온도 : 65℃
- 환수온도 : 40℃
- 경유의 저위발열량 : 10,500kcal/kg
- 물의 평균비열 : 1kcal/kg·℃

풀이
- 계산과정 : $\dfrac{[2,500 \times 1 \times (60-20) + 1,500 \times 1 \times (65-40)]}{10,500 \times 18} \times 100 = 72.7513$
- 답 : 72.75%

008 강관, 동관 등을 파이프 커터 등으로 절단하면 절단 면의 관 내부에 거스러미(burr)가 생겨 유체흐름을 방해하므로 거스러미를 반드시 제거해야 하는데, 이때 사용되는 공구 명칭을 쓰시오.

풀이
리머

009 온수난방의 시공법에서 배관방법 중 편심 이음에 대한 물음에 답하시오.

가. 온수관의 수평배관에서 올림기울기로 배관할 때에는 관의 어느 면과 맞추어 접속하는가?

나. 온수관의 수평배관에서 내림기울기로 배관할 때에는 관의 어느 면과 맞추어 접속하는가?

> **풀이**
>
> 가. 윗면
> 나. 아랫면

[참고] 편심 이음
온수관의 수평 배관에서 관 지름을 변경할 때는 증기관과 같이 편심 이음쇠를 사용한다. 올림 기울기로 배관할 때 관의 윗면을 맞추어 접속하고, 내림기울기로 할 때는 아랫면을 맞추어 시공한다.

010 보온재의 종류 중 유기질 보온재는 일반적으로 낮은 온도에 사용되고, 무기질 보온재는 상대적으로 높은 온도의 물체에 사용된다. 다음 보온재에서 유기질인 경우 "유", 무기질인 경우에는 "무" 자를 ( ) 안에 쓰시오.

```
① 우모 펠트 : (      )          ② 그라스 울 : (      )
③ 암면 : (      )               ④ 탄화 코르크 : (      )
⑤ 규조토 : (      )
```

> **풀이**
>
> ① 유, ② 무, ③ 무, ④ 유, ⑤ 무

011 피드백 자동제어 회로에서 기본 제어장치의 4개부를 쓰시오.

> **풀이**
>
> - 비교부
> - 조절부
> - 조작부
> - 검출부

에너지관리기능사 실기 필답 과년도 문제 04회

2016.8.27 시행

※ 다음 물음의 답을 해당 답란에 답하시오. (배점 : 50)

001 다음 그림은 가정용 온수 보일러의 계통도이다. ①~⑤의 명칭을 쓰시오.

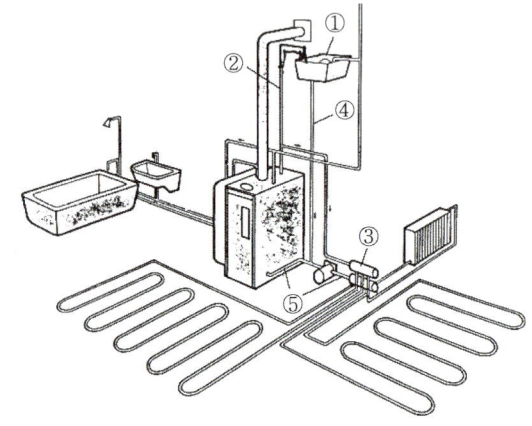

> **풀이**
> ① 팽창 탱크, ② 오버플로관, ③ 온수 분배기, ④ 팽창관, ⑤ 환수주관

002 어떤 콘크리트 벽체의 두께가 20cm일 때, 이 벽체의 열관류율을 구하시오. (단, 벽체의 열전도도 λ = 1.41kcal/m·h·℃, 실내의 열전달계수 $α_1$ = 8.06kcal/m²·h·℃, 실외의 열전달계수 $α_2$ = 20.0kcal/m²·h·℃이다.)

> **풀이**
> - 계산과정 : $K = \dfrac{1}{\dfrac{1}{α_1} + \dfrac{b}{λ} + \dfrac{1}{α_2}} = \dfrac{1}{\dfrac{1}{8.06} + \dfrac{0.2}{1.41} + \dfrac{1}{20.0}} = 3.17$
> - 답 : 3.17kcal/m²·h·℃

003 다음은 보일러 버너의 화염 여부를 검출하는 화염검출기 종류를 열거한 것이다. 각 검출기의 원리를 아래 [보기]에서 찾아 그 번호를 쓰시오.

> • 보기 •
>
> ① 화염의 이온화를 이용하여 전기 전도성으로 작동
> ② 광전관을 통해 화염의 적외선을 검출하여 작동
> ③ 연도에 설치되어 가스 온도 차에 의한 바이메탈을 이용

가. 플레임 아이 :

나. 플레임 로드 :

다. 스택 스위치 :

풀이

가. ②
나. ①
다. ③

004 다음 [보기]의 내용은 난방배관에 대해 설명한 것이다. ( ) 안에 들어갈 알맞은 말을 써 넣으시오.

> • 보기 •
>
> - 집단주택 등 소속구내의 각 건물 혹은 시가지에서 특정지역 전부에 걸쳐 특정 보일러에서 열매체를 보내 전체를 난방하는 일종의 중앙식 난방법은 (①) 난방법이다.
> - 응축수 환수법에 따라 증기난방법을 분류하면 중력 환수식, 기계 환수식, (②)으로 나눌 수 있다.
> - 보통 고온수식 난방은 (③)℃ 이상의 고온수를 사용하며, 밀폐식 팽창 탱크를 설치한다.

풀이

① 지역, ② 진공 환수식, ③ 100

005 수직형 벽걸이 주철제 방열기 5쪽(섹션)을 조합한 것으로 유입관의 지름이 25mm이고, 유출관 지름이 20mm 인 경우 다음의 방열기 도시기호 안에 그 기호 및 숫자를 기재하시오.

풀이

006 다음의 설명은 보일러의 각각 어떤 장치에 대한 설명인지 쓰시오.

가. 보일러 파열사고의 방지, 보충수의 공급 및 장치 내 공기를 제거하는 기능을 갖고 있는 장치
나. 순환수 장치 내에 침입한 공기를 수동으로 외부로 방출하기 위한 장치(부속품)

풀이
가. 팽창 탱크
나. 공기방출기

007 보일러 철의 무게가 1ton, 물의 양이 250kg, 보일러수의 처음 온도가 10℃이며, 난방 송수온도가 80℃이다. 철의 비열이 0.12kcal/kg·℃, 물의 비열이 1kcal/kg·℃일 때 예열 부하(kcal)를 계산하시오.

풀이
- 계산과정 : $[(1{,}000 \times 0.12 + 250 \times 1)] \times (80 - 10) = 25{,}900$
- 답 : 25,900kcal

[참고]
예열 부하 = [(철 무게×철의 비열)+(물의 양×물의 비열)]×온도차

008 보일러 액체 연료 연소장치인 버너의 종류를 3가지만 쓰시오.

> **풀이**
> - 유압 분무식 버너(또는 압력 분무식)
> - 저압공기 분무식 버너
> - 건타입 버너

[참고] 액체 연료용 버너
① 유압 분무식
② 기류식 버너(저압공기 분무식, 고압공기 분무식)
③ 회전식 버너
④ 건타입 버너

009 연도 내의 연소가스 온도, 연도 단면적, 연돌의 높이와 통풍작용의 관계를 각각 설명한 것으로 적절한 것을 고르시오.

가. 연소가스 온도가 높을수록 통풍력은 (증가 / 감소)한다.
나. 연돌의 단면적이 클수록 통풍력은 (증가 / 감소)한다.
다. 연돌의 높이가 높을수록 통풍력은 (증가 / 감소)한다.

> **풀이**
> 가. 증가
> 나. 증가
> 다. 증가

[참고] 통풍력을 크게 하려면
① 연돌의 높이를 높인다.
② 배기가스 온도를 높인다.
③ 굴곡부를 줄인다.(굴곡부 3개소 이내)
④ 연돌 상부 단면적을 크게 만든다.

010 난방부하에서 보온효율이 80%일 때 보온관의 열손실, 즉 배관부하가 4,000kcal/h이다. 보온피복을 하지 않은 나관(裸管)이라면 시간당 손실열량(kcal/h)을 계산하시오.

풀이

- 계산과정 : $\dfrac{4,000}{1-0.8} = 20,000$
- 답 : 20,000kcal/h

[참고]

나관 열손실 = $\dfrac{보온관\ 열손실}{(1-보온\ 효율)}$[kcal/h]

에너지관리기능사 실기 필답 과년도 문제 05회

2016.11.26 시행

※ 다음 물음의 답을 해당 답란에 답하시오. (배점 : 50)

001 비례동작(p)의 비례감도가 4인 경우 비례대는 몇 %인지 구하시오.

> **풀이**
> - 계산과정 : $\dfrac{100}{4} = 25$
> - 답 : 25%

[참고]
비례대는 100을 감도로 나눈 값이며, 단위는 %이다.

$PB = \dfrac{1}{K_G} \times 100$ [PB : 비례대, K_G : 감도]

002 다음 화염 검출기 중 가스연료에 사용할 수 있는 검출기를 3가지 골라 답란에 번호로 쓰시오.

· 보기 ·
① CdS셀   ② PbS셀   ③ 적외선 광선관
④ 자외선 광전관   ⑤ 플레임 로드

> **풀이**
> ②, ④, ⑤

[참고]
① CdS셀 : 중유용
② PbS셀 : 가스, 등유용
③ 적외선 광전관 : 중유용
④ 자외선 광전관 : 가스용
⑤ 플레임 로드 : 가스용

003 기체연료의 특징을 5가지 쓰시오.

> **풀이**
> - 대기 오염을 초래하지 않는다.
> - 가스폭발 위험성이 크다.
> - 연소효율이 높다.
> - 가격이 비싸다.
> - 황분·회분이 거의 없어 전열면 오손이 없다.

[참고] 기체연료의 특징
① 대기 오염을 초래하지 않는다.
② 가스폭발 위험성이 크다.
③ 연소효율이 좋고, 작은 공기비로 완전연소 가능
④ 황분·회분이 거의 없어 전열면 오손이 없다.
⑤ 가격이 비싸다.
⑥ 시설비가 많이 든다.

004 가로 3m, 세로 3m, 두께 200mm인 평면 벽이 있다. 벽 양면의 온도차가 30℃이고, 벽의 열전도율이 1.2kcal/m·h·℃일 때, 30분간 이 벽을 통과하는 열량(kcal)을 계산하시오.

> **풀이**
> - 계산과정 : $\dfrac{1.2 \times 3 \times 3 \times 30 \times 0.5}{0.2} = 810$
> - 답 : 810kcal

005 동관 작업용 공구를 5가지만 쓰시오. (단, 측정용 공구는 제외한다.)

> **풀이**
> - 플레어링 툴
> - 익스팬더
> - 튜브 벤더
> - 사이징 툴
> - 토치 램프

[참고] 동관용 공구
① 토치 램프 : 가열용으로 사용하는 가열공구
② 사이징 툴 : 동관의 끝을 정확하게 원형으로 가공하는 공구
③ 튜브 벤더 : 동관 굽힘용 공구
④ 익스팬더 : 동관 확관용 공구
⑤ 플레어링 툴 : 동관 압축 접합용 공구

006 온수난방 설비 분류 중 순환방식에 대한 분류 2가지를 쓰고, 각각에 대해 설명하시오.

풀이
- 자연 순환식 : 온수의 온도 차에 의한 비중력 차로 순환하는 방식
- 강제 순환식 : 순환 펌프를 사용하여 온수를 순환시키는 방식

007 신호전달방식의 종류에는 공기압식, 유압식, 전기식이 있다. 이 중 전기식의 특징 2가지를 쓰시오.

풀이
- 신호의 전달지연이 없다.
- 배선의 용이

[참고] 전달방식에 의한 각 특징 비교

전달방식	장점	단점
공기식	① 배관이 용이하다. ② 위험성이 없다. ③ 보존이 비교적 용이하다.	① 신호의 전달 지연이 있다. ② 조작 지연이 있다. ③ 원하는 특성을 살리기 어렵다.
유압식	① 조작속도가 크다. ② 조작력이 강대하다. ③ 원하는 특성의 것을 만드는 것이 용이하다.	① 기름이 넘치면 더럽다. ② 인화의 위험이 있다. ③ 수기압 정도의 유압원이 필요하다.
전기식	① 배선의 용이하다. ② 신호의 전달지연이 없다. ③ 신호의 복잡한 취급이 용이하다.	① 조작속도가 빠른 비례조작부를 만드는 것이 곤란하다. ② 보존에 기술이 요한다.

008 1일(24시간) 온수 순환량이 6,000kg이 필요한 건물의 급수온도가 20℃이고, 급탕온도가 60℃이다. 온수비열이 0.998kcal/kg·℃인 경우, 이 건물의 난방부하(kcal/h)를 계산하시오.

> **풀이**
>
> - 계산과정 : $\dfrac{6,000}{24} \times 0.998 \times (60-20) = 9,980$
> - 답 : 9,980kcal/h

009 원심식 송풍기의 풍량조절 방법 3가지를 쓰시오.

> **풀이**
>
> - 댐퍼의 조절에 의한 것
> - 섹션 베인의 개도에 의한 방법
> - 전동기 회전수에 의한 방식

[참고] 풍량조절방식
① 댐퍼의 조절에 의한 것
② 섹션 베인의 개도에 의한 방법
③ 전동기 회전수에 의한 방식
④ 가변피치 조절에 의한 방법

010 다음은 강철제 보일러시공 시 수압시험 요령을 설명한 것이다. ( ) 안에 알맞은 숫자를 쓰시오.

> 최고사용압력이 0.43MPa 이하 보일러의 압력시험은 그 최고사용압력의 (①)배의 압력으로 한다. 다만, 그 시험압력이 (②)MPa 미만일 경우는 0.2MPa 압력으로 하고, 공기를 빼고 물을 채운 후 천천히 압력을 가하여 규정된 시험 수압에 도달한 후 (③)분이 경과된 후 검사를 실시하여 검사가 끝날 때까지 그 상태를 유지한다.

> **풀이**
>
> ① 2, ② 0.2, ③ 30

[참고] 수압시험압력
① 강철제 보일러
  • 최고사용압력이 0.43MPa(4.3kgf/cm^2) 이하일 때에는 그 최고사용압력의 2배의 압력으

로 한다. 다만, 그 시험압력이 0.2MPa(2kgf/cm²) 미만인 경우에는 0.2MPa(2kgf/cm²)로 한다.
- 최고 사용압력이 0.43MPa(4.3kgf/cm²) 초과, 1.5MPa(15kgf/cm²) 이하일 때에는 그 최고사용압력의 1.3배에 0.3MPa(kgf/cm²)을 더한 압력으로 한다.
- 최고사용압력이 1.5MPa(15kgf/cm²)을 초과할 때에는 그 최고사용압력의 1.5배의 압력으로 한다.

② 주철제보일러
- 최고사용압력이 0.43MPa(4.3kgf/cm²) 이하일 때는 그 최고사용압력의 2배의 압력으로 한다. 다만, 시험압력이 0.2MPa(2kgf/cm²) 미만인 경우에는 0.2MPa{kgf/cm²)로 한다.
- 최고사용압력이 0.43MPa(4.3kgf/cm²)을 초과할 때는 그 최고사용압력의 1.3배에 0.3MPa(3kgf/cm²)을 더한 압력으로 한다.

③ 수압시험 방법
- 공기를 빼고 물을 채운 후 천천히 압력을 가하여 규정된 시험 수압에 도달된 후 30분이 경과된 뒤에 검사를 실시하여 검사가 끝날 때까지 그 상태를 유지한다.
- 시험수압은 규정된 압력의 6% 이상을 초과하지 않도록 모든 경우에 대한 적절한 제어를 마련하여야 한다.

011 다음은 개방식 팽창 탱크의 배관도면이다. ①~⑤의 관 명칭을 쓰시오.

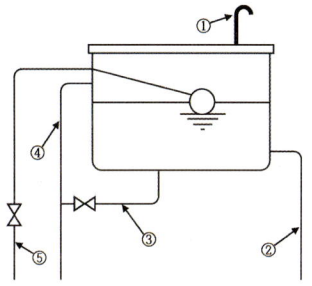

> **풀이**
>
> ① 배기관, ② 팽창관, ③ 배수관(드레인관), ④ 오버플로관, ⑤ 급수관

[참고]

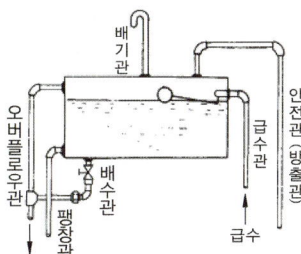

에너지관리기능사 실기 필답 과년도 문제 01회

2017.3.11 시행

※ 다음 물음의 답을 해당 답란에 답하시오. (배점 : 50)

001 배관 작업에 응용할 수 있는 방식(防蝕)방법의 종류를 3가지만 쓰시오.

> **풀이**
> - 희생양극법
> - 외부전원법
> - 선택배류법

[참고] 전기방식의 종류
① 희생양극법
② 외부전원법
③ 선택배류법
④ 강제배류법

002 다음 각 ( ) 안에 알맞은 용어를 쓰시오.

> 원심력에 의하여 양수되는 원심식 펌프로서 안내날개가 없는 것을 (①) 펌프라고 하며, 안내날개가 있는 것을 (②) 펌프라고 한다.

> **풀이**
> ① 볼류트, ② 터빈

[참고] 원심펌프
① 볼류트 펌프(20m 이하의 저양정용)
② 터빈 펌프(안내깃이 있으며, 20m 이상의 고양정용으로 사용됨)

003 보일러 연소장치 중 액체연료 장치인 중유 버너의 종류 5가지만 쓰시오.

> **풀이**
> - 유압분무식
> - 회전식 버너
> - 고압공기 분무식 버너
> - 저압공기 분무식 버너
> - 건타입 버너

004 강철제 가스용 온수보일러의 전열면적이 12m²이고, 보일러의 최고사용압력이 0.25MPa일 때, 수압시험 압력(MPa)은 얼마로 해야 하는지 쓰시오.

> **풀이**
> - 계산과정 : 0.25×2 = 0.5
> - 답 : 0.5MPa

[참고] 수압시험압력
① 최고사용압력이 0.43Mpa 이하 : 최고사용압력의 2배로 수압시험을 실시함
② 최고사용압력이 0.43Mpa ~ 1.5Mpa 이하 : 최고사용압력의 1.3배에 0.3을 더한 압력으로 수압시험을 실시함
③ 최고사용압력이 1.5Mpa 이상 : 최고사용압력의 1.5배로 수압시험을 실시함

005 어떤 온수보일러에서 연돌의 통풍력을 계산하려고 한다. 굴뚝의 높이가 5m이고 외기의 비중량은 1.3kg/m³이며 연소가스의 비중량은 0.8kg/m³이었다. 이 보일러의 통풍력 [mmAq]을 계산하시오.

> **풀이**
> - 계산과정 : 5×(1.3-0.8) = 2.5
> - 답 : 2.5mmAq

[참고]
$$Z = H \times (r_a - r_g)$$
$$Z = H \times \left(\frac{273 \times r_a}{273 + t_a} - \frac{273 \times r_g}{273 + t_g}\right)$$

- Z : 통풍력(mmAq)
- H : 연돌의 높이(m)
- r_a : 외기의 비중량(kg/Nm³)
- r_g : 배기가스의 비중량(kg/Nm³)
- t_a : 외기의 온도(℃)
- t_g : 배기가스의 온도(℃)

006 어떤 주택의 거실에 시간당 필요한 공급 열량이 6,300kcal/h이고, 5세주형 주철제 온수 방열기를 설치하려고 한다. 필요한 방열기 쪽수는 몇 개인지 구하시오. (단, 방열기 1쪽당 방열면적은 0.28m²이고, 방열기의 방열량은 표준방열량으로 계산한다.)

풀이

- 계산과정 : $\dfrac{6,300}{450 \times 0.28} = 50$
- 답 : 50개

[참고]

방열기 쪽수 = $\dfrac{\text{난방부하}}{\text{방열량} \times \text{쪽당방열면적}}$

007 아래 조건을 이용하여 연소공기의 현열(kcal/kg)을 계산하시오.

· 조건 ·

- O_2 : 6.7%, CO : 0.13%, CO_2 : 11.8%
- 보일러 최대 연속증발량 : 500kg/h
- 보일러 최고 압력(상용) : 5kg/cm², 외기온도 20℃, 실내온도 25℃
- 이론 연소 공기량 : 10.709Nm³/kg, 공기비열 : 0.31kcal/Nm³·℃
- 공기비(m) : 1.47

풀이

- 계산과정 : $10.709 \times 1.47 \times 0.31 \times (25-20) = 24.40$
- 답 : 24.40kcal/kg

[참고]

공기의 현열 = 실제공기량 × 공기의 비열 × 온도차

008 동관 접합 방식의 종류를 3가지만 쓰시오.

풀이

플레어 접합(압축 이음), 납땜 접합, 용접 접합

[참고] 동관 접합의 종류
① 플레어 접합(압축 이음) ② 납땜 접합(연납땜, 경납땜)
③ 용접 접합 ④ 플랜지 접합

009 자동제어에서 신호 전송방법 2가지를 쓰시오.

> **풀이**
>
> • 전기식, 유압식

[참고] 신호 전송방법
① 전기식
② 유압식
③ 공기식

010 프로판 가스의 연소화학식에 알맞은 수를 쓰시오.

$$C_3H_8 + (\ ①\ )O_2 \rightarrow 3CO_2 + (\ ②\ )H_2O + 2,4370 kcal/Nm^3$$

> **풀이**
>
> ① 5, ② 4

[참고] 프로판(C_3H_8)의 완전연소 반응식
$C_3H_8 + 5O_2 \rightarrow 3CO_2 + 4H_2O + 2,4370 kcal/Nm^3$

011 온수순환 펌프의 나사 이음 바이패스(by-pass) 배관도를 아래의 부속을 사용하여 사각형 안에 도시하고, 유체흐름 방향을 화살표로 표시하시오.

• 사용 부속 •

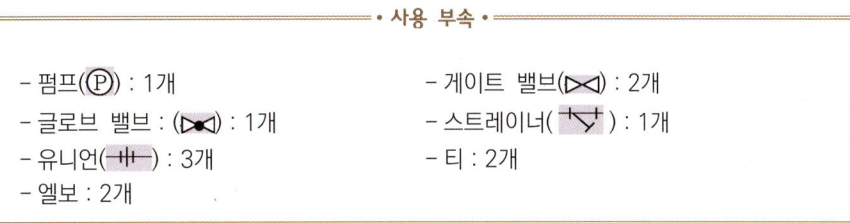

> **풀이**
>
>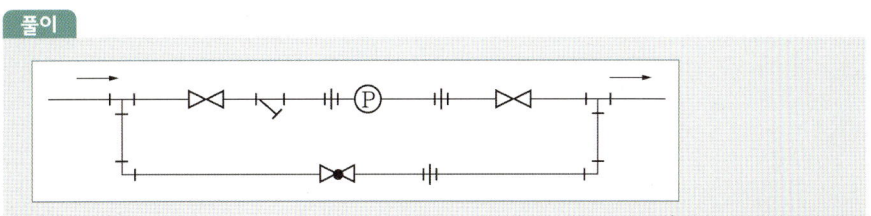

에너지관리기능사 실기 필답 과년도 문제 02회

2017.5.20 시행

※ 다음 물음의 답을 해당 답란에 답하시오. (배점 : 50)

001 보일러에 부착되는 안전장치의 종류를 5가지만 쓰시오.

> **풀이**
> - 안전 밸브
> - 증기압력제한기
> - 저수위 경보장치
> - 가용전
> - 방폭문

002 다음 그림은 연소가스 흐름 방향에 따른 과열기의 형태이다. 각각 어떤 형식의 과열기인지 쓰시오.

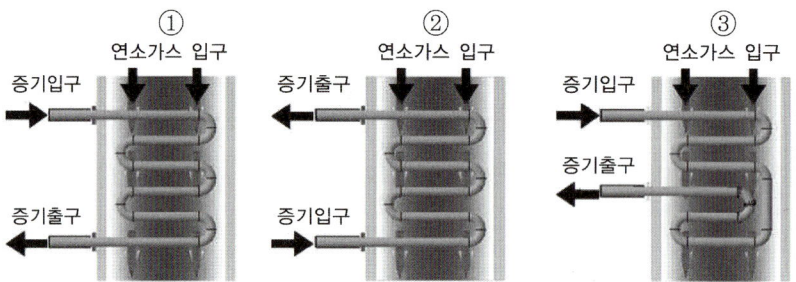

> **풀이**
> ① 병류형, ② 향류형, ③ 혼류형

003 보온재의 구비조건을 5가지만 쓰시오.

> **풀이**
> - 열전도율이 작을 것
> - 독립성 다공질일 것
> - 흡수, 흡습성이 작을 것
> - 기계적 압축강도가 있을 것
> - 시공성이 우수할 것

[참고] 보온재의 구비조건
① 독립기포의 다공질일 것
② 시공성이 우수할 것
③ 열전도율이 작을 것
④ 기계적 압축강도가 있을 것
⑤ 비중(밀도)이 작을 것
⑥ 흡수, 흡습성이 작을 것

004 유류 연소 온수 보일러의 정격출력(부하)이 49,000kcal/h이고, 보일러 효율이 80%인 경우 1시간당 연료 소비량(kg/h)을 계산하시오. (단, 연료의 발열량은 9,800 kcal/kg이다.)

> **풀이**
> - 계산과정 : $\dfrac{49,000}{9,800 \times 0.8} = 6.25$
> - 답 : 6.25kg/h

005 상향 공급식 중력 순환의 온수난방에서 송수의 온도가 90℃이고, 환수의 온도가 70℃이다. 실내온도를 20℃로 할 경우 응접실에 설치할 방열기의 소요 방열 면적(m²)을 구하시오. (단, 방열계수는 7kcal/m²·h·℃이고, 난방 부하가 4,200kcal/h이다.)

> **풀이**
> - 계산과정 : $\dfrac{4,200}{7 \times (\dfrac{90+70}{2} - 20)} = 10$
> - 답 : 10m²

[참고] 난방부하 = 방열량×방열면적

- 면적 = $\dfrac{난방부하}{방열량}$
- 소요방열량 = (방열기 내 평균온도 − 실내온도)

006 다음은 어떤 도면에 표시된 주철방열기 도시기호이다. 아래 사항은 각각 무엇을 표시하는지 쓰시오.

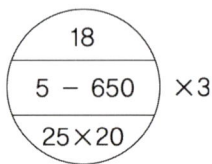

풀이

- 18 : 쪽수
- 5 : 5세주형
- 650 : 높이치수 650mm
- 25 : 유입 측의 관지름 25A
- 3 : 방열기 3개

007 어느 건물의 외기에 접한 벽체 면적이 64m²인 사무실에 4.8m² 면적의 유리 창문을 4개소 설치할 경우 이 벽체를 통한 손실열량(kcal/h)을 구하시오. (단, 실내온도는 20℃, 외기온도 −8℃, 벽체의 열관류율은 0.53kcal/m²·h·℃이며, 이 건물은 동향으로 위치하고 있다. 이때 건물의 방위계수는 1.1을 적용하고, 유리 창문을 통한 손실열량은 제외한다.)

풀이

- 계산과정 : 0.53×64×(20+8)×1.1 = 1044.736
- 답 : 1044.74kcal/h

008 가스용 강철제 소형온수보일러의 수압시험 압력에 대한 설명이다. ( )에 들어갈 알맞은 용어 또는 숫자를 쓰시오.

> 보일러의 최고사용압력이 0.43MPa 이하일 때에는 그 (①)의 (②)배로 한다.
> 다만, 그 시험압력이 (③)MPa 미만인 경우에는 (④)MPa로 한다.

풀이

① 최고사용압력, ② 2, ③ 0.2, ④ 0.2

009 다음은 온수보일러의 난방 계통도이다. ①~③의 부품의 명칭과 ⓐ, ⓑ 관의 명칭을 쓰시오.

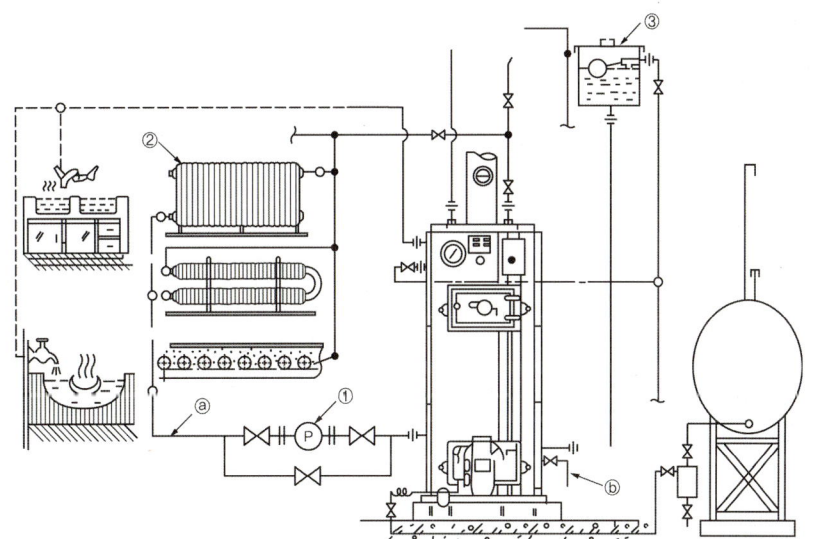

풀이

① 순환 펌프, ② 방열기, ③ 팽창 탱크
ⓐ 환수주관, ⓑ 분출관(배수관)

010 다음은 송풍기에서의 상사법칙에 관한 설명이다. 각각 (   ) 안에 들어갈 내용을 쓰시오.

> (①)은(는) 송풍기 회전수에 비례하며, (②)은(는) 송풍기 회전수의 제곱에 비례하고, (③)은(는) 송풍기 회전수의 세제곱에 비례한다.

풀이

① 풍량, ② 압력, ③ 동력

[참고] 송풍기의 상사법칙
① 회전수 변화의 1제곱에 비례하는 것(용량)
　　$Q_2 = Q_1 \times (N_2 / N_1)$
② 회전수 변화의 2제곱에 비례하는 것(정압, 풍압)
　　$Ps_2 = Ps_1(N_2 / N_1)^2$
③ 회전수 변화의 3제곱에 비례하는 것(마력, 동력)
　　$P_2 = P_1 \times (N_2 / N_1)^3$

에너지관리기능사 실기 필답 과년도 문제 04회

2017.9.9 시행

※ 다음 물음의 답을 해당 답란에 답하시오. (배점 : 50)

001 지름이 같은 강관을 직선 연결할 때 사용하는 이음쇠 종류 2가지를 쓰시오.

> **풀이**
>
> - 소켓
> - 유니언

[참고] 나사 이음의 사용목적별 분류
① 배관의 방향을 바꿀 때 : 엘보, 벤드
② 관을 도중에서 분기할 때 : 티, 와이(Y), 크로스(+)
③ 같은 지름의 관(동경관)을 직선연결 할 때 : 소켓, 유니온, 플랜지, 니플
④ 서로 다른 지름의 관(이경관)을 연결할 때 : 이경 소켓, 이경 엘보, 이경 티, 부싱
⑤ 관 끝을 막을 때 : 플러그, 캡

002 다음 그림은 보일러 자동 피드백 제어의 회로구성을 나타낸 것이다. ①~⑤에 해당하는 제어요소를 각각 쓰시오.

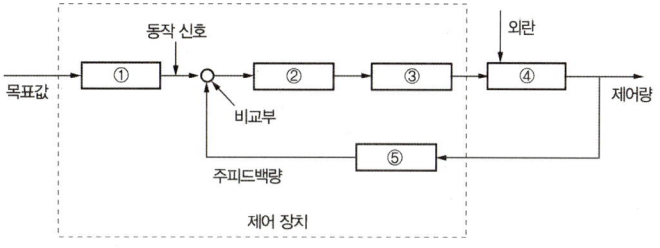

> **풀이**
>
> ① 설정부
> ② 조절부
> ③ 조작부
> ④ 제어대상
> ⑤ 검출부

003 열손실량이 5,000kcal/h인 어떤 온수 배관에 보온 피복을 하였더니 손실열량이 1,000kcal/h가 되었다. 시공된 보온재의 보온 효율(%)을 구하시오.

> **풀이**
> - 계산과정 : $\dfrac{5,000 - 1,000}{5,000} \times 100 = 80$
> - 답 : 80%

[참고]
보온 효율 = $\dfrac{Q_0 - Q}{Q_0} \times 100$

004 10℃의 물이 길이 25m의 동관 내에서 물의 온도가 90℃로 상승한 경우 동관의 팽창 길이(mm)를 계산하시오. (단, 동관의 선팽창계수는 0.000018mm/mm·℃이고, 동관의 온도는 동관 내 물의 온도와 일치한다.)

> **풀이**
> - 계산과정 : 0.000018×25,000×(90-10) = 36mm
> - 답 : 36mm

005 배관 치수 기입법에 대한 설명이다. 알맞은 표시 기호를 쓰시오.

가. 지름이 다른 관의 높이를 나타낼 때 적용되며 관 외경의 아랫면까지를 기준으로 표시

나. 포장된 지표면을 기준으로 배관장치의 높이를 표시

다. 1층의 바닥면을 기준으로 하여 높이를 표시

> **풀이**
> 가. BOP
> 나. GL
> 다. FL

[참고] 높이표시
① EL : 배관의 높이를 관의 중심을 기준으로 표시한 것
② BOP : 지름이 서로 다른 관의 높이 표시방법으로 관 바깥지름의 아랫면까지의 높이를 기준으로 표시한 것

③ TOP : 관의 바깥지름의 윗면을 기준으로 표시한 것
④ GL : 포장된 지면을 기준으로 하여 배관장치의 높이를 표시할 때 적용된다.
⑤ FL : 각층 바닥을 기준으로 하여 높이를 표시한 것

006 [보기]의 설명을 읽고 내용에 알맞은 장치의 명칭을 쓰시오.

― • 보기 • ―

가. 고압수관 보일러에서 기수 드럼에 부착하여 송수관을 통하여 상승하는 증기 중에 혼입된 수분을 분리하기 위한 내부의 부속기구
나. 둥근 보일러 동 내부의 증기 취출구에 부착하여, 송기 시 비수 발생을 막고 캐리오버 현상을 방지하기 위한 다수의 구멍이 많이 뚫린 횡관을 설치한 것
다. 주증기 밸브에서 나온 증기를 잠시 저장한 후 각 소요처에 증기량을 조절하여 보내주는 설비
라. 여분의 발생증기를 일시 저장하는 기구이며 잉여분의 저축한 증기를 과부하 시에 방출하여 증기의 부족량을 보충하는 기구
마. 증기계통이나 증기관 방열기 등에서 고인 응축수를 연속 자동으로 외부로 배출하는 기구

풀이

가. 기수 분리기
나. 비수 방지관
다. 증기 헤더
라. 증기 축열기
마. 증기 트랩

007 어느 주택에서 온수보일러를 설치하기 위해 부하를 측정한 결과 다음과 같은 결과를 얻었다. 이 주택에 설치해야 할 온수보일러의 정격 용량(kW)을 구하시오.

- 난방부하 : 10,000kcal/h
- 배관부하 : 4,000kcal/h
- 증발률 : 20kg/m²·h
- 급탕부하 : 8,500kcal/h
- 시동부하 : 2,500kcal/h
- 급탕량 : 4,500`L/h

풀이

- 계산과정 : 10,000+8,500+4,000+2,500 = 25,000kcal/h = $\dfrac{25,000}{860}$ = 29.10
  ※ 1kW = 860kcal/h
- 답 : 29.10kW

008 　보일러의 급수제어방식(FWC, Feed Water Control) 중 급수제어를 위한 3요소식의 필요 요소 3가지를 쓰시오.

> **풀이**
>
> 수위, 증기량, 급수량

[참고] 급수제어(FWC : Feed Water Control)
급수의 양을 자동으로 보충하여 조절하는 제어장치
① 단요소식(수위만 검출)
② 2요소식(수위와 증기량 검출)
③ 3요소식(수위·증기량·급수량 검출)

009 　동관의 연납(soldering) 이음 작업 시 필요한 공구를 5가지만 쓰시오. (단, 재료의 준비 단계에서부터 작업의 완성 단계까지 필요한 공구이며, 측정공구는 제외한다.)

> **풀이**
>
> 사이징 툴, 튜브벤더, 익스팬더, 플레어링 툴, 토치 램프

[참고] 동관용 공구
① 토치 램프 : 납땜, 동관접합, 벤딩 등의 작업을 하기 위해 가열용으로 사용하는 가열공구로서, 가솔린용과 석유용이 있다.
② 사이징 툴 : 동관의 끝을 정확하게 원형으로 가공하는 공구
③ 튜브 벤더 : 동관 굽힘용 공구
④ 익스팬더 : 동관 확관용 공구
⑤ 플레어링 툴 : 동관 압축 접합용 공구

010 다음 그림은 어떤 온수보일러의 계통도이다. ①~⑤의 명칭을 각각 쓰시오.

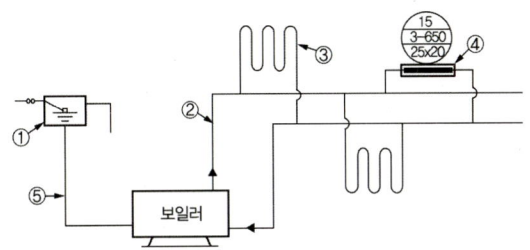

> **풀이**
>
> ① 팽창 탱크
> ② 송수주관
> ③ 방열관
> ④ 방열기
> ⑤ 팽창관

011 증기난방과 비교하여 온수난방의 장점을 5가지만 쓰시오.

> **풀이**
>
> ① 방열량 조절이 쉽다.
> ② 동결의 위험이 작다.
> ③ 방열면적을 넓게 할 수 있다.
> ④ 취급이 용이하다.
> ⑤ 증기난방에 비해 쾌감도가 좋다.

[참고] 증기난방과 비교한 온수난방의 특징
① 예열시간이 길다.
② 방열량의 조절이 쉽다.
③ 동결의 위험이 작다.
④ 방열면적이 넓고 취급이 쉽다.
⑤ 건축물의 높이에 제한을 받는다.
⑥ 증기난방에 비해 쾌감도가 좋다.

에너지관리기능사 실기 필답 과년도 문제 05회

2017.11.25 시행

※ 다음 물음의 답을 해당 답란에 답하시오. (배점 : 50)

001   호칭지름 20A의 강관을 곡률반경 100mm로 90° 굽힘 할 때 곡관부의 길이(mm)를 구하시오.

풀이

- 계산과정 : $3.14 \times 200 \times \dfrac{90}{360} = 157$
- 답 : 157mm

[참고]

$2\pi r \times \dfrac{각도}{360}$ 즉, $\pi D \times \dfrac{각도}{360}$

002   다음 보온재를 무기질 보온재와 유기질 보온재로 구분하시오. (무기질 보온재인 경우 "무", 유기질 보온재인 경우 "유" 자를 쓰시오.)

- 규조토 :
- 탄산마그네슘 :
- 글라스 울 :
- 우모 펠트 :
- 세라믹 파이버 :

풀이

- 규조토 : 무
- 탄산마그네슘 : 무
- 글라스 울 : 무
- 우모 펠트 : 유
- 세라믹 파이버 : 무

003　난방 부하가 15,300kcal/h인 주택에 효율 85%인 가스보일러로 난방하는 경우 시간당 소요되는 가스의 양(Nm³/h)을 구하시오. (단, 가스의 저위발열량은 6,000kcal/Nm³이다.)

풀이

- 계산과정 : $\dfrac{15,300}{6,000 \times 0.85} = 3$
- 답 : 3Nm³/h

[참고]

효율 = $\dfrac{\text{난방부하}}{\text{연료의 발열량} \times \text{연료사용량}}$

004　아래 그림과 같이 지름 20A인 강관을 2개의 45° 엘보로 결합하고자 한다. 관의 실제 길이는 몇 mm로 절단해야 하는지 구하시오. (단, 엘보의 나사 물림부 길이는 15mm이고, 엘보 중심에서 끝단까지의 길이는 25mm이다.)

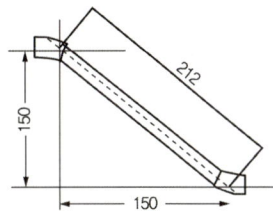

풀이

- 계산과정 : 212 - 2(25 - 15) = 192
- 답 : 192mm

005　다음은 보일러의 설치 검사 기준에 따른 급수 밸브의 크기에 관한 설명이다. ① ~ ② 안에 내용을 맞게 쓰시오.

> 급수 밸브 및 체크 밸브의 크기는 전열면적 10m² 이하의 보일러에서는 호칭 (①) 이상, 10m²를 초과하는 보일러에서는 호칭 (②) 이상이어야 한다.

풀이

① 15A, ② 20A

006 보일러에서 보염장치의 설치목적을 5가지만 쓰시오.

> **풀이**
> ① 연료의 분무를 돕고 공기와의 혼합을 양호하게 한다.
> ② 안정된 착화를 도모한다.
> ③ 화염의 형상을 조절한다.
> ④ 연소실의 온도분포를 고르게 하고 국부과열을 방지한다.
> ⑤ 연소가스의 체류시간을 지연시켜 전열을 돕는다.

[참고] 설치목적
① 연료의 분무를 돕고 공기와의 혼합을 양호하게 한다.
② 안정된 착화를 도모한다.
③ 화염의 형상을 조절한다.
④ 연소실의 온도분포를 고르게 하고 국부과열을 방지한다.
⑤ 연소가스의 체류시간을 지연시켜 전열을 돕는다.

007 증기난방과 비교한 온수난방의 특징을 5가지만 쓰시오.

> **풀이**
> ① 예열시간이 길다.
> ② 방열량의 조절이 쉽다.
> ③ 동결의 위험이 작다.
> ④ 방열면적이 넓고, 취급이 쉽다.
> ⑤ 건축물의 높이에 제한을 받는다.

[참고] 증기난방과 비교한 온수난방의 특징
① 예열시간이 길다.
② 방열량의 조절이 쉽다.
③ 동결의 위험이 작다.
④ 방열면적이 넓고, 취급이 쉽다.
⑤ 건축물의 높이에 제한을 받는다.

008 자연순환식 온수배관은 온수의 밀도차에 의해 생기는 순환력을 이용하므로 배관(마찰) 저항을 가능한 한 최소화해야 한다. 주로 저항이 많이 발생하는 배관부위 3곳을 쓰시오.

> **풀이**
> ① 주관에서 분기되는 부분
> ② 배관에 부속품이 설치된 곳
> ③ 곡관부(방열관 등)

009 다음과 같은 방열기 도시기호를 보고 해당하는 내용을 쓰시오.

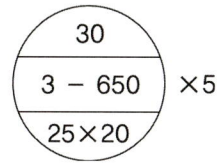

가. 방열기의 종별
나. 방열기 1조(組)당 쪽(section) 수
다. 방열기 높이
라. 방열기 유입 관경
마. 시공에 소요되는 방열기의 총 쪽(section) 수

> **풀이**
> 가. 3세주형
> 나. 30쪽
> 다. 650mm
> 라. 25mm
> 마. 150쪽

010 내화물의 기본 제조공정 5단계를 순서에 맞게 쓰시오.

> **풀이**
> 분쇄 → 혼련 → 성형 → 건조 → 소성

[참고]
일반적으로 내화물은 분쇄 → 혼련 → 성형 → 건조 → 소성 등의 기본 공정을 거쳐 제조된다.

에너지관리기능사 실기 필답 과년도 문제 01회

2018.3.10 시행

※ 다음 물음의 답을 해당 답란에 답하시오. (배점 : 50)

001 다음은 보일러 강제 통풍 방식에 대한 설명으로 ( ) 안에 들어갈 용어를 각각 쓰시오.

> 연소용 공기를 송풍기로 연소실 앞에서 연소실로 밀어 넣는 통풍방식을 (①)통풍이라고 하고, 연도에 배풍기를 설치하고 배기가스를 유인하여 연돌로 빨아내는 방식을 (②)통풍이라고 하며, 송풍기와 배풍기를 함께 사용하는 방식을 (③)통풍이라고 한다.

[풀이]

① 압입, ② 유인(흡입), ③ 평형

[참고]
① 압입통풍 : 연소실 앞에 압입송풍기를 설치하여 연소실로 밀어 넣는 통풍방식으로 노내압이 대기압보다 높아(정압) 연소가스나 화염의 누설이 발생할 수 있다. 배기가스의 유속은 8[m/sec] 정도이며 예열용 공기를 사용할 수 있다.
② 유인통풍 : 흡입통풍이라고도 하며 연도에 배풍기를 설치하여 배기가스를 유인하여 빨아내는 통풍하는 방식으로 노내압이 대기압보다 낮아(부압) 외기공기의 누입이 발생할 수 있다. 배기가스의 유속은 10[m/sec] 정도이며 예열된 공기 사용이 불가능하다.
③ 평형통풍 : 송풍기와 배풍기를 함께 사용하는 형식으로 노내압을 정·부압으로 임의 조정하여 사용할 수 있다. 배기가스 유속은 10[m/sec] 이상이며 실제적으로 가장 많이 사용되는 통풍방식으로 소요동력이나 설치비가 많이 든다.

002 보일러 증발량 1,300kg/h의 상당증발량이 1,500kg/h일 때, 사용연료가 150kg/h이고, 비중이 0.8kg/l이면 상당증발 배수를 구하시오.

[풀이]

- 계산과정 : $\dfrac{1,500}{150} = 10$
- 정답 : 10kg/kg

[참고]

∴ 상당증발 배수 = $\dfrac{상당증발량}{연료사용량}$ (kg/kg)

003 어느 건물의 단위 면적당 평균 열손실 지수가 125kcal/m²·h이고, 열손실 면적이 52m²이면, 시간당 손실열량(kcal/h)을 구하시오.

> **풀이**
>
> - 계산과정 : 125×52 = 6,500
> - 정답 : 6,500kcal/h

004 배관 도면에 다음과 같은 표시기호가 있을 때 기기의 명칭을 [보기]에서 골라 쓰시오.

> • 보기 •
>
> 팬코일 유닛, 콘벡터, 공기 빼기 밸브, 체크 밸브

> **풀이**
>
> - F.C.U. : 팬코일 유닛
> - CONV : 콘벡터
> - A.V : 공기 빼기 밸브

005 다음 난방장치에 대하여 난방 송수주관에서 ①, ②, ③을 거쳐 환수주관으로 이르기까지의 배관을 완성(연결)하시오.

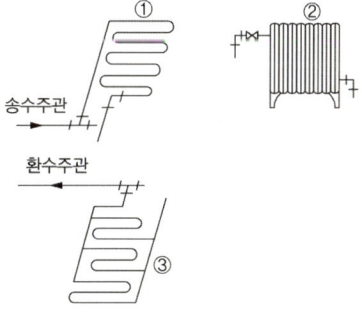

> **풀이**
>
>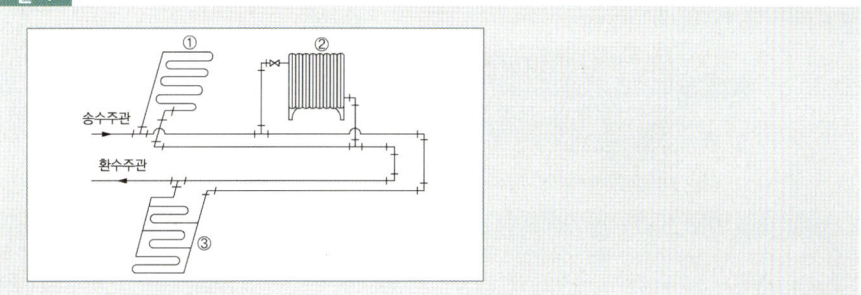

006 온수방열기의 전 방열면적이 150m², 온수 급탕량 50kg/h인 경우, 설치해야 할 온수보일러의 용량(정격출력)(kcal/h)을 구하시오. (단, 급수온도 : 15℃, 출탕온도 : 75℃, 배관부하(α) : 0.25, 예열부하(β) : 1.2, 출력저하계수(k) : 1.1, 방열기 방열량 : 450kcal/m²·h, 물의 비열 : 1 kcal/kg·℃이다.)

풀이

- 계산과정 : $\dfrac{[(450 \times 150) + 50 \times 1 \times (75-15)] \cdot (1+0.25) \times 1.2}{1.1} = 96{,}136.36$
- 정답 : 96,136.36kcal/h

[참고]

$$H_m = \dfrac{[H_1 + H_2] \cdot (1+\alpha)\beta}{K}$$

007 보일러 운전과 조작 등에 관한 용어를 [보기]에서 골라 답란에 각각 쓰시오.

· 보기 ·

– 프라이밍　　　　– 역화　　　　– 캐리오버
– 프리퍼지　　　　– 포밍　　　　– 포스트퍼지

가. 보일러를 점화할 때는 점화순서에 따라 해야 하며, 연소가스 폭발 및 (　　)에 주의해야 한다.
나. 보일러 운전이 끝난 후, 노내와 연도에 있는 가연성 가스를 송풍기로 취출시키는 것을 (　　)(이)라고 한다.
다. 보일러 용수 중의 용해물이나 고형물, 유지분 등에 의해 보일러수가 증기에 혼입되어 증기관으로 운반되는 현상을 (　　)(이)라고 한다.
라. 보일러 점화 전, 댐퍼를 열고 노내와 연도에 있는 가연성 가스를 송풍기로 취출하는 것을 (　　)(이)라고 한다.
마. 관수의 격렬한 비등에 의하여 기포가 수면을 교란하며 물방울이 비산하는 현상을 (　　)(이)라고 한다.

풀이

가. 역화　　　　나. 포스트 퍼지
다. 캐리오버　　라. 프리퍼지
마. 프라이밍

008 통풍력을 증가시키는 요인 5가지를 쓰시오.

> **풀이**
> - 연돌의 높이를 높인다.
> - 배기가스 온도를 높인다.
> - 굴곡부를 줄인다.(굴곡부 3개소 이내)
> - 연돌 상부 단면적을 크게 한다.
> - 연돌을 보온(단열) 조치한다.

[참고] 통풍력을 크게 하려면
① 연돌의 높이를 높인다.
② 배기가스 온도를 높인다.
③ 굴곡부를 줄인다.(굴곡부 3개소 이내)
④ 연돌 상부단면적을 크게 한다.
⑤ 연돌을 보온(단열) 조치한다.

009 연돌의 높이가 50m, 배기가스의 평균온도가 200℃, 외기온도가 25℃, 표준상태에서 대기의 비중량이 1.29kg/Nm³, 가스의 비중량이 1.34kg/Nm³이다. 이 경우 이론통풍력(mmH₂O)을 구하시오.

> **풀이**
> - 계산과정 : $50 \times \left(\dfrac{273 \times 1.29}{273+25} - \dfrac{273 \times 1.34}{273+200} \right) = 20.42$
> - 정답 : 20.42mmH₂O

[참고]
$$Z = H \times \left(\dfrac{273 \times r_a}{273 + t_a} - \dfrac{273 \times r_g}{273 + t_g} \right)$$

010 실제공기량과 이론공기량의 비를 공기비라 한다. 공기비가 적정 공기비보다 적을 때 발생되는 현상 3가지를 쓰시오.

> **풀이**
> - 불완전연소가 되기 쉽다.
> - 미연소가스에 의한 가스 폭발과 매연 발생
> - 미연소가스에 의한 열손실 증가

[참고] 공기비의 특징
- 공기비(m)가 적을 때
  ① 불완전연소가 되기 쉬움
  ② 미연소가스에 의한 가스 폭발과 매연 발생
  ③ 미연소가스에 의한 열손실 증가
- 공기비(m)가 클 때
  ① 연소실 온도 저하
  ② 배기가스량이 많아져서 열손실이 증가
  ③ 배기가스 중 NO 및 NO_2 발생으로 부식 촉진과 대기오염을 초래

011 보일러 자동제어에 이용되는 신호전달 방식 3가지를 쓰시오.

> **풀이**
> - 전기식
> - 유압식
> - 공기식

에너지관리기능사 실기 필답 과년도 문제 02회

2018.5.26 시행

※ 다음 물음의 답을 해당 답란에 답하시오. (배점 : 50)

001 자연 통풍방식의 보일러에서 연돌의 통풍력을 증가시키기 위한 방법을 5가지 쓰시오.

> **풀이**
> - 연돌의 높이를 높인다.
> - 배기가스 온도를 높인다.
> - 굴곡부를 줄인다.(굴곡부 3개소 이내)
> - 연돌 상부단면적을 크게 한다.
> - 연돌을 보온(단열) 조치한다.

[참고] 통풍력을 크게 하려면
① 연돌의 높이를 높인다.
② 배기가스 온도를 높인다.
③ 굴곡부를 줄인다.(굴곡부 3개소 이내)
④ 연돌 상부단면적을 크게 한다.
⑤ 연돌을 보온(단열) 조치한다.

002 난방 면적이 120m²인 사무실에 온수로 난방을 하려고 한다. 열손실지수가 150 kcal/m²·h일 때, 난방부하(kcal/h)와 방열기 소요 쪽수를 구하시오. (단, 방열기의 방열량은 표준으로 하고, 쪽당 방열면적은 0.2m²이다.)

> **풀이**
> 가. 난방부하
>   - 계산과정 : 150×120 = 18,000
>   - 정답 : 18,000kcal/h
> 나. 방열기 쪽수
>   - 계산과정 : $\dfrac{18,000}{450 \times 0.2} = 200$
>   - 정답 : 200쪽

[참고]
- 난방부하(kcal/h) = 방열량(열손실지수)×면적
- 방열기 쪽수 = $\dfrac{난방부하}{방열량}$×방열기 쪽당면적

003 배관계에 걸리는 하중을 위에서 걸어 당겨 지지하는 장치인 행거의 종류를 3가지만 쓰시오.

> **풀이**
> - 리지드
> - 스프링
> - 콘스탄트

[참고]
① 행거(hanger) : 배관 중량을 위(천장)에서 지지할 목적으로 사용된다.
② 행거의 종류
   - 리지드 행거 : I빔 턴버클을 이용 지지하는 것으로 수직방향으로 변위가 없는 곳에 사용
   - 스프링 행거 : 턴버클 대신에 스프링을 사용
   - 콘스탄트 행거 : 배관의 상하이동에 관계없이 관지지력이 일정한 것

004 온수난방에서 보일러, 방열기 및 배관 등의 장치 내에 있는 전수량(全水量)이 1,000kg이고, 전철량(全鐵量)이 4,000kg일 때, 이 난방장치를 예열하는 데 필요한 예열부하(kcal)를 구하시오. (단, 물의 비열 1kcal/kg·℃, 철의 비열 0.12kcal/kg·℃, 운전 시의 온도의 평균온도 80℃, 운전 개시 전의 물의온도 5℃이다.)

> **풀이**
> - 계산과정 : [(1,000×1)+(4,000×0.12)]×(80-5) = 111,000
> - 정답 : 111,000kcal

[참고]
예열부하(kcal) = [(전수량×물의 비열)+(철의 무게×철의 비열)]×온도 차

005 용기 내의 어떤 가스의 압력이 6kgf/cm², 체적 50L, 온도 5℃였는데, 이 가스가 상태변화를 일으킨 후 압력이 6kgf/cm², 온도가 35℃로 변화된 경우의 체적(L)을 구하시오.

풀이

- 계산과정 : $\dfrac{50 \times (273+35)}{273+5} = 55.40$
- 정답 : 55.40L

[참고]

$$\dfrac{V_1}{T_1} = \dfrac{V_2}{T_2} \quad \therefore \quad V_2 = \dfrac{V_1 T_2}{T_1}$$

006 다음 보일러 시공 작업도면을 보고, A–A'의 단면도를 아래 사각형 내에 그리시오. (단, 단면도의 높이는 170mm로 하고, 각 부속 사이의 관경 및 치수도 기입하시오.)

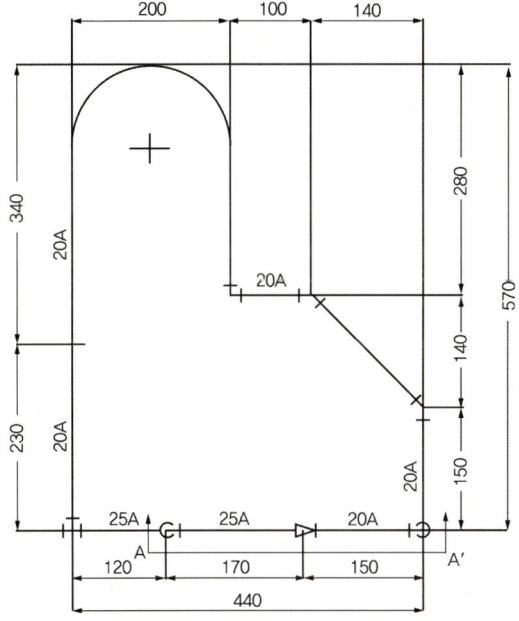
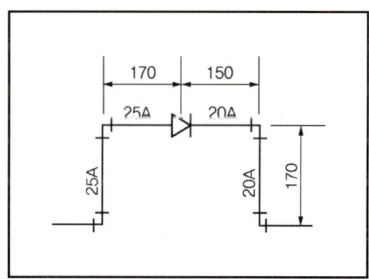

007 다음 자동제어 방식에 맞는 용어를 쓰시오.

가. 보일러의 기본 제어로 제어량과 결과치의 비교로 정정 동작을 하는 제어
나. 구비조건에 맞지 않을 때 작동정지를 시키는 제어
다. 점화나 소화과정과 같이 미리 정해진 순서를 순차적으로 진행하는 제어

풀이

가. 피드백 제어
나. 인터록
다. 시퀀스 제어

[참고] 자동제어방식에 의한 분류
① 피드백 제어 : 자동제어방식의 기본적인 것으로 신호에 의하여 주어진 목표값과 조작한 결과인 제어량이 원인이 되어 제어동작을 되돌려 진행하는 것으로 출력 측의 신호를 입력 측으로 돌려보내는 조작으로 폐회로를 구성한다. 즉, 보일러의 기본 제어로 제어량과 결과치의 비교로 정정 동작을 하는 제어
② 시퀀스 제어(sequence control system) : 피드백 제어에 의하지 않고 정해진 순서에 따라 제어단계를 순차적으로 진행하는 방식
③ 인터록 제어 : 운전 조작상태에서 조건이 불충분하다거나 다음의 진행에 미루어 불합리한 동작으로 변화하게 될 때 동작을 다음 단계에 도달하기 전에 기관을 정지하는 제어방식

008 다음 동관 작업 시 사용되는 공구 명칭을 각각 쓰시오.

가. 동관의 끝 부분을 원형으로 정형하는 공구
나. 동관의 관 끝 직경을 크게 확대하는 데 사용하는 공구
다. 동관을 압축 이음하기 위하여 관 끝을 나팔 모양으로 만드는 데 사용하는 공구

풀이

가. 사이징 툴
나. 익스팬더(확관기)
다. 플레어링 툴

[참고] 동관용 공구
① 토치 램프 : 납땜, 동관접합, 벤딩 등의 작업을 하기 위해 가열용으로 사용하는 가열공구
② 사이징 툴 : 동관의 끝을 정확하게 원형으로 가공하는 공구
③ 튜브 벤더 : 동관 굽힘용 공구
④ 익스팬더(확관기) : 동관 확관용 공구
⑤ 플레어링 툴 : 동관을 압축 이음하기 위하여 관 끝을 나팔 모양으로 만드는 데 사용하는 공구

009 다음은 유류용 온수보일러의 설치 개략도이다. 아래 각 부품에 맞는 번호를 개략도에서 찾아 쓰시오.

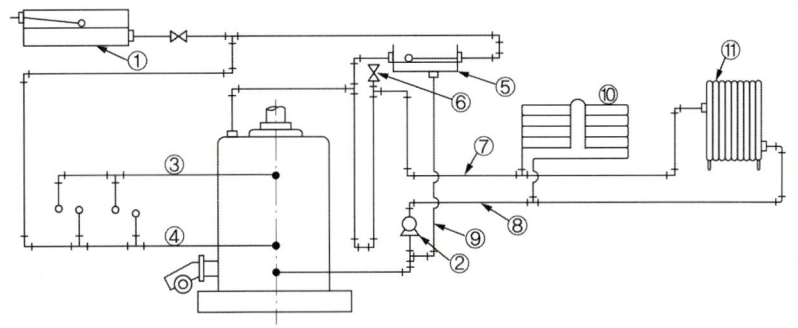

풀이

가. 급탕용 온수공급관 : ③
나. 난방용 온수환수관 : ⑧
다. 급수탱크 : ①
라. 팽창관 : ⑨
마. 방열관 : ⑩

010 증기난방과 비교한 온수난방의 특징 5가지만 쓰시오.

풀이

- 예열시간이 길다.
- 방열량 조절이 쉽다.
- 동결의 우려가 작다.
- 취급이 용이하고, 소규모 주택에 적합하다.
- 온도조절이 용이하다.

[참고] 증기난방과 비교한 온수난방의 특징
① 예열시간이 길다.
② 방열량의 조절이 쉽다.
③ 동결의 위험이 작다.
④ 취급이 용이하고, 소규모 주택에 적합하다.
⑤ 온도조절이 용이하다.

011 다음 온수난방 방식에 대한 설명으로서 ①~⑤에 알맞은 용어를 각각 쓰시오. (5점)

> 온수난방 방식은 분류 방법에 따라 여러 가지가 있는데 온수의 온도에 따라 분류하면 저온수 난방과 (①) 난방이 있으며, 온수의 순환 방법에 따라 (②)식과 (③)식으로 구분할 수 있으며, 온수의 공급 방향에 따라 (④)식과 (⑤)식이 있다.

풀이

① 고온수, ② 자연순환, ③ 강제순환, ④ 상향, ⑤ 하향

[참고] 온수난방 방식
- 온수 순환방식에 따른 분류 : 자연 순환식, 강제 순환식
- 배관방식에 따른 분류 : 단관식, 복관식
- 온수 순환방향에 따른 분류 : 상향식, 하향식
- 온수의 온도에 따른 분류 : 저온수 난방, 고온수 난방

에너지관리기능사 실기 필답 과년도 문제 04회

2018.8.25 시행

※ 다음 물음의 답을 해당 답란에 답하시오. (배점 : 50)

001 난방 방식은 크게 개별식 난방과 중앙식 난방으로 나눌 수 있다. 그중 중앙식 난방법의 정의를 쓰고, 중앙식 난방법의 종류 3가지를 쓰시오.

> **풀이**
>
> 가. 정의 : 건물 내의 한곳에 보일러, 가열기 등을 집중적으로 설치하여 건물의 각 부에 증기나 온수, 온풍 등을 공급하는 난방
> 나. 종류 : 직접 난방, 간접 난방, 복사(방사) 난방

[참고] 난방법에 의한 분류
① 개별식 난방 : 단독주택, 일반가정용 단독난방
② 중앙식 난방 : 건물 내의 한 곳에 보일러, 가열기 등을 집중적으로 설치하여 건물의 각 부에 증기나 온수, 온풍 등을 공급하는 난방
  - 직접 난방
  - 간접 난방
  - 방사 난방

002 관을 보온 피복하지 않았을 때 방열량이 650kcal/m²·h이고, 보온 피복하였을 때 방열량이 390kcal/m²·h이다. 이 보온재에 의한 보온 효율(%)을 구하시오.

> **풀이**
>
> - 계산과정 : $\dfrac{650 - 390}{650} \times 100 = 40$
> - 정답 : 40%

[참고]

보온 효율 = $\dfrac{Q_0 - Q}{Q_0} \times 100$

003   온수보일러를 설치한 후 가동 전에 온수보일러 설치·시공 기준에 따라 적합 여부를 확인해야 할 항목을 5가지 쓰시오.

> **풀이**
> - 수압시험
> - 보일러의 연소 및 배기성능시험
> - 연료계통의 누설상태검사
> - 순환펌프에 의한 온수순환시험
> - 자동제어에 의한 작동검사

[참고] 설치·시공 검사항목
① 수압시험
② 보일러의 연소 및 배기성능시험
③ 연료계통의 누설상태검사
④ 순환펌프에 의한 온수순환시험
⑤ 자동제어에 의한 작동검사

004   다음에 주어진 배관 부속품 및 기호를 이용하여, 유체의 흐름방향을 고려하여 유량계의 바이패스(by-pass) 회로 배관을 완성하시오.

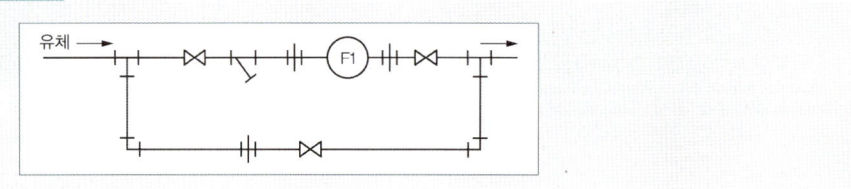

> **풀이**

005 　수동 롤러(로터리)형으로 강관을 180° 굽힘 작업하였는데, 강관의 탄성 때문에 벤딩이 약간 펴지는 현상이 발생하였다. 이를 고려하여 굽힘 각도 180°보다 3~5°를 더 구부려 작업하는데, 이렇게 벤딩이 펴지는 현상을 무엇이라고 하는지 쓰시오.

풀이

스프링 백 현상

[참고]
강관을 구부림 작업했을 때 탄성 때문에 벤딩이 펴지는 현상을 스프링 백 현상이라 한다.

006 　배관 시공 시 관을 배열해 놓고 수평을 맞출 필요가 있을 때 사용하는 측정기의 명칭을 쓰시오.

풀이

수평계

007 　연소가스의 속도가 4m/sec이고, 가스의 양이 16m³/sec일 때, 굴뚝의 지름(m)을 구하시오.

풀이

- 계산과정 : $\sqrt{\dfrac{4 \times 16}{3.14 \times 4}} = 2.26$
- 정답 : 2.26m

[참고]
$d = \sqrt{\dfrac{4Q}{\pi V}}$

008 가동하기 전 보일러수의 온도가 20℃이고, 운전 시의 온수 온도가 80℃이다. 보일러 철의 무게가 0.8ton, 철의 비열이 0.12kcal/kg·℃일 때, 철만 가열하는 데 필요한 예열부하(kcal)를 구하시오.

> **풀이**
> - 계산과정 : 800×0.12×(80-20) = 5,760
> - 정답 : 5,760kcal

[참고]
예열부하 = [(철의 무게×철의 비열)+(전 수량×물의 비열)]×온도 차

009 보일러 자동제어 중에서 인터록의 종류 3가지를 쓰고, 각각에 대하여 설명하시오.

> **풀이**
> - 초과압력 인터록 : 보일러 운전 중 운전압력이 설정 압력 초과 시 보일러를 정지하는 제어
> - 저수위 인터록 : 보일러 운전 중 수위가 감소되어 저수위사고 직전에 경보를 울리고 저수위까지 수위가 감소하면 보일러 운전을 정지하는 제어
> - 불착화 인터록 : 노내 연료의 착화 과정에서 착화에 실패한 경우 미연소가스에 의해 가스폭발 또는 역화를 막기 위하여 연료공급을 차단하는 제어

[참고] 인터록 제어
운전 조작상태에서 조건이 불충분하다거나 다음의 진행에 미루어 불합리한 동작으로 변화하게 될 때 동작을 다음 단계에 도달하기 전에 기관을 정지하는 제어방식
① 초과압력 인터록 : 보일러 운전 중 운전압력이 설정 압력 초과 시 보일러를 정시시키는 제어
② 저수위 인터록 : 보일러 운전 중 수위가 감소되어 저수위사고 직전에 경보를 울리고 저수위까지 수위가 감소하면 보일러 운전을 정지하는 제어
③ 저연소 인터록 : 노 내 처음 점화 시 급격한 연소에 의한 내화물, 부동팽창, 보일러 재질의 악영향 등을 방지하기 위하여 최대 부하의 약 30% 정도에서 연소를 진행하다가 점차 부하를 증가시켜야 하는데, 이것이 순조롭게 이행되지 못하고 급격한 연소로 인하여 저연소 상태가 되지 않을 경우 연소를 차단시키는 제어
④ 프리퍼지 인터록 : 송풍기 고장으로 노 내에 통풍이 되지 않을 경우 연료공급 차단으로 보일러 운전이 정지되는 제어
⑤ 불착화 인터록 : 노 내 연료의 착화 과정에서 착화에 실패한 경우 미연소가스에 의해 가스폭발 또는 역화를 막기 위하여 연료공급을 차단시키는 제어

010 다음 파이프 관의 각 이음 기호를 도시하시오.

가. 나사 이음 :

나. 플랜지 이음 :

다. 유니언 이음 :

> **풀이**
>
> 가. 나사 이음 : ─┼─
>
> 나. 플랜지 이음 : ─┤├─
>
> 다. 유니언 이음 : ─┤╫├─

011 어떤 장치 내의 물을 가열하여 온도를 높이는 경우 물의 팽창량(L)을 구하는 식에 대하여 아래 기호를 사용하여 나타내시오. (단, V = 가열 전 장치 내 전수량(L), ρ_1 : 가열 후 물(온수)의 밀도(kg/L), ρ_2 : 가열 전 물(온수)의 밀도(kg/L)이다.)

> **풀이**
>
> 물의 팽창량(L) : $(\dfrac{1}{\rho_1} - \dfrac{1}{\rho_2}) \times V$

[참고]

물의 팽창량$(L) = (\dfrac{1}{\rho_1} - \dfrac{1}{\rho_2}) \times V$

에너지관리기능사 실기 필답 과년도 문제 05회

2018.11.24 시행

※ 다음 물음의 답을 해당 답란에 답하시오. (배점 : 50)

001 회전식 버너의 점화가 안 될 때 원인을 5가지만 쓰시오.

> **풀이**
> - 주전원 전압의 이상
> - 점화용 트랜스의 전기 스파크 불량
> - 공기량이 너무 많이 공급되었다.
> - 점화버너의 가스압 이상
> - 공기비의 조정 불량

[참고] 버너의 점화불량 원인
① 점화 버너의 가스압 이상
② 공기비의 조정 불량
③ 점화용 트랜스의 전기 스파크 불량
④ 보염기의 위치 불량
⑤ 공기압력 부족이나 과잉
⑥ 주전원 전압의 이상

002 중력순환식 온수난방을 위한 배관 설계를 하고자 한다. 보일러에서 최원단 방열기까지의 배관 직선길이가 100m이고, 순환수두는 200mmAq일 때 배관의 마찰손실(mmAq/m)을 구하시오. (단, 국부저항에 의한 상당길이는 직선길이의 50%로 한다.)

> **풀이**
> - 계산과정 : $\dfrac{200}{50} = 4 \, (100 \times 0.5 = 50m \ \therefore \ 상당길이 = 직선길이 \times 0.5)$
> - 정답 : 4mmAq/m

003 지역난방(district heating system)에 대하여 설명하시오.

> **풀이**
>
> 열공급시설의 열발생처에서 고압의 증기, 고온수를 생산하여 일정지역을 대상으로 공급함으로써 사용처에서는 열의 생산설비(보일러) 없이 공급라인을 통해 직접 또는 열교환기 등으로 저압의 증기, 저온수로 바꾸어 난방 및 급탕을 이용하는 집단난방 방식

004 보일러 재료의 강도가 부족한 부분 또는 변형이 쉬운 부분에 설치하여 강도 증가와 변형방지를 위한 것이 버팀(스테이)이다. 아래 각 특징에 맞는 버팀의 명칭을 [보기]에서 골라 쓰시오.

> • 사용 부속 •
>
> - 경사 스테이   - 관 스테이   - 나사 스테이
> - 가셋 스테이   - 막대 스테이

가. 스코치 보일러의 간격이 좁은 두 개의 나란한 경판을 보강하는 스테이

나. 동체판과 경판 또는 관판에 연강봉을 경사지게 부착하여 경판을 보강하는 스테이

다. 연관보일러에 있어서 연관의 팽창에 따른 관판이나 경판의 팽출에 대한 보강재로서 총 연관의 30%가 스테이이며 연관 역할을 동시에 하는 스테이

라. 평 경판에 사용하며 경판과 동판 또는 관판이나 동판의 지지 보강대로서 판에 접속되는 부문이 큰 스테이

마. 진동충격 등에 따른 동체의 눌림 방지 목적으로 화실 천정의 압궤방지를 위한 가로버팀이며 관판이나 경판 양쪽을 보강하는 스테이

> **풀이**
>
> 가. 나사 스테이
> 나. 경사 스테이
> 다. 관 스테이
> 라. 가셋 스테이
> 마. 막대 스테이

005 난방배관 시공 시 증기주관에서 입하관을 분기할 때의 이상적인 배관 시공도를 그리시오. (단, 사용 이음쇠는 티 1개, 90° 엘보 3개이다.)

> **풀이**

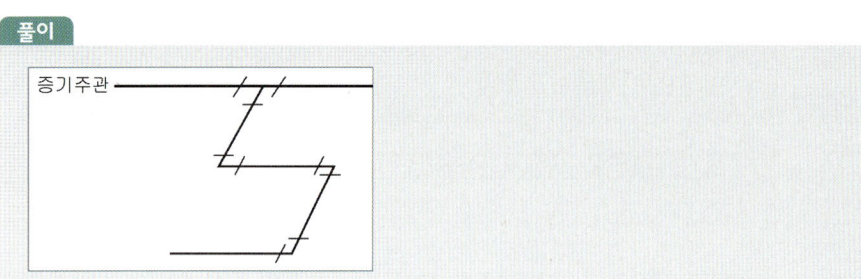

006 온수보일러의 순환펌프 설치 방법에 대한 설명이다. ( ) 안에 알맞은 말을 [보기]에서 골라 써 넣으시오.

• 보기 •

송수주관, 최대, 온수공급관, 여과기, 수평, 바이패스, 최소, 트랩, 환수주관, 수직

순환펌프에는 하향식 구조 및 자연순환이 곤란한 구조를 제외하고는 (①) 회로를 설치해야 하며, 펌프와 전원콘센트 간의 거리는 가능한 한 (②)(으)로 하고, 누전 등의 위험이 없어야 하며, 순환펌프의 모터 부분을 (③)(으)로 설치한다. 또한 펌프의 흡입 측에는 (④)을(를) 설치해야 하며,(⑤)에 설치한다.

> **풀이**
>
> ① 바이패스, ② 최소, ③ 수평, ④ 여과기, ⑤ 환수주관

007 보일러의 실제 증발량이 1,000kg/h 이고, 발생증기의 엔탈피는 619kcal/kg, 급수 엔탈피는 80kcal/kg일 때 이 보일러의 상당증발량(환산증발량, kg/h)을 구하시오.

> **풀이**
>
> • 계산과정 : $\dfrac{1{,}000 \times (619 - 80)}{539} = 1{,}000$
>
> ∴ 상당증발량 $= \dfrac{\text{매시간당 증발량} \times (\text{증기엔탈피} - \text{급수엔탈피})}{539}$
>
> • 정답 : 1,000kg/h

008 어떤 거실의 방열기 상당방열 면적이 12m²이다. 온수난방일 때 난방부하(kcal/h)를 구하시오. (단, 방열기의 방열량은 표준방열량으로 한다.)

> **풀이**
> - 계산과정 : 450×12 = 5,400   ∴ 난방부하 = 방열량×방열면적
> - 정답 : 5,400kcal/h

009 5ton/h인 수관식 보일러에서 연돌로 배출되는 배기가스량이 9,100Nm³/h이고, 연돌로 배출되는 배기가스 온도는 250℃이다. 이때 연돌의 상부 최소단면적이 0.7m²일 경우 배기가스 유속(m/s)을 구하시오.

> **풀이**
> - 계산과정 : $\dfrac{9{,}100\times(1+0.0037\times250)}{3{,}600\times0.7} = 6.95$
>
> $$A = \dfrac{Q\times(1+0.0037t\,℃)\times\dfrac{760}{P_t}}{3{,}600\times V}$$
>
> - 정답 : 6.95m/s

010 온수가 배관 내 흐를 때 관 내부와 마찰을 일으켜 압력손실을 가져오게 되는데, 이러한 손실을 줄이기 위하여 다음 각 요소를 어떻게 해야 하는지 쓰시오.

가. 굽힘 개소 :

나. 관경 :

다. 배관 길이 :

라. 유속 :

마. 유체 점도 :

> **풀이**
> 가. 적게
> 나. 크게
> 다. 짧게
> 라. 느리게
> 마. 낮게

에너지관리기능사 실기 필답 과년도 문제 01회

2019.3.23 시행

※ 다음 물음의 답을 해당 답란에 답하시오. (배점 : 50)

001 주택의 난방부하가 60,000kcal/h이고, 소요 급탕량이 40kg/h, 보일러 급수온도 15℃, 급탕온도 65℃일 때, 보일러 정격용량(kcal/h)을 구하시오. (단, 사용온수의 비열은 1kcal/kg·℃이고, 배관 열손실부하는 20%, 예열부하는 25%이다.)

> **풀이**
> - 계산과정 : [60,000+40×1×(65-15)]×(1+0.2)×1.25 = 93,000kcal/h
> - 답 : 93,000kcal/h

[참고]
$H_m = (H_1 + H_2) \cdot (1+\alpha)\beta$

002 90℃의 급탕 온수와 10℃의 냉수를 혼합하여 50℃의 온수 2,000kg/h가 되기 위해서는 90℃의 온수 급탕량(kg/h)이 얼마이어야 하는지 구하시오.

> **풀이**
> - 계산과정 : $\dfrac{2{,}000 \times 1 \times (90-50)}{1 \times (90-10)} = 1{,}000$
> - 답 : 1,000kg/h

003 자동제어의 신호전달 방식을 공기압식, 유압식, 전기식으로 분류할 때 전기식 신호전달 방식의 장점을 3가지 쓰시오.

> **풀이**
> - 신호전달의 지연이 없다.
> - 배선 용이
> - 장거리 신호의 전달이 가능하다.

[참고]

전달방식	장점	단점
공기식	① 배관이 용이하다. ② 위험성이 없다. ③ 보존이 비교적 용이하다.	① 신호의 전달 지연이 있다. ② 조작 지연이 있다. ③ 원하는 특성을 살리기 어렵다.
유압식	① 조작속도가 크다. ② 조작력이 강대하다. ③ 원하는 특성의 것을 만드는 것이 용이하다.	① 기름이 넘치면 더럽다. ② 인화의 위험이 있다. ③ 수기압 정도의 유압원이 필요하다.
전기식	① 배선의 용이하다. ② 신호의 전달지연이 없다. ③ 신호의 복잡한 취급이 용이하다.	① 조작속도가 빠른 비례조작부를 만드는 것이 곤란하다. ② 보존에 기술이 요한다.

004 여러 개의 온수방열기가 연결된 경우 배관의 순환율을 같게 하여 건물 내의 각실 온도를 일정하게 유지시키는 배관 방식을 쓰시오.

> **풀이**
> 역귀환 방식(리버스 리턴 방식)

005 두께 1m의 벽체가 있다. 실내온도가 50℃이고 실외온도가 30℃일 때 벽체면적 5m²로부터 손실하는 열량(kcal/h)을 구하시오. (단, 벽체의 열전도율은 760kcal/m·h·℃이다.)

> **풀이**
> - 계산과정 : $\dfrac{760 \times 5 \times (50-30)}{1} = 76{,}000$
> - 답 : 76,000kcal/h

[참고]
$$Q = \dfrac{\lambda \times A \times \Delta t}{b}$$

006 다음 중 온수난방과 관련된 사항으로 옳게 설명된 것을 골라 그 번호를 모두 쓰시오.

> ① 운전이 정지되면 전체 배관 내에 공기가 채워진다.
> ② 물의 현열을 이용한다.
> ③ 대규모의 아파트 단지에 적합하다.
> ④ 운전정지 후 일정시간 방열이 지속된다.
> ⑤ 예열부하가 크다.
> ⑥ 열매체의 잠열과 현열을 이용하는 난방법이다.
> ⑦ 방열기 표면 온도가 낮아 쾌감도가 높고, 화상의 위험이 적다.
> ⑧ 배관 방식에 따라 중력 순환식과 강제 순환식 온수난방으로 구분한다.
> ⑨ 방열기를 이용한 온수난방은 대류 난방법에 속한다.

풀이

②, ④, ⑤, ⑦, ⑨

007 강관과 비교한 동관의 특징을 설명한 것이다. (   )속에 단어 중 옳은 것을 표시하시오.

> 동관은 강관에 비하여 유연성이 (크고, 작고), 유체 흐름에 대한 마찰저항이 (크다, 작다). 또한, 내식성이 (작으며, 크며), 열전도율이 (크고, 작고), 같은 호칭경으로 비교할 경우무게가 (가볍다, 무겁다).

풀이

동관은 강관에 비하여 유연성이 (크고), 유체 흐름에 대한 마찰저항이 (작다). 또한, 내식성이 (크며), 열전도율이 (크고), 같은 호칭경으로 비교할 경우 무게가 (가볍다).

008 보일러 내부 부식에 대한 종류 및 원인 또는 현상이다. (   )안에 알맞은 용어를 적으시오.

구분	부식의 종류	원인 또는 현상
내부 부식	(가)	보일러수 pH 12이상 [$(Fe(OH)_2$]
	(나)	좁쌀알크기의 반점 [용존산소]
	(다)	열응력에 의한 홈 [V, U자]

> **풀이**
>
> 가. 알칼리부식(가성취화)
> 나. 점식
> 다. 구식(Grooving)

009 다음은 보일러에 관련된 자동제어 용어에 대한 설명이다. 각각 어떤 자동제어인지 쓰시오.

가. 미리 정해진 순서에 따라 제어의 각 단계가 순차적으로 진행되는 제어

나. 결과(출력)를 원인(입력) 쪽으로 되돌려 입력과 출력과의 편차를 계속적으로 수정시키는 제어

> **풀이**
>
> 가. 시퀀스 제어
> 나. 피드백 제어

[참고]
① 피드백 제어(feed-back control system) : 자동제어방식의 기본적인 것으로 신호에 의하여 주어진 목표값과 조작한 결과인 제어량이 원인이 되어 제어동작을 되돌려 진행하는 것으로 출력측의 신호를 입력측으로 돌려보내는 조작으로 폐회로를 구성한다.
② 시퀀스 제어(sequence control system) : 피드백 제어에 의하지 않고 정해진 순서에 따라 제어단계 를 순차적으로 진행하는 방식

010 다음의 방열기 도면 표시를 보고 아래 [보기] 설명의 ①~⑤에 알맞은 숫자를 쓰시오.

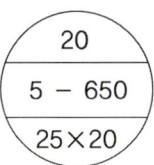

· 보기 ·

위의 방열기는 (①)세주형, 높이 (②)mm, (③)섹션을 조합하였고, 유입관의 지름이 (④)mm, 유출관의 지름은 (⑤)mm 이다.

풀이

① 5세주형
② 650
③ 20
④ 25
⑤ 20

에너지관리기능사 실기 필답 과년도 문제 02회

2019.5.25 시행

※ 다음 물음의 답을 해당 답란에 답하시오. (배점 : 50)

001 원심식 송풍기의 풍량조절 방법 3가지를 쓰시오.

[풀이]
- 댐퍼의 조절에 의한 방법
- 섹션 베인의 개도에 의한 방법
- 전동기(송풍기) 회전수에 의한 방법

[참고]
① 댐퍼의 조절에 의한 방법
② 섹션 베인의 개도에 의한 방법
③ 전동기(송풍기) 회전수에 의한 방법
④ 가변피치 조절에 의한 방법(송풍기 케이스 흡입구에 붙인 가변날개)

002 보일러가 연속 운전되는 동안 증기의 부하가 변하면 수위 변동이 발생한다. 이때 일정 수위를 유지하기 위 해 설치하는 수위제어 검출 방식 종류를 3가지만 쓰시오.

[풀이]
- 플로트식(맥도널식)
- 전극봉식
- 코프스식

003 배관의 관 높이 표시기호에 대하여 각각 설명하시오.

가. G.L(Ground Line) :

나. B.O.P(Bottom of pipe) :

> **풀이**
> 가. 포장된 지면을 기준으로 하여 배관장치의 높이를 표시할 때 적용된다.
> 나. 지름이 서로 다른 관의 높이 표시방법으로 관 바깥지름의 아랫면까지의 높이를 기준으로 표시한 것.

[참고]
① E.L 표시 : 배관의 높이를 관의 중심을 기준으로 표시한 것
② B.O.P : 지름이 서로 다른 관의 높이 표시방법으로 관 바깥지름의 아랫면까지의 높이를 기준으로 표시한 것
③ T.O.P : 관의 바깥지름의 윗면을 기준으로 표시한 것
④ G.L : 포장된 지면을 기준으로 하여 배관장치의 높이를 표시할 때 적용된다.
⑤ F.L : 각층 바닥을 기준으로 하여 높이를 표시한 것

004 호칭지름 15A의 관으로 다음 그림과 같이 나사이음을 할 때 중심간의 길이를 600mm로 하려면 관의 절단 길이(l)는 몇 mm로 해야 하는지 구하시오. (단, 호칭 15A 엘보의 중심선에서 단면까지의 길이는 27mm, 나사에 물리는 최소 길이는 11mm이다.)

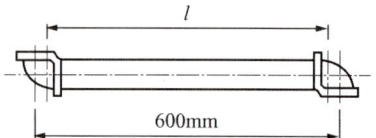

> **풀이**
> • 계산과정 : 600-2(27-11) = 568
> • 답 : 568mm

005   열교환기의 효율을 향상시키는 방법을 3가지 쓰시오.

> **풀이**
>
> - 열교환기를 자주 세척한다.
> - 열교환기 면적을 넓게 한다.
> - 마찰저항을 적게 한다.

006   연소의 3요소를 쓰시오.

> **풀이**
>
> - 가연물
> - 산소공급원
> - 점화원

007   다음 그림은 온수보일러 설치 개략도이다. 아래 물음에 답하시오.

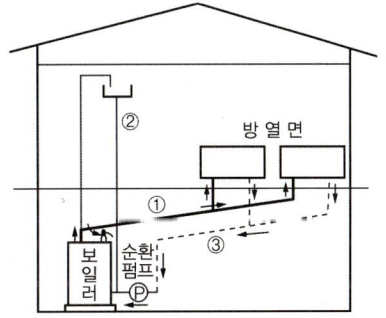

가. 온수의 공급방향에 따라 분류할 때, 위의 그림은 어떤 방식인지 쓰시오.
나. 위의 그림에서 ①~③은 용도상 어떤 관을 의미하는지 쓰시오.

> **풀이**
>
> 가. 상향식
> 나. ① 송수주관, ② 팽창관, ③ 환수주관

008 　풍량이 150m³/min이고 풍압이 6kPa인 송풍기가 있다. 송풍기의 전압효율이 60%일 때, 송풍기의 축동력(kW)을 구하시오.

풀이

- 계산과정 : $\dfrac{150 \times 600}{102 \times 60} = 14.71$

  ∴ 6kPa를 600kg/m² 으로 환산한다.
- 답 : 14.71KW

009 　다음은 PB관(Polybutylene)의 연결 방법에 대한 설명이다. 가 ~ 라 안에 적합한 답을 아래 [보기]에 서 골라 그 번호를 쓰시오.

> PB관 이음부속은 캡(cap), (가), 와셔(washer), (나)의 순서로 구성되며, 용접이나 나사이음이 필요 없이 (다)방식으로 시공한다. 부속에 관을 연결할 때는 절단된 관의 끝부분 속으로 (라)를 밀어 넣어야 한다.

— 보기 —

① 그랩 링(grab ring)　　② 푸시 피트(push-fit)
③ 오-링(O-ring)　　　　④ 압착 이음(pressure fit)
⑤ 서포트 슬리브(support sleeve)　　⑥ 얀(yarn)

풀이

가. ③
나. ①
다. ④
라. ⑤

[참고]

010 다음은 열전달 형태와 그와 관련된 법칙을 나열한 것이다. 서로 관계있는 것끼리 선으로 연결하시오.

전도 •　　　　　　　　　　• 푸리에(Fourier)의 법칙
대류 •　　　　　　　　　　• 스테판-볼츠만(Stefan-Boltzman)의 법칙
복사 •　　　　　　　　　　• 뉴턴(Newton)의 법칙

[풀이]

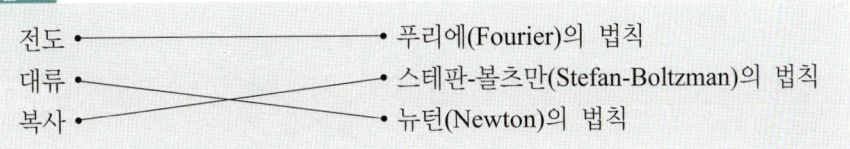

[참고]
① 전도(푸리에의 법칙)
② 대류(뉴튼의 냉각 법칙)
③ 복사(스테판-볼츠만의 법칙)

011 난방부하가 21kW인 사무실의 방열면적(m^2)을 구하시오. (단, 방열기의 방열량은 523.3W/m^2이다.)

[풀이]

- 계산과정 : $\dfrac{21,000}{523.3} = 40.13$
- 답 : 40.13m^2

[참고]

방열면적 = $\dfrac{\text{난방부하}}{\text{방열기 방열량}}$

에너지관리기능사 실기 필답 과년도 문제 04회

2019.8.24 시행

※ 다음 물음의 답을 해당 답란에 답하시오. (배점 : 50)

001 다음의 배관 등각투상도를 보고 아래 답란에 '평면도'로 나타내시오.(단, 각 연결부위는 나사접합이다.)

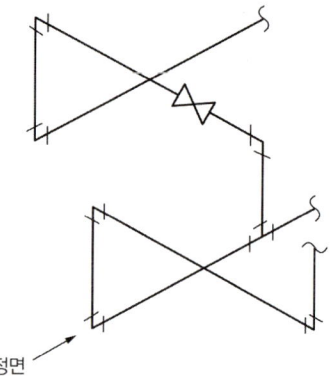

정면

풀이

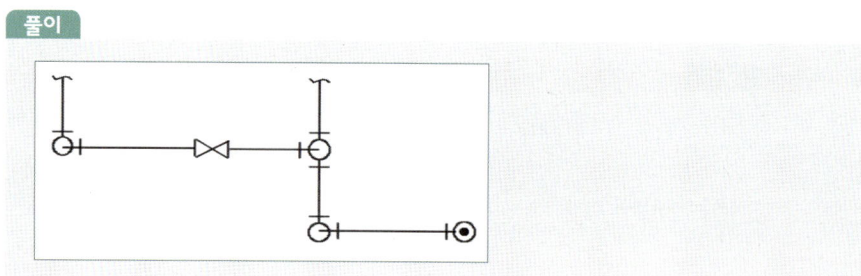

002 아래 그림(①, ②)은 체크밸브의 단면을 간략하게 도시한 것이다. 각 물음에 답하시오.

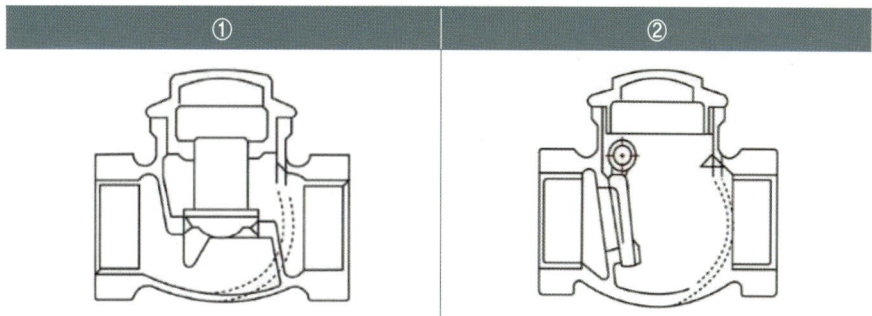

가. 구조를 보고 ①, ②체크밸브의 형식을 쓰시오.
나. 구조상 수평배관에만 사용 가능한 밸브는 ①, ② 중 어느 것인지 그 번호를 쓰시오.

> **풀이**
>
> 가. ① 리프트식, ② 스윙식
> 나. ①

[참고] 체크밸브(역류방지밸브)
유체의 역류를 방지하기 위해 설치되며, 스윙식은 수직, 수평배관에 사용이 가능하나 리프트식은 수평배 관에만 사용이 가능하다.

003 온도 10℃, 길이 15m인 강관이 있다. 강관 내에 온수가 통과하면서 강관의 온도가 85℃가 되었다면 열팽창에 의해 관의 늘어난 길이(mm)를 구하시오. (단, 강관의 평균 선팽창계수는 0.0002mm/mm·℃이다.)

> **풀이**
>
> • 계산과정 : 0.0002×15,000×(85-10) = 225
> • 답 : 225mm

[참고] 열팽창에 의한 늘어난 길이
선팽창계수×길이×온도차

004 내경 25mm인 관에 유속 7m/s로 물이 흐른다면 시간당 급수량(m^3/h)을 구하시오.

> **풀이**
>
> - 계산과정 : $\dfrac{3.14 \times (0.025)^2}{4} \times 7 \times 3{,}600 = 12.36$
> - 답 : $12.36 m^3/h$

[참고]
$$Q = A \times V = \dfrac{\pi \times (D)^2}{4} \times V$$

005 온수난방 배관도에 다음과 같은 방열기 도시기호가 표시되어 있다. 아래 물음에 답하시오.

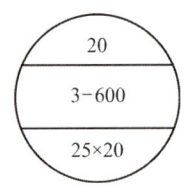

가. 방열기의 형식과 높이(치수)를 각각 쓰시오.
  - 형식 :
  - 높이(치수) : 600mm
나. 방열기 1조당 섹션수(쪽수)를 쓰시오.
다. 유입 관경과 유출 관경을 각각 쓰시오.
  - 유입 관경 :
  - 유출 관경 :

> **풀이**
>
> 가. 형식 : 3세주형, 높이(치수) : 600mm
> 나. 20
> 다. 유입 관경 : 25mm, 유출 관경 : 20mm

006 기체연료의 장점을 5가지만 쓰시오.

> **풀이**
> - 연소효율이 높다.
> - 작은 공기비로 완전연소가 가능하다.
> - 대기오염을 초래하지 않는다.
> - 점화, 소화가 용이하다.
> - 전열면 오손이 적다.

007 다음은 보일러의 자동제어에 관한 설명이다. 가, 나의 ( )안에 들어갈 알맞은 내용을 쓰시오.

> 보일러 자동제어의 요소 중 검출부에서 검출한 제어량과 목표치를 비교하여 나타낸 그 오차를 (가)(이) 라고 하며, 편차의 정(+), 부(-)에 의하여 조작 신호가 최대·최소가 되는 제어 동작을 (나)동작이라고 한다.

> **풀이**
> 가. 제어 편차
> 나. ON-OFF 동작 또는 2위치 동작

[참고]
① 제어편차 : 제어계에서 어느 목푯값의 변화나 외란이 주어졌을 때 제어량과 목표값과의 사이에 생긴 편차
② ON-OFF 동작 : 편차의 정(+), 부(-)에 의하여 조작 신호가 최대·최소가 되는 제어 동작

008 보일러의 부하가 34000kcal/h, 효율이 85%인 경우, 버너의 연료소비량(kg/h)을 구하시오. (단, 사용 연료의 저위발열량은 10000kcal/kg으로 한다.)

> **풀이**
> - 계산과정 : $\dfrac{34{,}000}{0.85 \times 10{,}000} = 4$
> - 답 : 4kg/h

[참고]
연료소비량 = $\dfrac{\text{보일러 부하}}{\text{효율} \times \text{연료의 발열량}}$

009 다음 (보기)의 내용은 난방배관에 대해 설명한 것이다. 가~라의 ( )안에 들어갈 알맞은 내용을 각각 쓰시오.

· 보기 ·

- 집단주택 등 소속구 내의 각 건물 혹은 시가지에서 특정지역 전부에 걸쳐 특정의 보일러에서 열매체를 보내 전체를 난방하는 일종의 중앙식 난방법은 (가) 난방법이다.
- 응축수 환수법에 따라 증기난방법을 분류하면 기계환수식, (나), (다)(으)로 나눌 수 있다.
- 보통 고온수식 난방은 (라)℃ 이상의 고온수를 사용하며, 밀폐식 팽창탱크를 설치한다.

[풀이]

가. 지역
나. 진공환수식
다. 중력환수식
라. 100

[참고]
① 지역난방 : 집단주택 등 소속구 내의 각 건물 혹은 시가지에서 특정지역 전부에 걸쳐 특정의 보일러에서 열매체를 보내 전체를 난방하는 형식
② 응축수 환수법 : 중력환수식, 기계환수식, 진공환수식
③ 온수의 온도에 의한 분류
- 고온수식 온수난방 : 장치내 압력을 가해 온수의 온도를 100[℃] 이상으로 난방하며 이를 위해 밀폐식 팽창 탱크를 설치한다.
- 보통온수식 온수난방 : 85~90[℃]의 온수로 난방하며 장치의 최상부에 개방식 팽창 탱크를 설치한다.

010 강철제보일러의 최고사용압력이 0.4MPa일 때 수압시험 압력(MPa)은 얼마인지 쓰시오.

[풀이]

0.4×2 = 0.8Mpa

[참고]
① 강철제 보일러
- 최고사용압력이 0.43MP(4.3kgf/cm^2) 이하일 때에는 그 최고사용압력의 2배의 압력으로 한다. 다만, 그 시험압력이 0.2MPa(2kgf/cm^2) 미만인 경우에는 0.2MPa(2kgf/cm^2)로 한다.

- 최고 사용압력이 0.43MPa(4.3kgf/cm^2) 초과 1.5MPa(15kgf/cm^2) 이하일 때에는 그 최고사용압력의 1.3배에 0.3MPa(3kgf/cm^2)를 더한 압력으로 한다.
- 보일러의 최고사용압력이 1.5MPa(15kgf/cm^2)를 초과할 때에는 그 최고사용압력의 1.5배의 압력으로 한 다.

②. 주철제보일러
- 최고사용압력이 0.43MPa(4.3kgf/cm^2) 이하 일 때는 그 최고사용압력의 2배의 압력으로 한다. 다만, 시험 압력이 0.2MPa(2kgf/cm^2) 미만인 경우에는 0.2MPa(kgf/cm^2)로 한다.
- 최고사용압력이 0.43MPa(4.3kgf/cm^2)를 초과 할 때는 그 최고사용압력의 1.3배에 0.3MPa(3kgf/cm^2)을 더한 압력으로 한다.

에너지관리기능사 실기 필답 과년도 문제 05회

2019.12.23 시행

※ 다음 물음의 답을 해당 답란에 답하시오. (배점 : 50)

001 그림과 같이 벽의 좌측 고온 유체로부터 우측의 저온 유체로 열이 통과하고 있다. 다음 기호를 사용하여 열관류율($W/m^2 \cdot K$)을 구하는 공식을 쓰시오.

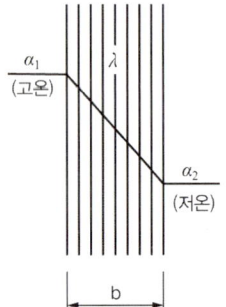

K : 열관류율($W/m^2 \cdot K$)
α_1 : 고온 유체와 벽과의 열전달률($W/m^2 \cdot K$)
α_2 : 저온 유체와 벽과의 열전달률($W/m^2 \cdot K$)
λ : 벽 내부의 열전도율($W/m \cdot K$)
b : 벽의 두께(m)

[풀이]

$$K = \cfrac{1}{\cfrac{1}{\alpha_1} + \cfrac{b}{\lambda} + \cfrac{1}{\alpha_2}}$$

002 관 지지 장치 중 행거(hanger)의 종류를 3가지 쓰시오.

[풀이]

- 리지드 행거
- 스프링 행거
- 콘스탄트 행거

[참고] 행거(hanger)
배관의 하중을 위에서 잡아주는 장치
① 리지드 행거(rigid hanger) : I빔에 턴버클을 이용 지지하는 것으로 상하방향에 변위에 없는 곳에 사용한다.
② 스프링 행거(spring hanger) : 턴버클 대신 스프링을 사용한 것이다.
③ 콘스탄트 행거(constant hanger) : 배관의 상하이동에 관계없이 관지지력이 일정한 것으로 중추식과 스프링식이 있다.

003 내경 20mm인 관을 통하여 보일러에 시간당 0.25m³의 급수를 하는 경우 관내 급수의 유속(m/s)을 구하시오.

풀이

- 계산과정 : $\dfrac{0.25}{\dfrac{3.14 \times (0.02)^2}{4} \times 3,600} = 0.22$

- 답 : 0.22m/s

[참고]
$Q = A \times V$

$\therefore V = \dfrac{Q}{\dfrac{\pi D^2}{4}}$

004 다음 각 보일러설비에 해당되는 기기 및 부속명을 [보기]에서 골라 모두 쓰시오.

· 보기 ·

점화장치, 인젝터, 과열기, 분연장치, 급수내관, 절탄기, 방폭문, 안전밸브

가. 급수장치 :

나. 연소장치 :

다. 폐열회수장치 :

라. 안전장치 :

풀이

가. 인젝터, 급수내관
나. 점화장치, 분연장치
다. 과열기, 절탄기
라. 방폭문, 안전밸브

005 아래에서 설명하는 증기트랩의 종류를 쓰시오.

> • 열교환기와 같이 많은 양의 응축수가 연속적으로 발생되는 곳에 적합하다.
> • 구조상 공기의 배제가 곤란하여, 공기를 배제하기 위한 벨로즈를 내장한 형식도 있다.
> • 에어벤트(air vent)를 별도로 설치하여야 한다.
> • 동파의 우려가 있으며 수격작용이 심한 곳에는 사용하기 곤란하다.

풀이

플로트식 트랩

006 용융 석영을 방사하여 만든 실리카 물이나 고석회질의 규산유리로 융점이 높고, 내약품성이 우수하여 고온용 단열재로 사용되며 최고 사용온도는 1100℃ 정도인 무기질 보온재의 종류를 쓰시오.

풀이

실리카 화이버

007 다음은 온수온돌의 시공 순서이다. 순서에 맞게 ( ) 안에 알맞은 작업명을 아래 [보기]에서 골라 쓰시오.

• 보기 •

> 배관작업 수압시험 방수처리 골재 충진작업 보일러 설치
> 배관기초 → (가) → 단열처리 → 받침재 설치 → (나) → 공기방출기 설치 → (다) → 팽창탱크 설치 → 굴뚝 설치 → (라) → 온수 순환시험 및 경사 조정 → (마) → 시멘트 모르타르 바르기 → 양생 건조 작업

풀이

가. 방수처리
나. 배관작업
다. 보일러 설치
라. 수압시험
마. 골재 충진작업

008 다음은 온수보일러 순환펌프 주위 바이패스 배관을 나타낸 것이다. 아래 물음에 답하시오.

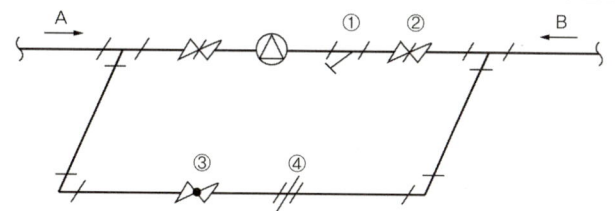

가. 부품 ① ~ ④의 명칭을 각각 쓰시오.
나. 온수의 흐름 방향은 "A"와 "B" 중 어느 것인지 쓰시오.

> **풀이**
>
> 가. ① 여과기, ② 슬로스 밸브, ③ 글로브 밸브, ④ 유니언
> 나. B

009 상향 공급식 중력순환의 온수난방에서 송수의 온도는 86℃이고 환수의 온도는 64℃이다. 응접실에 설치 할 방열기의 소요방열면적(m^2)을 구하시오. (단, 실내온도는 18℃이고, 응접실의 난방부하는 4kW, 방열기의 방열계수는 8.25W/m^2·℃이다.)

> **풀이**
>
> • 계산과정 : $\dfrac{4,000}{8.25 \times (\dfrac{86+64}{2} - 18)} = 8.51$
>
> • 답 : 8.51m^2

010 방의 온수난방에서 실내온도를 20℃로 유지하려고 하는데 소요되는 열량이 시간당 125MJ이 소요된다고 한다. 이 때 송수의 온도가 80℃이고, 환수의 온도가 15℃라면 온수의 순환량(kg/h)을 구하시오. (단, 온수의 비열은 4174J/kg·℃이다.)

풀이

- 계산과정 : $\dfrac{125,000,000}{4,174 \times (80-15)} = 460.73$
- 답 : 460.73kg/h

필답형+작업형 한권으로 완벽대비
에너지관리기능사 실기

초 판 인쇄 | 2014년 1월 10일
초 판 발행 | 2014년 1월 15일
개정4판 발행 | 2018년 1월 20일
개정5판 발행 | 2019년 1월 10일
개정6판 발행 | 2020년 1월 10일

지은이 | 장영오
발행인 | 조규백
발행처 | 도서출판 구민사
　　　　　(07293) 서울특별시 영등포구 문래북로 116, 604호(문래동3가 46, 트리플렉스)
전화 (02) 701-7421(~2)
팩스 (02) 3273-9642
홈페이지 www.kuhminsa.co.kr

신고번호 | 제2012-000055호 (1980년 2월 4일)
ISBN | 979-11-5813-787-8   13500

값 24,000원

※ 낙장 및 파본은 구입하신 서점에서 바꿔드립니다.
※ 본 서를 허락없이 부분 또는 전부를 무단복제, 게재행위는 저작권법에 저촉됩니다.